高校物理で使われる用語には，物理的な状態を表す意味が含まれている　…　の用語から物理的な状態を読み取ることで，鉛直方向の速度成分が0になる　…　わかる。このように，問題を解くにあたって，これらの用語に含まれる物理的　…　ることが重要である。

次の表には，「物理」科目（4単位）に関連する用語を取り上げた。一部に，「物理基礎」科目で学習しているものも含まれているが，改めて確認しよう。

用語	意味	例文とその解説
軽い	質量が無視できる	「おもりを**軽い**糸でつるし，…」 ▶▶おもりを**質量が無視できる**糸でつるし，…
物体が面からはなれる	物体が面から受ける垂直抗力が0になる	「物体は，点Bで**曲面からはなれた**。」 ▶▶物体は，点Bで**曲面から受ける垂直抗力が0になった**。
糸やひもがたるむ	糸やひもの張力が0になる	「このとき，物体をつり下げている糸がたるんだ。」 ▶▶このとき，物体をつり下げている**糸の張力が0**になった。
物体が無限遠に遠ざかる	物体の運動エネルギーが無限遠で0以上である	「地球上から，鉛直上向きに物体を打ち上げる。この**物体が無限遠に遠ざかる**条件を求めよ。」 ▶▶地球上から，鉛直上向きに物体を打ち上げる。この**物体の運動エネルギーが無限遠で0以上である**条件を求めよ。
熱のやりとり	熱の移動	「容器に入れられた気体は，**周囲と熱のやりとりがなく**，…」 ▶▶容器に入れられた気体は，**周囲に熱が移動することがなく（熱は周囲に逃げない）**，…
重力の影響は無視する	重力は静電気力（磁気力）に比べて十分に小さく，無視できる	「粒子にはたらく**重力の影響は無視する**。」 ▶▶粒子にはたらく**重力は静電気力（磁気力）に比べて十分に小さく，無視できる**。 **電子のような粒子の運動では，重力を無視して扱うことが多い。**
十分に時間が経過	平衡状態になるまで時間が経過	「スイッチを閉じて**十分に時間が経過した**とき，コンデンサーにたくわえられる電荷はいくらか。」 ▶▶スイッチを閉じて**コンデンサーへの電荷の移動がなくなるまで時間が経過した**とき，コンデンサーにたくわえられる電荷はいくらか。 **問題設定に応じて，どのような平衡状態に達するのかは異なる。**
十分に小さい	近似できるほど小さい	「d は L に比べて十分に小さい。」 ▶▶ $\frac{d}{L} \ll 1$ として，近似式を用いることができる。

CONTENTS

第Ⅰ章 運動とエネルギー

第Ⅱ章 波動

本書の構成と利用法

①本書は，高等学校「物理」科目(4単位)に対応した記入式の問題集です。

②学習内容をテーマごとに見開き2ページでまとめ，各テーマは次のように構成しています。

学習のまとめ　空所補充形式で学習内容を整理できるようにしました。

確認問題　公式の使い方など，基礎的な学習内容を確認できるようにしました。

練習問題　標準的な問題で構成し，学力を確実に養成できるようにしました。

③知識・技能を培うための問題には **知識**，思考力・判断力・表現力を培うための問題には **思考** のマークを付しています。

◆学習支援サイトプラスウェブのご案内

スマートフォンやタブレット端末機などを使って，学習状況を記録できるポートフォリオをダウンロードできます。　http://dg-w.jp/b/1b50001

[注意] コンテンツの利用に際しては，一般に，通信料が発生します。

平面運動

➡解答編 p.1〜2

学習のまとめ

①平面運動の変位と速度

物体の位置は，基準となる点からの向きと(ア　　　　)で表される。このような位置を表すベクトルを(イ　　　　　　)という。また，位置の変化を表すベクトルを(ウ　　　　　　)という。点Oを基準としたときの点A，Bの位置ベクトルを $\vec{r_1}$，$\vec{r_2}$ とすると，物体が点Aから点Bに移動したとき，変位 $\Delta\vec{r}$ は，次式で表される。

$\Delta\vec{r}=$(エ　　　　　　)

●速度　経過時間 Δt の間における物体の変位を $\Delta\vec{r}$ とする。この間の単位時間あたりの変位を(オ　　　　　　)という。これを $\vec{v}$ とすると，$\vec{v}$ は，

$\vec{v}=$(カ　　　　　　)

$\vec{v}$ の向きは，変位の向きと一致する。

◀ Δt をきわめて短くしたときの $\vec{v}$ を，瞬間の速度，または単に速度という。

②速度の合成・分解

静水に対する速度 $\vec{v_1}$ の船が，速度 $\vec{v_2}$ で流れる川を進むとき，岸から見た船の速度 $\vec{v}$ は，次式で表される(図a)。

$\vec{v}=$(キ　　　　　　)

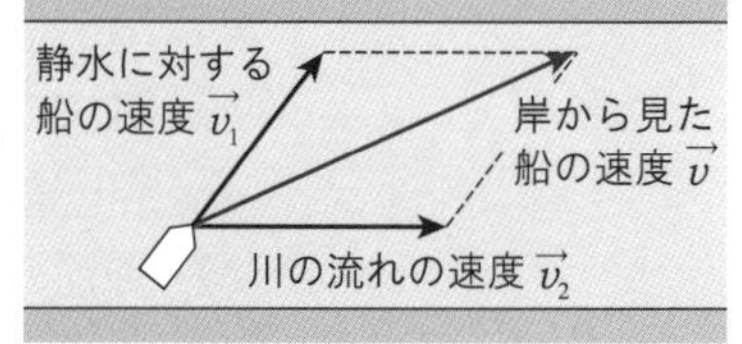

図a

図bは，速度 $\vec{v}$ (速さ v)を直交する x 軸，y 軸の方向に分解したものである。x 軸と速度とのなす角を θ とすると，速度の成分 v_x，v_y は，

$v_x=$(ク　　　　　　)，$v_y=$(ケ　　　　　　)

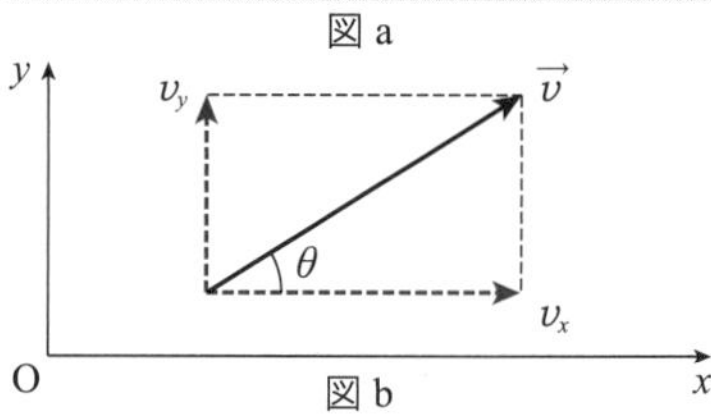

図b

③相対速度

速度 $\vec{v_A}$ で移動する観測者から見た，速度 $\vec{v_B}$ で移動する物体の相対速度 $\vec{v_{AB}}$ は，次式で表される。

$\vec{v_{AB}}=$(コ　　　　　　)

◀相対速度は，(相手の速度)－(観測者の速度)

④平面運動の加速度

経過時間 Δt の間に物体の速度が $\Delta\vec{v}$ 変化した。この間の単位時間あたりの速度の変化を(サ　　　　　　)といい，これを $\vec{a}$ とすると，$\vec{a}$ は次式で表される。

$\vec{a}=$(シ　　　　　　)

◀加速度の向きは，速度の向きと必ずしも一致しない。

■ 確認問題 ■

1　ある人が東へ10m進み，さらに北へ10m進んだ。この間の移動距離は何mか。また，変位はどちら向きに何mか。　知識

答　移動距離＿＿＿＿

変位＿＿＿＿

2　10m/sで走行する電車内で，人が電車と同じ向きに2m/sで移動している。地面から見た人の速さは何m/sか。　知識

答＿＿＿＿

3　自動車Aが東向きに10km/h，自動車Bが西向きに20km/hで走行する。Aに対するBの相対速度はどちら向きに何km/hか。　知識

答＿＿＿＿

■ 練習問題 ■

知識

4 変位と速度　自動車がAを通過し，道路に沿って進み，4.0s 後に，Aから東向きに 24m はなれたBを通過した。

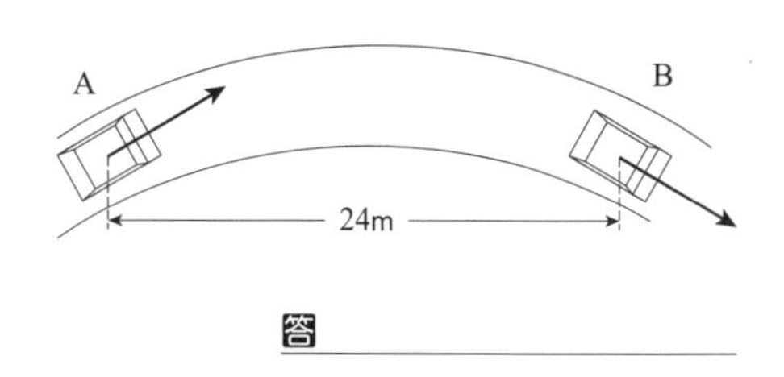

(1) この間の変位 $\Delta\vec{r}$ は，どちら向きに何 m か。

答

(2) この間の平均の速度 $\vec{\bar{v}}$ は，どちら向きに何 m/s か。

答

知識

5 速度の合成　川幅 60m，流れの速さ 4.0m/s の川を，(1)，(2)のように船で渡る。それぞれの場合で，岸から見た船の速さは何 m/s か。また，船が対岸に着くまでに要する時間は何 s か。

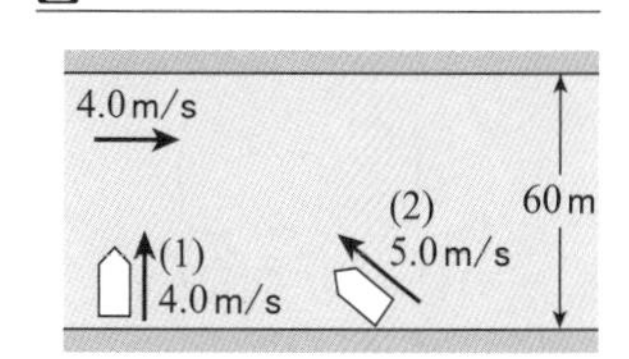

(1) 静水に対する速さ 4.0m/s の船が，船首を流れの向きと垂直にして渡る。

答　速さ　　時間

(2) 静水に対する速さ 5.0m/s の船が，船首を上流に向けて渡る。このとき，船は流れに対して垂直に運動した。

答　速さ　　時間

知識

6 速度の分解　物体が，東から 30° 北向きに速さ 30m/s で進んでいる。このとき，物体の東向きの速度成分の大きさ，北向きの速度成分の大きさはそれぞれ何 m/s か。

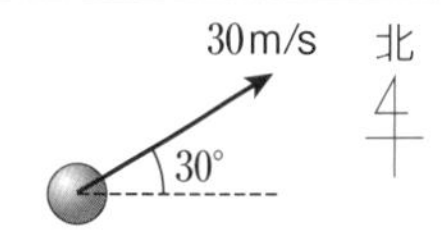

答　東　　北

知識

7 相対速度　北向きに速さ 10m/s で進むオートバイから，次の物体を見たとする。このとき，各物体の相対速度は，どちら向きに何 m/s か。

(1) 地上に静止する建物

答

(2) 東向きに 10m/s で進む自動車

答

(3) 西から 30° 北向きに 20m/s で進むトラック

答

思考

8 相対速度　北向きに速さ 20m/s で進む自動車Aから自動車Bを見ると，東向きに 20m/s の速さで進んでいるように見えた。地面に対する自動車A，Bの速度，およびAに対するBの相対速度の関係をベクトルで図示せよ。また，地面に対する自動車Bの速度はどちら向きに何 m/s か。

答

2 放物運動

➡解答編 p.2～3

学習のまとめ

①水平投射

水平投射では，水平方向には(ア　　　　　　　　)運動，鉛直方向には(イ　　　　　　　)と同じ運動をしている。

小球を速さ v_0 で水平に投射したとき，投射した位置を原点とし，水平右向きに x 軸，鉛直下向きに y 軸をとる。時刻 t における x 軸，y 軸方向の速度の成分 v_x，v_y，位置 x，y は，重力加速度の大きさを g として，それぞれ次式で表される。

$v_x=$(ウ　　　　)　　$v_y=$(エ　　　　　　)

$x=$(オ　　　　)　　$y=$(カ　　　　　　)

x，y の式から t を消去すると，小球の描く軌道は次式で表される。

$y=$(キ　　　　　　　　　　)

O　v_0　x　x　時刻 0　$\tan\theta=\dfrac{|v_y|}{|v_x|}$　y　時刻 t　θ　v_x　v_y　$v=\sqrt{v_x^2+v_y^2}$　y

◀落下運動をする物体の加速度が重力加速度であり，大きさは 9.8m/s² である。記号 g で表される。

◀小球には，鉛直方向のみに重力がはたらき，水平方向には力がはたらかない。

②斜方投射

斜方投射では，水平方向には(ク　　　　　)運動をし，鉛直方向には，(ケ　　　　　　)と同じ運動をしている。

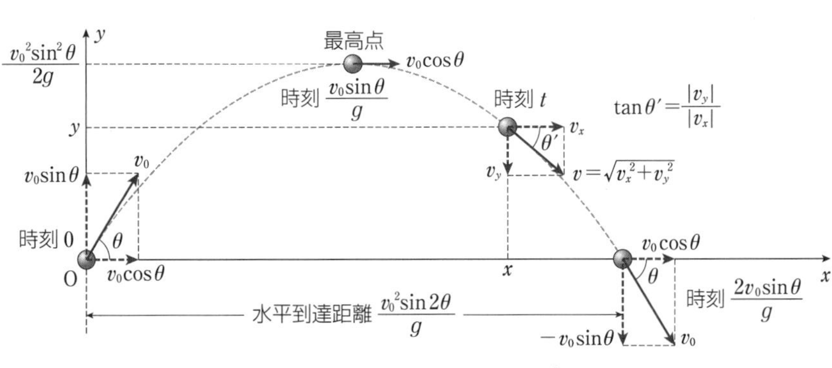

小球を速さ v_0 で水平と角 θ をなす向きに投射したとき，投射した位置を原点とし，水平右向きに x 軸，鉛直上向きに y 軸をとる。時刻 t における x 軸，y 軸方向の速度の成分 v_x，v_y，位置 x，y は，重力加速度の大きさを g として，それぞれ次式で表される。

$v_x=$(コ　　　　)　　$v_y=$(サ　　　　　　　　)

$x=$(シ　　　　)　　$y=$(ス　　　　　　　　)

x，y の式から t を消去すると，小球の描く軌道は次式で表される。

$y=$(セ　　　　　　　　　　　　)

※本テーマ(p.4～5)の各問題では，重力加速度の大きさを 9.8m/s² とし，空気抵抗を無視する。

◀水平投射，斜方投射された物体の運動を放物運動，その物体が描く軌道を放物線という。

◀水平投射，斜方投射などの運動は，運動方程式から考えることもできる。一般に，物体の質量を m，加速度の水平方向，鉛直方向の成分を a_x，a_y，力の成分を F_x，F_y として，

$ma_x=F_x$，$ma_y=F_y$

■ 確認問題 ■

9　小球をある高さから，水平右向きに速さ 3.0m/s で投げ出すと，2.0s 後に地面に到達した。水平到達距離は何 m か。　知識

答

■ 練習問題 ■

知識

10　水平投射　ピストルで，水平に距離 1.0×10^2m はなれた標的を狙う。ピストルを標的の中心と同じ高さにして，水平方向に速さ 5.0×10^2m/s の弾丸を発射した。

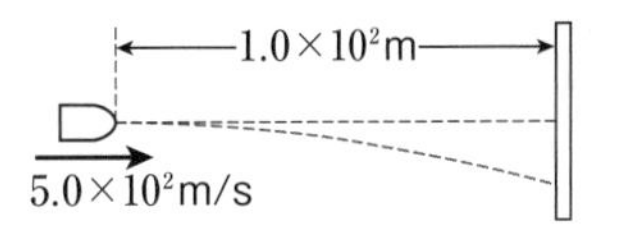

(1) 発射された弾丸が標的に達するまでにかかる時間は何 s か。

答

(2) 弾丸は，標的の中心から何 cm 下の位置にあたるか。

答

知識

11　水平投射　小球を高さ 44.1m の崖の上から，海に向かって水平方向に速さ 4.0m/s で投げ出した。

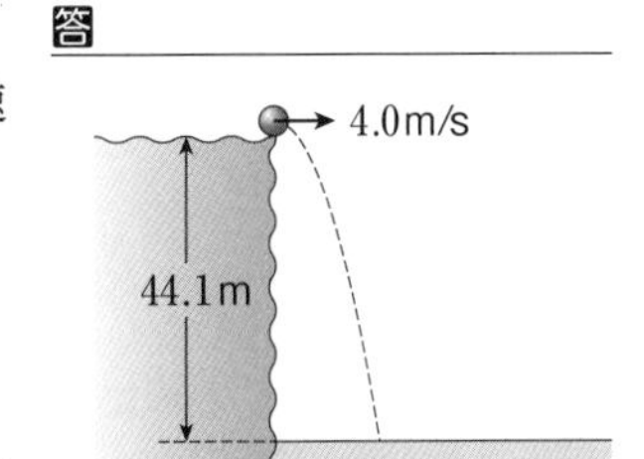

(1) 海面に達するまでにかかる時間は何 s か。

答

(2) 海面に達する直前の，鉛直方向の速度の成分の大きさは何 m/s か。

答

(3) 海面に達した点は，崖から水平方向に何 m はなれているか。

答

知識

12　斜方投射　小球を水平と 30° をなす向きに，9.8m/s の速さで投げ上げた。

(1) 初速度の水平成分の大きさ，鉛直成分の大きさは何 m/s か。

答　水平　　　　鉛直

(2) 小球が最高点に達するまでにかかる時間は何 s か。

答

(3) 地面に落下する点は，投げ上げた点から水平方向に何 m はなれているか。

答

知識

13　高さのある地点からの斜方投射　高さ 24.5m のビルの屋上から，小球を水平と 30° をなす向きに，39.2m/s の速さで投げ上げた。

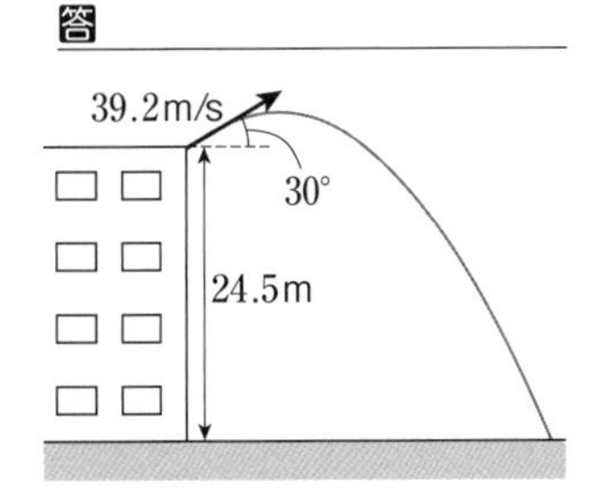

(1) 小球が地面に達するまでにかかる時間は何 s か。

答

(2) 小球が地面に達したときの水平到達距離は何 m か。

答

3 剛体にはたらく力とその合力

➡解答編 p.3〜4

学習のまとめ

①力のモーメント

大きさをもち，力を加えても変形しない理想的な物体を(ア　　　　)という。

剛体にはたらく力は，その作用点を，(イ　　　　　)上で移動させて考えても，力が剛体におよぼす影響は変わらない。

図において，物体にはたらく力の大きさ F〔N〕と，回転軸上の点Oから作用線におろした垂線の長さ(うでの長さ) L〔m〕との積 M は，物体を点Oのまわりに(ウ　　　　)させる力のはたらきを表しており，力のモーメントとよばれる。

$M=$(エ　　　　　)

単位にはニュートンメートル(記号N·m)が用いられる。

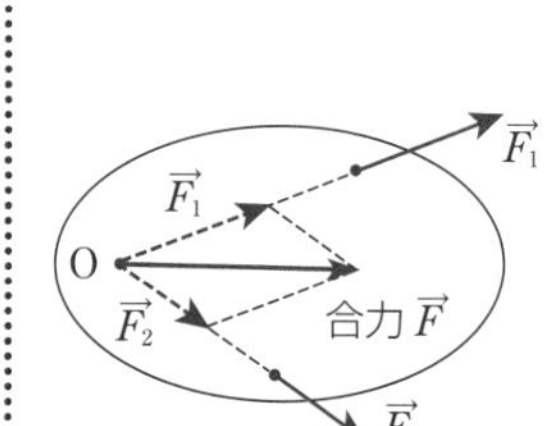

◀ M は，反時計まわりのときを正，時計まわりのときを負とすることが多い。

②剛体のつりあい

剛体がつりあいの状態にあるとき，はたらく力のベクトルの和は(オ　　　)であり，任意の点のまわりで力のモーメントの和は(カ　　　)である。

③ 2力の合成

剛体に2つの力 $\vec{F_1}$，$\vec{F_2}$ がはたらくとき，2力の作用線が平行ではない場合，(キ　　　　　　　)の法則を用いて合力 $\vec{F}$ を求めることができる。

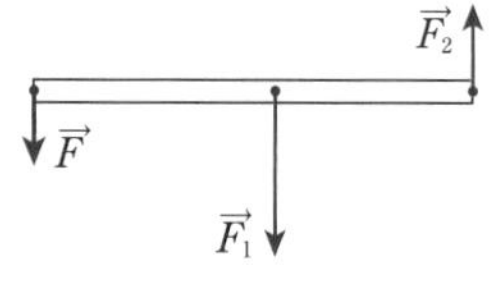

剛体にはたらく2力 $\vec{F_1}$，$\vec{F_2}$ が平行で同じ向きの場合，合力の大きさ F は，2力の(ク　　　)に等しい。また，合力 $\vec{F}$ の作用線は，2力の作用点間を $F_2:F_1$ に(ケ　　　)する点を通る。

剛体にはたらく2力 $\vec{F_1}$，$\vec{F_2}$ が平行で逆向きの場合，合力の大きさ F は，2力の(コ　　　)に等しい。また，合力 $\vec{F}$ の作用線は，2力の作用点間を $F_2:F_1$ に(サ　　　　)する点を通る。

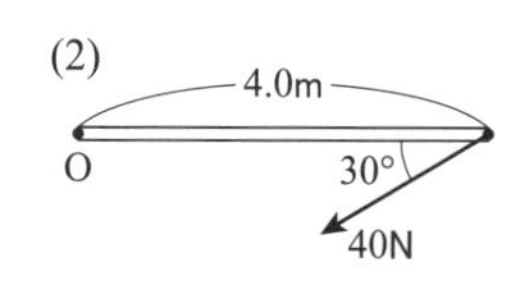
平行で同じ向きの場合

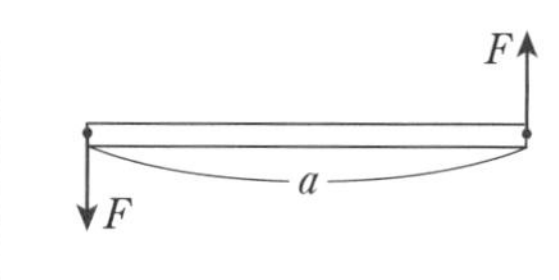
平行で逆向きの場合

④偶力

同じ大きさで，互いに逆向きの平行な2力は，剛体を平行移動させるはたらきはないが，(シ　　　　)させるはたらきをもつ。このような1組の力を偶力という。各力の大きさを F〔N〕，2力の作用線の間隔を a〔m〕とすると，偶力のモーメントの大きさ M〔N·m〕は，

$M=$(ス　　　　　)

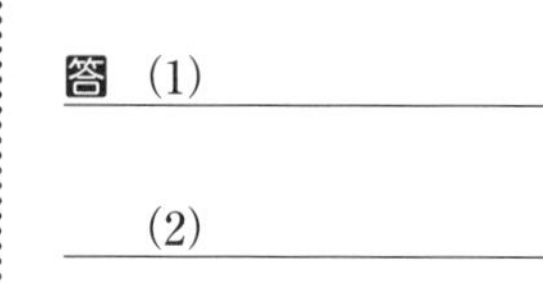

■ 確認問題 ■

14　図の点Oのまわりの，力のモーメントの大きさは何N·mか。　知識

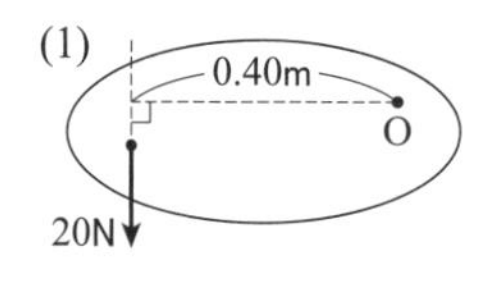

(2) 4.0m O 30° 40N

答 (1)

(2)

15　図のように，物体に2つの力がはたらいている。この2力の偶力のモーメントの大きさは何N·mか。　知識

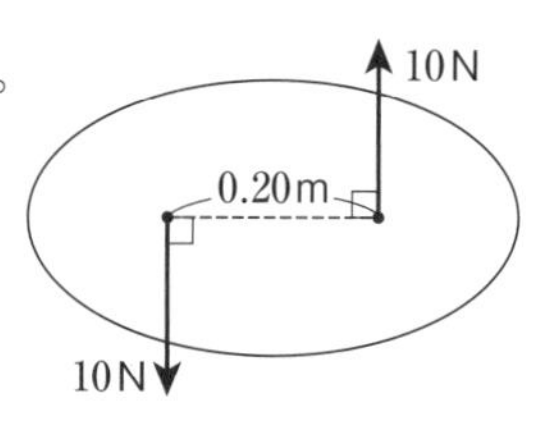

答

■ 練習問題 ■

知識

16 力のモーメント　次の(1)，(2)で示された力について，点Oのまわりの力のモーメントの大きさはそれぞれ何 N·m か。

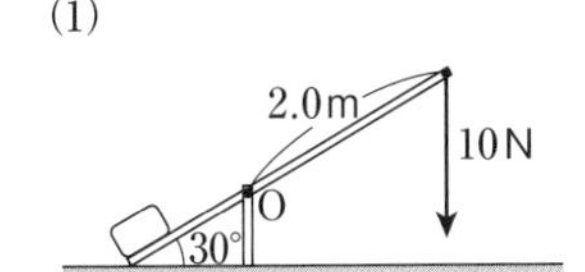

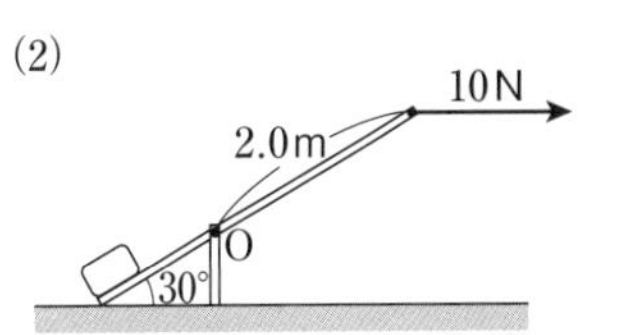

答 (1)　　　　(2)

知識

17 棒のつりあい　長さ 0.50m の軽い棒の両端に，質量 2.0kg の物体A，未知の質量の物体Bをつるして，図の点Oで支えると，回転せずにつりあった。重力加速度の大きさを 9.8m/s² とする。

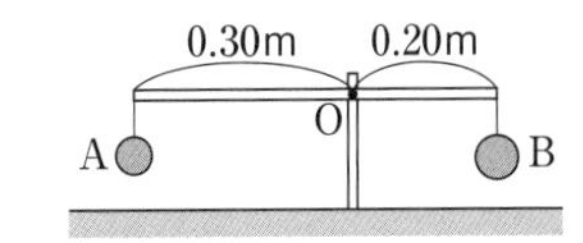

(1) 物体Bの質量は何 kg か。

答

(2) 点Oで棒が受ける力の大きさは何 N か。

答

知識

18 力のモーメントのつりあい　なめらかな水平面上に円盤を置き，点Oのまわりで回転できるようにした。円盤に(1)，(2)のような 2 力を加えると，円盤は静止した。力 F の大きさはそれぞれ何 N か。

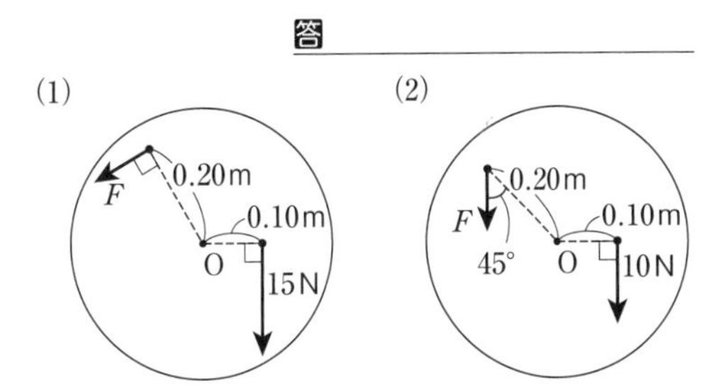

答 (1)　　　　(2)

知識

19 平行な 2 力の合成　図のように，軽い棒に平行な 2 力がはたらいている。合力の大きさは何 N か。また，合力の作用線は，棒の左端からどちら向きに何 m のところを通るか。

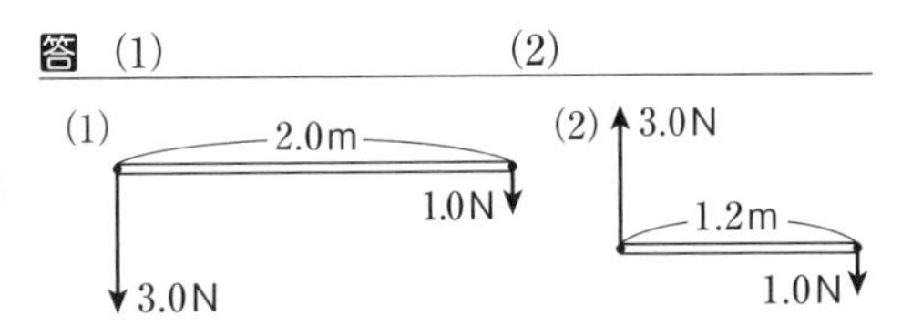

答 (1) 大きさ　　　　位置

(2) 大きさ　　　　位置

知識

20 偶力　図のように，2点A，Bにそれぞれ 5.0N の力がはたらいている。点AとBの間隔が 0.30m のとき，この 2 力の偶力のモーメントの大きさは何 N·m か。

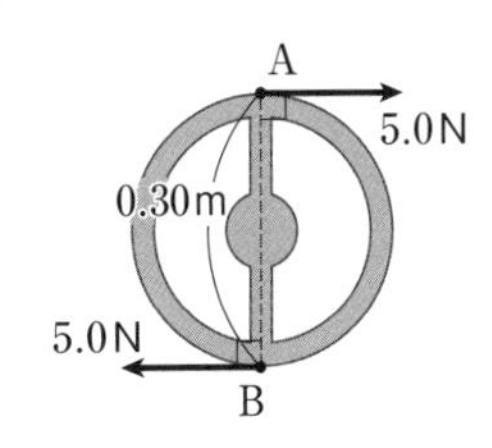

答

4 剛体の重心とつりあい

➡解答編 p.4〜5

学習のまとめ

①重心

剛体の各部分にはたらく重力の合力の作用点を(ア　　　　)という。軽い棒の両端に質量 m_1，m_2 の小球をつけた物体があり，各小球の座標を $(x_1,\ y_1)$，$(x_2,\ y_2)$ とするとき，物体の重心 G $(x_G,\ y_G)$ は，

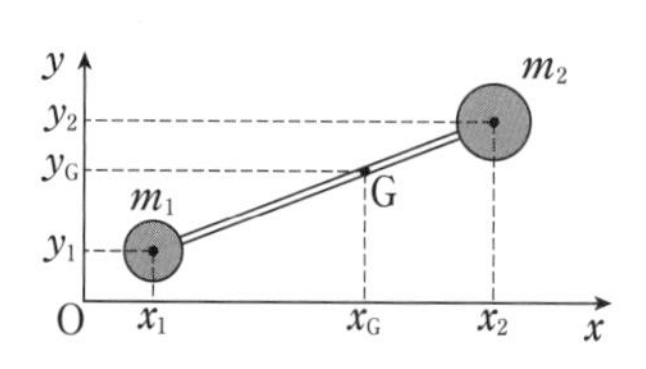

$x_G=$ (イ　　　　　)　　$y_G=$ (ウ　　　　　)

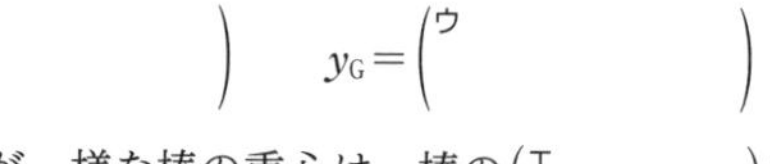

太さと密度が一様な棒の重心は，棒の(エ　　　　)にある。また，密度が一様な円盤や球形の物体の重心は，物体の(オ　　　　)にある。

◀物体の重心は，物体の内部にあるとは限らない。

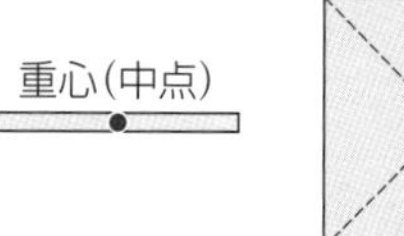

棒

正方形

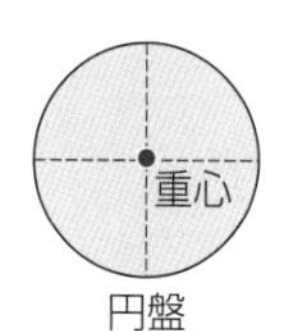

円盤

ドーナツ盤

球

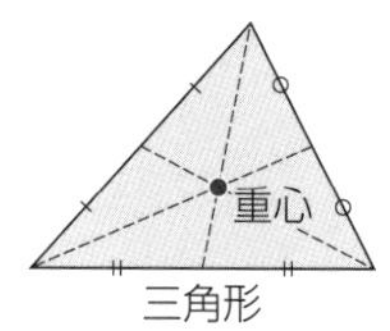

三角形

②剛体のつりあいと転倒

粗い水平面上に置かれた均質な直方体(剛体)に，水平方向の力 $\vec{f}$ を加える。この剛体が静止したままであるとき，力 $\vec{f}$ と重力 $\vec{W}$ の合力 $\vec{F}$ と，剛体が水平面から受ける(カ　　　　) $\vec{R}$ は，同一(キ　　　　)上にある。

力 $\vec{f}$ を徐々に大きくし，合力 $\vec{F}$ の作用線が底面の端Bの右側にはみ出したとき，剛体は端Bのまわりに(ク　　　　)し，転倒する。

剛体が転倒する前に，力 $\vec{f}$ の大きさが水平面との間の(ケ　　　　)より大きくなる場合，剛体は転倒することなく，水平面上をすべり始める。

回転しない

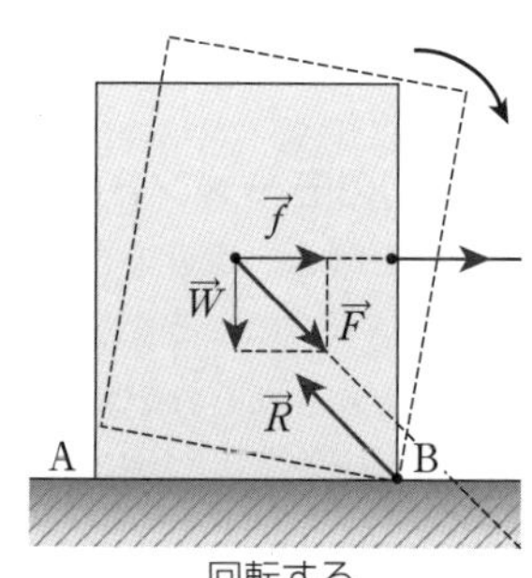

回転する

■ 確認問題 ■

21　軽い棒に2つのおもりをつけた物体がある。この物体の重心は，左端から右に何 m の位置にあるか。　知識

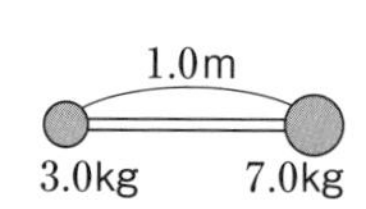

答 ＿＿＿＿＿＿

22　直方体を水平面上で傾けて，図の位置で手をはなした。　思考

(1) この物体が受ける力のモーメントの和は，反時計まわりを正とすると，正，0，負のうちどれか。

(2) この物体の動きは，次の(ア)〜(ウ)のどれか。

(ア) 反時計まわりに転倒する。　(イ) 静止する。

(ウ) 時計まわりに転倒する。

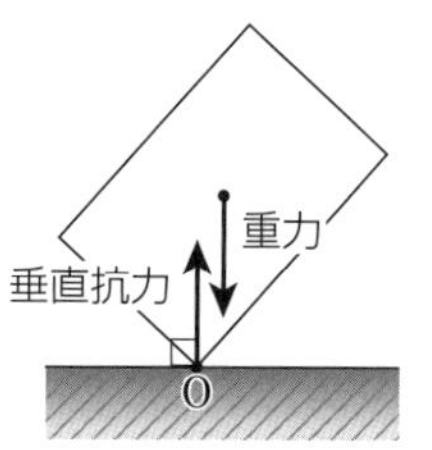

答 (1) ＿＿＿＿＿＿

(2) ＿＿＿＿＿＿

■ 練習問題 ■

知識

23 重心 長さ0.90mの軽い棒ABの端Aに2.0kgのおもりを，端Bに5.0kgのおもりをつけた。さらにAB間のCの位置に3.0kgのおもりをつけて，全体の重心を端Aから0.60mの位置にしたい。Cの位置は，端Aから右に何mの位置にすればよいか。

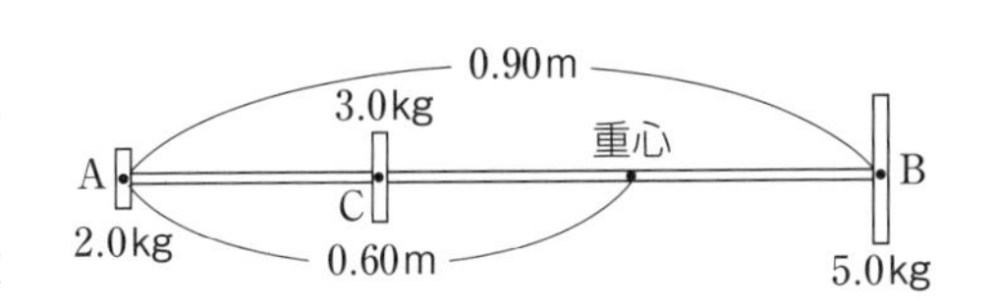

答

知識

24 板の重心 図のように，厚さと密度が一様で，二等辺三角形と正方形からなる板がある。この板の重心は，図の点Pから右向きにどれだけはなれているか。

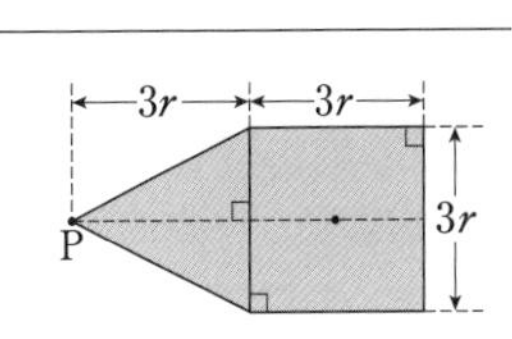

答

知識

25 太さが一様でない丸太の重心 水平面上に，太さが一様でない長さ4.5mの丸太がある。端Aを地面から少しもち上げるには3.0×10^{2}Nの力が，端Bを地面から少しもち上げるには1.5×10^{2}Nの力が，それぞれ鉛直上向きに必要であった。丸太の重心は，端Aから右向きに何mはなれた位置にあるか。また，丸太の重さは何Nか。

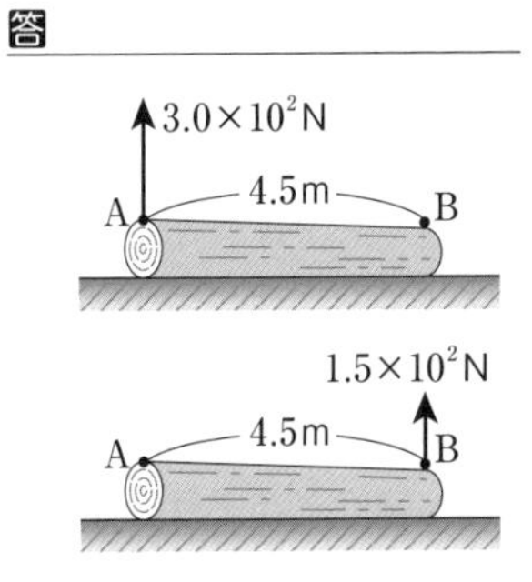

答 重心　　　　重さ

知識

26 ちょうつがいでつながれた棒 図のように，重さ4.0N，長さ2.0mの太さと密度が一様な棒が，鉛直な壁にちょうつがいで固定されている。棒の右端に糸をつけ，糸と壁とのなす角が45°となるように，糸を壁に固定したとき，棒は水平になった。糸の張力の大きさは何Nか。

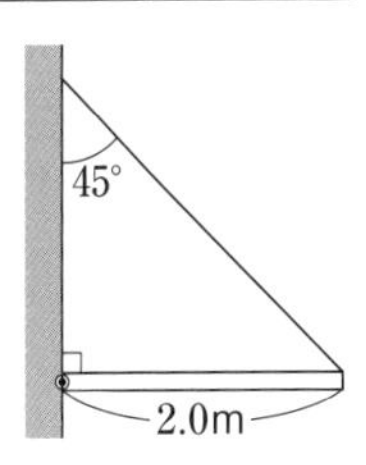

答

知識

27 物体の転倒 図のように，粗い水平な床上に重さW，高さa，幅bの均質な直方体が置かれている。高さ$\frac{2}{3}a$の位置に糸をとりつけて水平右向きに引いた。

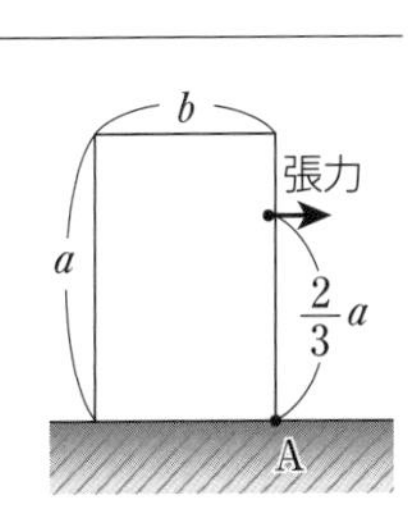

(1) 糸の張力がある値をこえると，直方体は点Aのまわりに回転した。回転する直前の糸の張力の大きさはいくらか。

答

(2) 回転する直前，直方体が床から受ける摩擦力と垂直抗力の大きさはそれぞれいくらか。

答 摩擦力　　　　垂直抗力

◆学習日　　月　　日 ◆学習時間　　　分

運動量と力積

➡解答編 p.5~6

学習のまとめ

①運動量

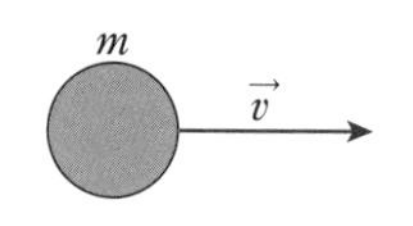

運動の激しさを示す量の1つとして，質量と速度の積を考え，これを(ア　　　　　　)という。質量 m の物体が速度 $\vec{v}$ で運動しているとき，(ア)で表される量 $\vec{p}$ は，

$\vec{p}=$(イ　　　　　)

単位には(ウ　　　　　　　　)(記号 kg·m/s)が用いられる。

◀運動量は，速度と同じ向きのベクトルである。

②運動量の変化と力積

●直線運動　なめらかな水平面上を速度 v で運動している質量 m の物体が，速度と同じ向きに一定の力 F を時間 Δt の間だけ受けて，速度が v' になったものとする。このとき，運動量の変化 $mv'-mv$ は，

$mv'-mv=$(エ　　　　　)

と表される。この式の右辺は，力 F と力が作用した時間 Δt の積であり，これを(オ　　　　　)という。物体の運動量の変化は，その間に物体が受けた(カ　　　　　)に等しい。

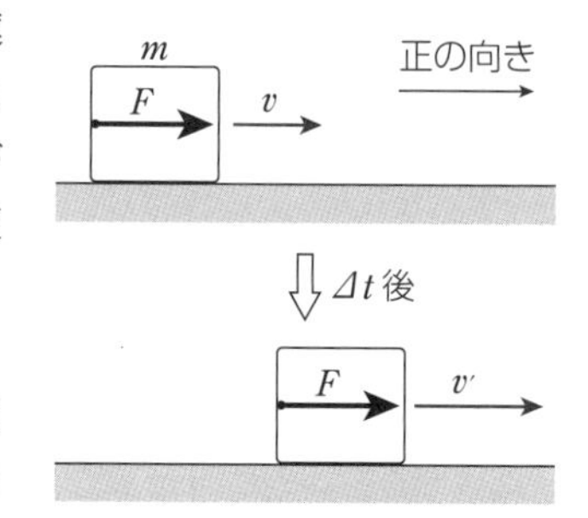

◀力積の単位は N·s であり，これは運動量の単位と等しい。
N·s＝kg·m/s

●力が変化する場合の力積と平均の力　バットでボールを打つとき，ボールが受ける力の大きさは，時間とともに変化する。そのような場合も，ボールが受ける力積の大きさは，$F-t$ グラフと時間軸とで囲まれた部分の(キ　　　　　)で表される。物体が受けた力積を I，力を受ける時間を Δt とする。物体が受ける平均の力 $\overline{F}$ は，次式で表される。

$\overline{F}=$(ク　　　　　　)

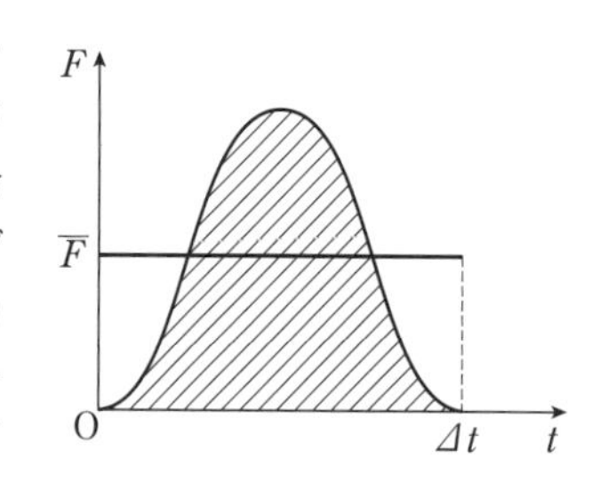

◀平均の力 $\overline{F}$ は，$\overline{F}\Delta t$ の面積が斜線部の面積に等しくなるように定められている。
◀バットでボールを打つ場合のような衝突では，物体間で，きわめて短い時間に大きな力がはたらく。このような力を撃力(衝撃力)という。

●平面運動　速度 $\vec{v}$ で運動している質量 m の物体が，一定の力 $\vec{F}$ を時間 Δt の間だけ受けて，速度が $\vec{v'}$ になったものとする。このとき，運動量の変化 $m\vec{v'}-m\vec{v}$ は，

$m\vec{v'}-m\vec{v}=$(ケ　　　　　　　)

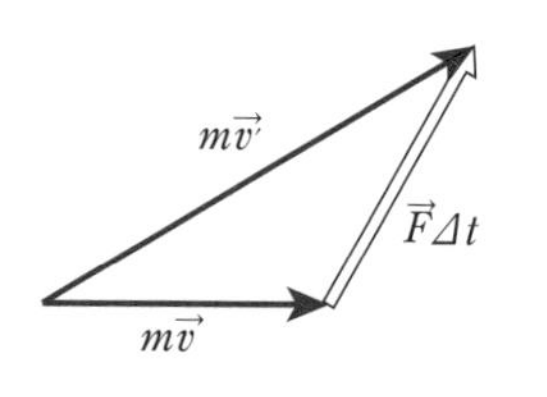

■ 確認問題 ■

28　質量2.0kg の物体が，図のように運動している。それぞれの場合で，運動量はどちら向きに何 kg·m/s か。　知識

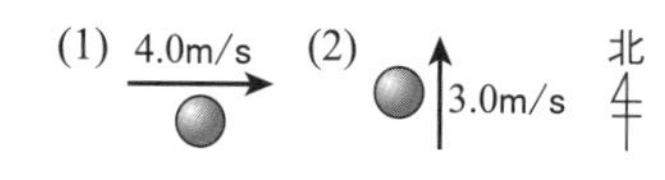

答 (1)

(2)

29　直線上を運動する物体が，運動の向きに力積を受け，運動量が 30kg·m/s から 40kg·m/s に増加した。物体が受けた力積の大きさは何 N·s か。　知識

答

■ 練習問題 ■

知識

30 運動量と力積　速さ3.0m/sで運動している質量2.0kgの物体に，運動と同じ向きに3.0Nの力を4.0s間加えた。

(1) 力を加える前の物体の運動量の大きさは何kg·m/sか。

答

(2) 力を加えた後，物体の速さは何m/sになるか。

答

知識

31 運動量と力積　質量10kgの物体が，速さ5.0m/sで直線上を進んでいる。この物体に，運動と逆向きに一定の大きさの力を加え，2.0s間で静止させた。

(1) 力を加える前の物体の運動量の大きさは何kg·m/sか。

答

(2) 加えた力の大きさは何Nか。

答

知識

32 ボールが受けた力積　図のように，速さ20m/sで水平に飛んできた質量0.15kgのボールをバットで打ち返したところ，ボールは逆向きに30m/sで飛んでいった。

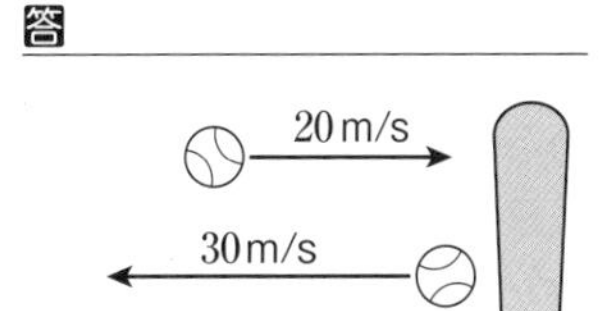

(1) ボールが受けた力積の大きさは何N·sか。

答

(2) ボールとバットの接触時間が5.0×10^{-2}sであった。ボールが受けた平均の力の大きさは何Nか。

答

思考

33 ボールが受けた力積　図のように，速さ20m/sで水平に飛んできた質量0.15kgのボールをバットで打ち返したところ，ボールは鉛直上向きに15m/sで飛んでいった。

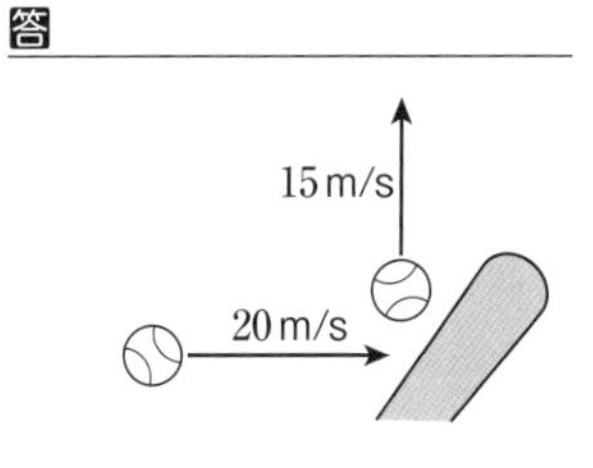

(1) ボールとバットが接触する直前，直後の運動量，およびバットから受けた力積の関係をベクトルで図示せよ。

(2) ボールがバットから受けた力積の大きさは何N·sか。

答

運動量保存の法則

➡解答編 p.6〜7

学習のまとめ

①直線上の衝突と運動量の保存

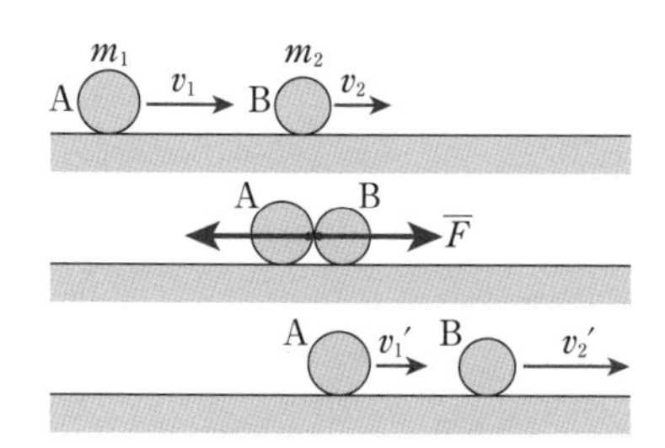

なめらかで水平な直線上を，質量 m_1，m_2 の２つの物体A，Bが，それぞれ速度 v_1，v_2（$v_1 > v_2$）で運動している。物体AとBが衝突し，速度がそれぞれ v_1'，v_2' になったとする。衝突によって物体BがAから受ける平均の力を $\overline{F}$ とすると，その反作用として，AはBから（ア　　　　）の力を受ける。衝突の時間を Δt とすると，A，Bの運動量の変化は，

A：$m_1v_1' - m_1v_1 =$（イ　　　　　　）

B：$m_2v_2' - m_2v_2 =$（ウ　　　　　　）

となり，２式を整理すると，次式が成り立つ。

$m_1v_1 + m_2v_2 =$（エ　　　　　　　　　）

このように，いくつかの物体が（オ　　　　）をおよぼしあうだけで，外力を受けなければ，物体の運動量の総和は変化しない。これを（カ　　　　　　　　　）の法則という。

◀注目する物体のグループを物体系という。物体系の中で互いにおよぼしあう力を内力，物体系の外からおよぼされる力を外力という。

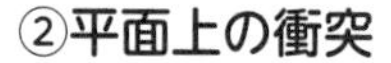

②平面上の衝突

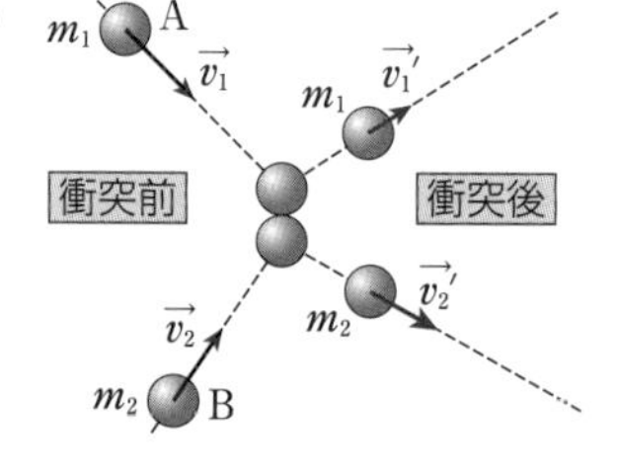

質量 m_1，m_2 の２つの物体A，Bが速度 $\vec{v_1}$，$\vec{v_2}$ で衝突し，速度がそれぞれ $\vec{v_1}'$，$\vec{v_2}'$ になったとする。このとき，運動量保存の法則の式は，次式で表される。

$m_1\vec{v_1} + m_2\vec{v_2} =$（キ　　　　　　　　）

また，平面上の衝突では，その平面上に互いに垂直な x 軸と y 軸をとり，衝突前の $\vec{v_1}$，$\vec{v_2}$ の速度成分を v_{1x}，v_{1y}，v_{2x}，v_{2y}，衝突後の $\vec{v_1}'$，$\vec{v_2}'$ の速度成分を v_{1x}'，v_{1y}'，v_{2x}'，v_{2y}' とすると，それぞれ次式が成り立つ。

$m_1v_{1x} + m_2v_{2x} =$（ク　　　　　　　　　　）

$m_1v_{1y} + m_2v_{2y} =$（ケ　　　　　　　　　　）

③分裂する物体

静止している質量 M のボートに乗っている質量 m の人が，岸に向かって速度 v で飛び移るとき，ボートが速度 V で動き出すとする。このとき，ボートと人の運動量の総和は保存され，次式が成り立つ。

$mv + MV =$（コ　　　　）

■ 確認問題 ■

34　なめらかで水平な直線上において，右向きに 30kg·m/s の運動量をもつ小球Aが，右向きに 10kg·m/s の運動量をもつ小球Bに衝突する。衝突後のAの運動量が右向きに 20kg·m/s のとき，Bの運動量はどちら向きに何 kg·m/s になるか。　知識

答

35　静止している質量 2.0kg の小球Aに，質量 1.0kg の小球Bが右向きに速さ 3.0m/s で正面衝突し，Bは静止した。衝突後のAの速度は，どちら向きに何 m/s か。　知識

答

■ 練習問題 ■

知識

36 直線上の衝突 図のように，右向きに速さ2.0m/sで進む質量2.0kgの小球Aに，右向きに速さ4.0m/sで進む質量6.0kgの小球Bが追突した。右向きを正として，次の各問に答えよ。

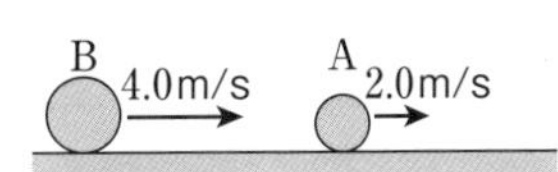

(1) 衝突前のA，Bの運動量の総和は何kg·m/sか。

答

(2) 衝突後のAの速度は5.0m/sであった。Bの速度は何m/sになるか。

答

知識

37 平面上の衝突 図のような平面上で，x軸を正の向きに速さ3.0m/sで進む質量1.0kgの小球Aと，y軸を正の向きに速さ1.0m/sで進む質量1.5kgの小球Bが，原点Oで衝突した。衝突後，Aはy軸を正の向きに，Bはx軸を正の向きに進んだ。衝突後のA，Bの速さは何m/sか。

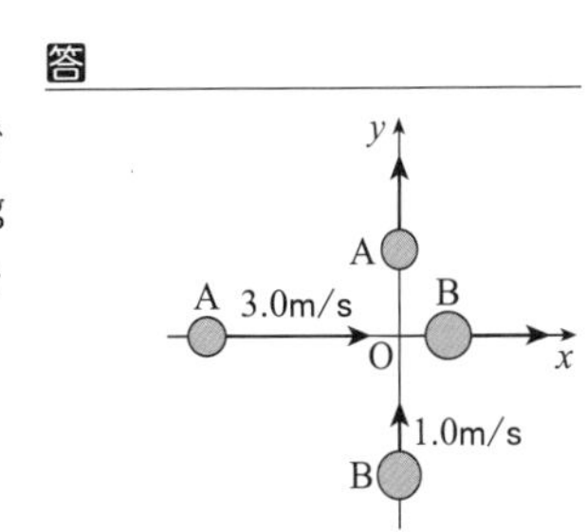

答 A B

知識

38 平面上の衝突 図のような平面上で，x軸を正の向きに速さ2.0m/sで進む質量1.0kgの小球Aと，y軸を正の向きに速さ3.0m/sで進む質量2.0kgの小球Bが，原点Oで衝突した。衝突後，Aはy軸の正の向きに4.0m/sで進み，Bはx軸から角θをなす向きに進んだ。

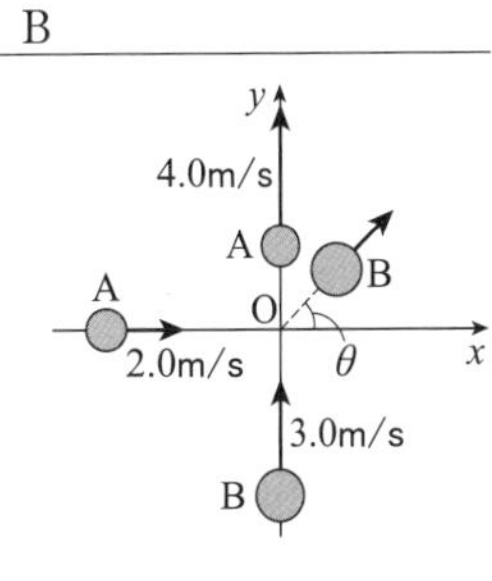

(1) 衝突後のBの速さは何m/sか。

答

(2) 角θはいくらか。

答

知識

39 合体 右向きに速さ3.0m/sで進む質量1.0kgの物体Aと，左向きに速さ2.0m/sで進む質量4.0kgの物体Bが衝突し，一体となって運動した。衝突後の物体A，Bの速度は，どちら向きに何m/sか。

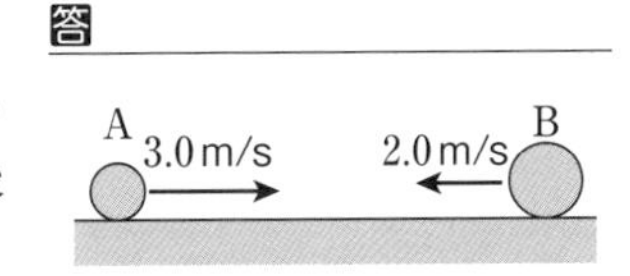

答

知識

40 分裂する物体 質量2.0kgの台車Aと質量4.0kgの台車Bを，押し縮めた軽いばねをはさんで糸でつないで静止させる。糸を静かに切ると，Aは速さ1.0m/sで左向きに運動した。このとき，台車Bの速さは何m/sか。

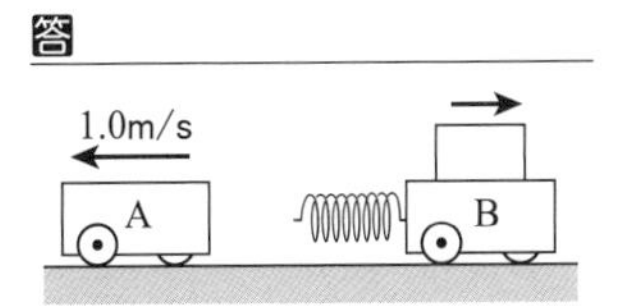

答

反発係数

➡解答編 p.7～8

学習のまとめ

①床との衝突

物体が床に落ちてはねかえるとき，床に衝突する直前と直後の速さの比 e は，衝突する速さに関係なく，物体と床の材質によって決まる。衝突の直前と直後の物体の速度を v，v' とすると，

$e=($ア　　　　$)$　　この e を(イ　　　　)という。

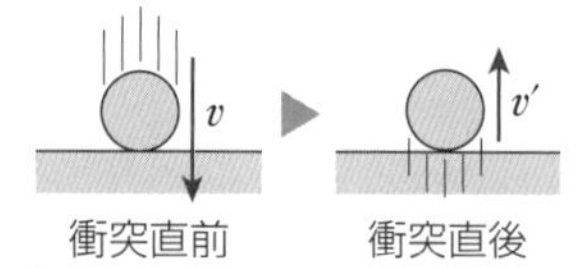

●弾性衝突と非弾性衝突　反発係数 e の値の範囲は $0\leqq e\leqq 1$ であり，その値に応じて，衝突は次のように分類される。

$e=1$ …(ウ　　　　)衝突　　$0\leqq e<1$ …(エ　　　　)衝突

特に，$e=0$ の衝突を(オ　　　　)衝突という。

② 2 球の衝突

速度 v_1，$v_2(v_1>v_2)$ で進む 2 つの小球A，Bが同一直線上で衝突し，衝突後の速度がそれぞれ v_1'，v_2' になったとする。衝突前にAがBに近づく速さは(カ　　　　)であり，衝突後にAがBから遠ざかる速さは(キ　　　　)である。(カ)と(キ)との比は，2 球の材質によって決まり，この比が 2 球の間の反発係数 e である。

$e=($ク　　　　$)$

$e=0$ の場合，衝突後の 2 球は一体となって運動する。

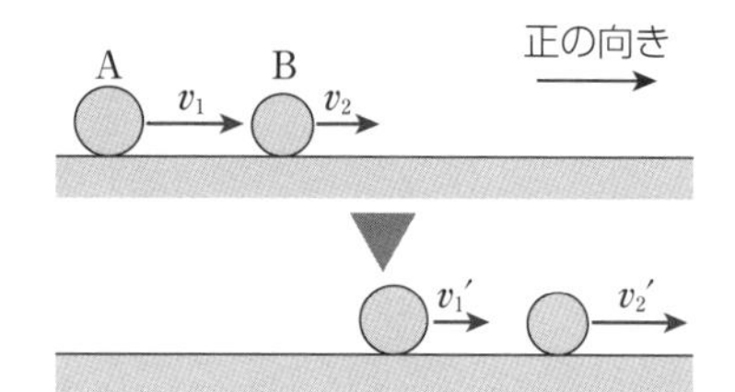

◀ e は，Bから見たAの相対速度の大きさの比である。

③斜めの衝突と反発係数

物体がなめらかな床に斜めに衝突する場合，物体の速度を床に平行な成分と垂直な成分に分けて考える。衝突直前の速度成分を v_x，v_y，衝突直後の速度成分を v_x'，v_y'，物体と床との間の反発係数を e とすると，次式が成り立つ。

$v_x'=($ケ　　　　$)$，$v_y'=($コ　　　　$)$

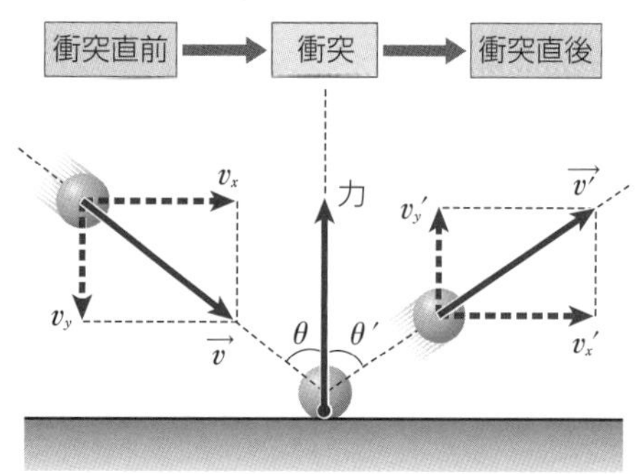

④衝突と力学的エネルギーの損失

物体と物体が衝突するとき，力学的エネルギーは，2 つの物体の間の反発係数に応じて変化する。(サ　　　　)衝突では，力学的エネルギーは保存されるが，(シ　　　　)衝突では保存されない。

◀失われた力学的エネルギーのほとんどは熱となる。

■ 確認問題 ■

41　小球が速さ 5.0m/s で壁に垂直に衝突し，速さ 3.0m/s ではねかえった。小球と壁との間の反発係数 e はいくらか。　知識

答

42　なめらかな水平面上を，小球Aが右向きに速さ 8.0m/s で進み，同じ向きに速さ 4.0m/s で進んでいた小球Bに衝突した。衝突後，Aは右向きに 4.0m/s，Bは右向きに 6.0m/s となった。小球AとBの間の反発係数はいくらか。　知識

答

■ 練習問題 ■

知識
43 床との衝突　高さ 1.6m の地点から小球を自由落下させ，床と衝突させた。小球と床との間の反発係数を 0.50，重力加速度の大きさを $9.8\mathrm{m/s^2}$ とする。

(1) 衝突直前直後の小球の速さはそれぞれ何 m/s か。

答 前　　　　後

(2) 衝突後，小球は何 m の高さまではね上がるか。

答

知識
44 2球の衝突　なめらかな水平面上で，右向きに速さ 1.0m/s で進む質量 1.0kg の小球Aに，質量 3.0kg の小球Bが右向きに速さ 5.0m/s で衝突した。

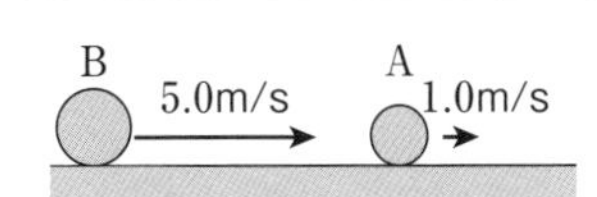

(1) 反発係数が 0 のとき，衝突後のA，Bの速度はどちら向きに何 m/s か。

答 A　　　　B

(2) 反発係数が 1 のとき，衝突後のA，Bの速度はどちら向きに何 m/s か。

答 A　　　　B

知識
45 斜めの衝突　図のように，質量 m のボールが，なめらかな壁に速さ v で 60° の角度で衝突し，45° の角度ではねかえった。

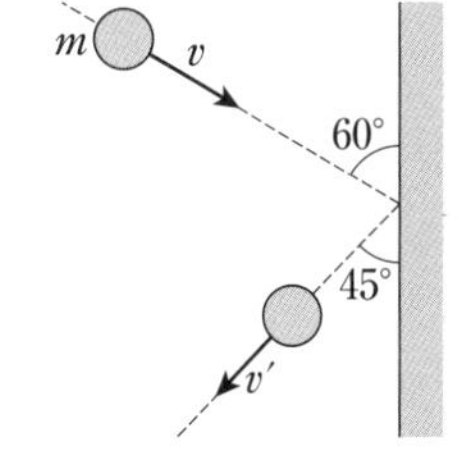

(1) 衝突直後のボールの速さ v' を求めよ。

答

(2) ボールと壁の間の反発係数 e を求めよ。答えは分数のままでよく，ルートをつけたままでよい。

答

知識
46 衝突と力学的エネルギー　なめらかな水平面上で，静止している質量 2.0kg の小球Aに，質量 1.0kg の小球Bを右向きに速さ 4.0m/s で衝突させたところ，小球Bは静止した。

(1) 衝突後の A の速度はどちら向きに何 m/s か。

答

(2) 2つの球の間の反発係数 e はいくらか。

答

(3) 衝突によって失われた力学的エネルギーは何 J か。

答

8 円運動

➡解答編 p.8

学習のまとめ

①等速円運動

円周上を一定の速さで動く物体の運動を(ア　　　　　　)という。この運動をする物体が，円の中心Oのまわりに回転する角θは，一定の割合で増加する。1s間あたりの物体の回転角を(イ　　　　　)といい，その単位は，回転角の単位にラジアン(記号 rad)を用いると，(ウ　　　　　　　　)(記号 rad/s)となる。

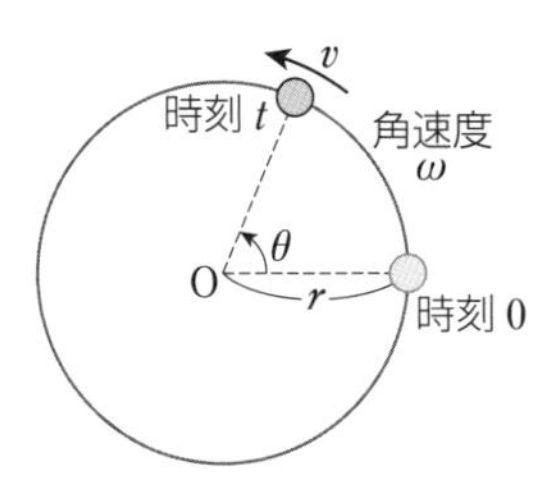

物体が角速度ω〔rad/s〕で等速円運動をするとき，時間t〔s〕の間の回転角θ〔rad〕は，

$\theta=$(エ　　　　　　)

物体が半径r〔m〕の円周上を等速円運動するとき，物体の速さv〔m/s〕と角速度ω〔rad/s〕の間には，次の関係が成り立つ。

$v=$(オ　　　　　　)

物体が円周上を1回転するのに要する時間T〔s〕を(カ　　　　　)という。また，1s間の回転の回数nを(キ　　　　　)といい，単位には(ク　　　　　)(記号 Hz)が用いられる。

◀ rad を単位とした角の表し方を弧度法という。度数法との間には，
2πrad $=360°$
の関係が成り立つ。

◀ Tとnの間には，
$n=\dfrac{1}{T}$
の関係が成り立つ。

②等速円運動の速度と加速度

物体が半径r〔m〕，速さv〔m/s〕の等速円運動をするとき，加速度a〔m/s²〕は，

$a=$(ケ　　　　　　)

速さvの代わりに角速度ωを用いると，次式で表される。

$a=$(コ　　　　　　)

◀等速円運動をする物体の加速度は，円の中心向きであり，向心加速度とよばれる。

③向心力

等速円運動をする物体は，常に円の中心に向かう力を受ける。この力を(サ　　　　　)という。大きさF〔N〕の(サ)を受けて，質量m〔kg〕の物体が半径r〔m〕，速さv〔m/s〕の等速円運動をするとき，円の中心方向の運動方程式は，

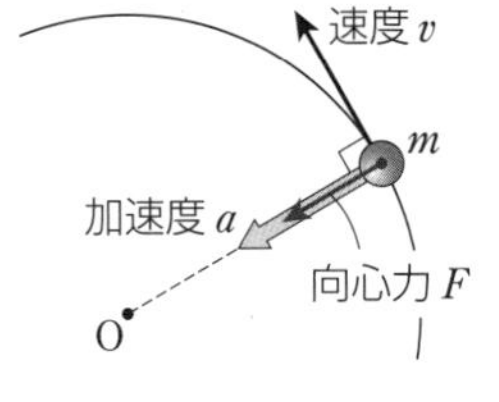

(シ　　　　　　)$=F$

速さvの代わりに角速度ωを用いると，(ス　　　　　　)$=F$

◀振り子のおもりのように，鉛直面内の運動は等速円運動ではない。しかし，このような運動では，円軌道上の任意の位置において，半径方向の力と加速度との関係は，等速円運動と同じと考え，運動方程式を立てることができる。

■ 確認問題 ■

47　物体が，角速度0.50rad/sで等速円運動をしている。5.0s間運動をしたときの回転角は何radか。　知識

答

48　質量2.0kgの物体が，半径3.0mの円周上を速さ6.0m/sで等速円運動をしている。物体の加速度の大きさは何m/s²か。また，向心力の大きさは何Nか。　知識

答　加速度

向心力

■ 練習問題 ■

知識
49 等速円運動　糸の一端に小球をつけて，他端を固定し，なめらかな水平面上で，周期 2.0s，半径 1.0m の等速円運動をさせる。

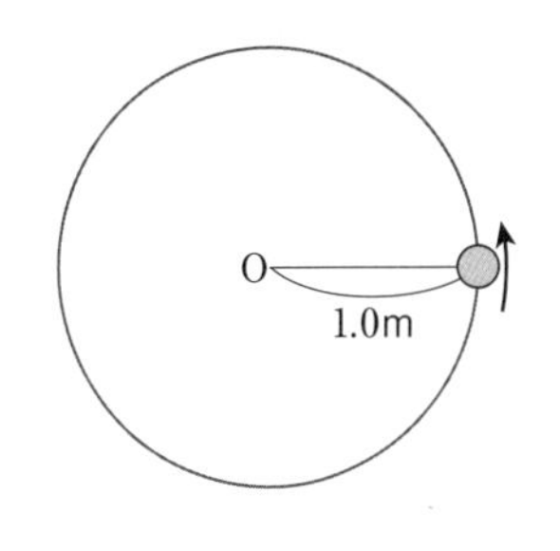

(1) 小球の回転数は何 Hz か。

答 ＿＿＿＿＿＿＿＿

(2) 小球の角速度は何 rad/s か。

答 ＿＿＿＿＿＿＿＿

(3) 小球の速さは何 m/s か。

答 ＿＿＿＿＿＿＿＿

知識
50 向心力　ひもの一端に質量 2.0kg の小球をつけて，他端を固定し，なめらかな水平面上で，速さ 4.0m/s，半径 0.50m の等速円運動をさせた。

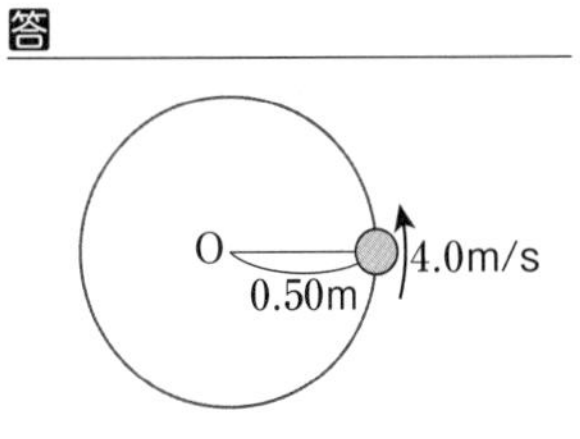

(1) 小球の加速度の大きさは何 m/s^2 か。

答 ＿＿＿＿＿＿＿＿

(2) 小球にはたらく向心力の大きさは何 N か。

答 ＿＿＿＿＿＿＿＿

知識
51 弾性力による円運動　なめらかな水平面上で，自然長 0.40m，ばね定数 60N/m のばねの一端を固定し，他端に質量 3.0kg のおもりをつけて等速円運動をさせる。このとき，ばねの伸びが 0.10m になった。

(1) おもりが受けている向心力の大きさは何 N か。

答 ＿＿＿＿＿＿＿＿

(2) おもりの速さは何 m/s か。また，円運動の周期は何 s か。

答 速さ＿＿＿＿＿＿＿＿　周期＿＿＿＿＿＿＿＿

思考
52 円錐振り子　天井からつるした長さ L の軽い糸の端に，質量 m の小球をつけ，水平面内で等速円運動をさせた。糸と鉛直方向とのなす角を θ，重力加速度の大きさを g とする。

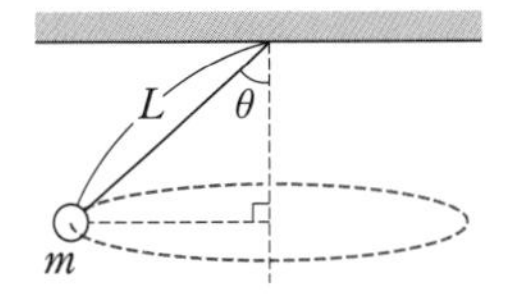

(1) 小球にはたらく力を図に示せ。

(2) 円運動の角速度と周期を求めよ。

答 角速度＿＿＿＿＿＿＿＿　周期＿＿＿＿＿＿＿＿

9 慣性力と遠心力

➡解答編 p.8〜9

学習のまとめ

①慣性力

物体とともに加速度運動をする観測者には，物体に，加速する向きと(^{ア} 　　)向きに力がはたらくように見える。観測者が加速度運動をしていることが原因となって現れる見かけの力を，(^{イ} 　　)という。

加速度 $\vec{a}$ で運動しているように見える。
【地上から見る場合】

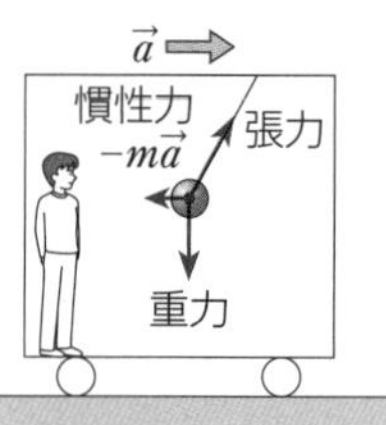

静止しているように見える。
【車内から見る場合】

◀慣性力は，観測者の立場の違いによって現れる見かけの力であり，その反作用は存在しない。

質量 m〔kg〕の物体とともに，加速度 $\vec{a}$〔m/s²〕で運動する観測者には，物体に慣性力 $\vec{F'}$〔N〕がはたらくように見える。

$\vec{F'}=$(^{ウ} 　　　　)

加速度運動をしていない観測者は(^{エ} 　　)系，加速度運動をしている観測者は(^{オ} 　　)系にあるという。

◀観測者が非慣性系にあるときは，慣性力を考慮する必要がある。

②遠心力

カーブを描く道路を自動車が走行するとき，自動車の中の人は，カーブの(^{カ} 　　)向きにはたらく力を感じる。このように，観測者が物体とともに円運動をするときの慣性力を，(^{キ} 　　)という。

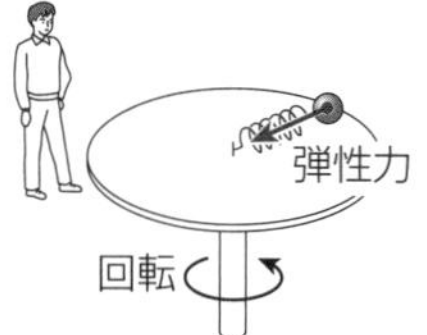

弾性力を向心力として等速円運動しているように見える。
【地上から見る場合】

弾性力と遠心力がつりあっているように見える。
【台上から見る場合】

質量 m〔kg〕の物体が，半径 r〔m〕の円周上を速さ v〔m/s〕で等速円運動をするとき，物体にはたらく遠心力の大きさ F'〔N〕は，

$F'=$(^{ク} 　　　　)

また，速さ v の代わりに角速度 ω を用いると，次式で表される。

$F'=$(^{ケ} 　　　　)

■ 確認問題 ■

53　エレベーターが鉛直上向きの加速度で上昇を始めた。エレベーター内部の人が受ける慣性力は，どちら向きになるか。　知識

答

54　電車が右向きに 0.50m/s² の加速度で動いている。電車内の質量 50kg の人が受ける慣性力は，どちら向きに何 N か。　知識

答

55　質量 2.0kg の物体が，半径 1.0m，角速度 1.0rad/s の等速円運動をしている。物体とともに円運動をする観測者から見ると，物体が受けている遠心力の大きさは何 N か。　知識

答

■ 練習問題 ■

知識

56 停止する自動車 水平な直線上を右向きに18m/sで進む自動車がある。ブレーキをかけて一定の加速度で減速し，6.0s後に停止した。

(1) 自動車の加速度は，どちら向きに何m/s²か。

答

(2) 停止するまでの間，車内の質量70kgの人が受ける慣性力は，どちら向きに何Nか。

答

知識

57 電車内の慣性力 電車内に質量1.0kgのおもりがつるされている。電車は，水平右向きに等加速度直線運動をして，図のように，おもりは，糸と鉛直方向とのなす角が30°となる位置で静止した。重力加速度の大きさを9.8m/s²とする。

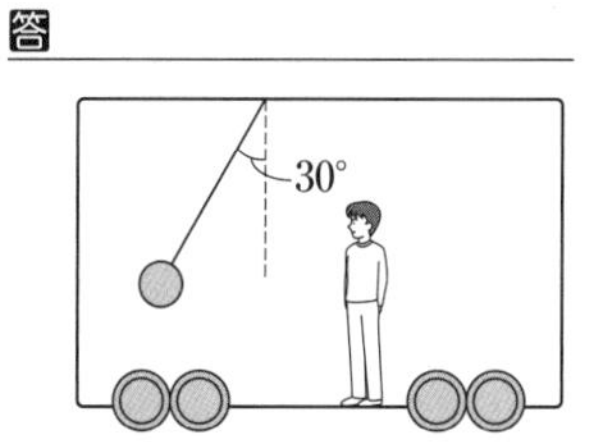

(1) 電車内の人から見ると，おもりが受けている慣性力の大きさは何Nか。

答

(2) 電車の加速度の大きさは何m/s²か。

答

知識

58 遠心力 質量1.0kgの物体が，回転する円板の中心から距離0.10mの位置にある。円板の回転数を徐々に大きくしていくと，角速度が7.0rad/sをこえたとき，物体が円板に対してすべり始めた。重力加速度の大きさを9.8m/s²とする。

(1) 角速度が7.0rad/sのとき，物体とともに円運動をする観測者から見ると，物体が受ける遠心力の大きさは何Nか。

答

(2) 物体と円板との間の静止摩擦係数はいくらか。

答

知識

59 鉛直面内の円運動 図のように，速さvで進んできた質量mの小球が，鉛直面内にある半径rのなめらかな円形レール上に進入し，レールからはなれることなく進む。重力加速度の大きさをgとする。

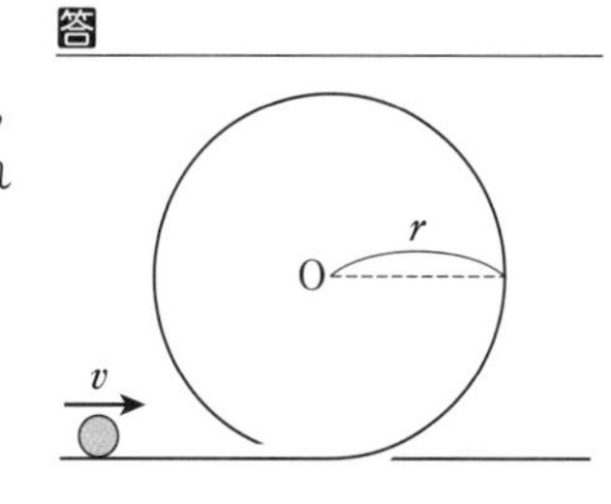

(1) 円形レールの最高点に達したとき，小球の速さはいくらか。

答

(2) (1)のとき，小球とともに円運動をする観測者から見ると，小球が受ける遠心力の大きさはいくらか。また，レールから受ける垂直抗力の大きさはいくらか。

答 遠心力　　　　垂直抗力

　◆学習日　　月　　日 ◆学習時間　　　分

10 単振動の速度・加速度・復元力

➡解答編 p.9〜10

学習のまとめ

①単振動と等速円運動

等速円運動をする物体に，回転面に対して真横から平行な光線をあてたとき，正射影が行う往復運動を(ア　　　　　)という。物体が，半径 A〔m〕の円周上を角速度 ω〔rad/s〕で等速円運動をする。図の円周上の点1を上向きに通過する時刻を0とすると，時刻 t〔s〕における物体の x 軸上への正射影の位置 x〔m〕は，

$x=$(イ　　　　　　　)

A は，単振動の中心からの変位の最大値であり，(ウ　　　　)とよばれる。また，ω を角振動数，ωt を(エ　　　　)という。1回の振動に要する時間 T を周期，1s間に振動する回数 f を(オ　　　　)といい，ω，T，f の間には次の関係が成り立つ。

$f=\dfrac{1}{(\text{カ}\quad)}$　　$\omega=\dfrac{2\pi}{T}=$(キ　　　　)

◀正射影とは，平行な光線を物体にあてたとき，光線に垂直な面に映る影のことである。

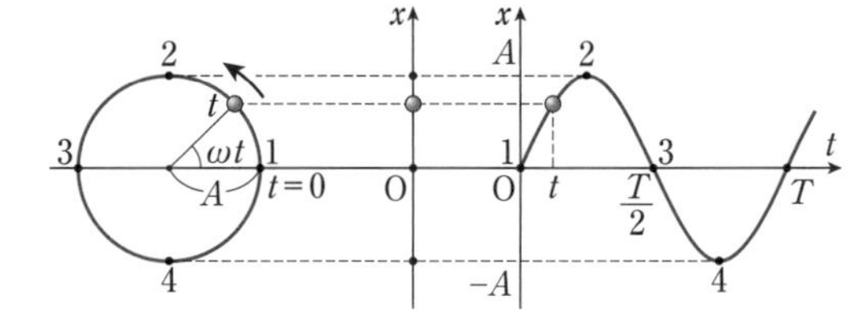

◀時刻 $t=0$ の位相を，初期位相という。

②単振動の速度・加速度・復元力

質量 m〔kg〕の物体が，$x=A\sin\omega t$ の単振動をしているとする。この単振動の速度，加速度は，等速円運動の x 軸上への正射影をもとにして考えることができる(図)。半径 A〔m〕の円周上を，角速度 ω〔rad/s〕で等速円運動をする物体の速さは(ク　　　)であり，単振動の速度 v〔m/s〕は，

$v=$(ケ　　　　　　　)

また，等速円運動の加速度の大きさは(コ　　　　)であり，単振動の加速度 a〔m/s²〕は，常に変位と逆向きになるので，

$a=$(サ　　　　　　　)

加速度 a は，x を用いて，$a=$(シ　　　　　)とも表される。

●**復元力**　この単振動において，物体にはたらく力 F〔N〕は，m，ω，x を用いて，$F=$(ス　　　　　　)と表される。ここで，$m\omega^2=K$(正の定数)を用いると，F は次のように示される。

$F=$(セ　　　　　　　)

この力 F を(ソ　　　　　)という。単振動の周期 T〔s〕は，K を用いて，次のように表すことができる。

$T=$(タ　　　　　)

◀単振動の速度，加速度は，等速円運動の速度と加速度の x 軸方向の成分から考えることができる。

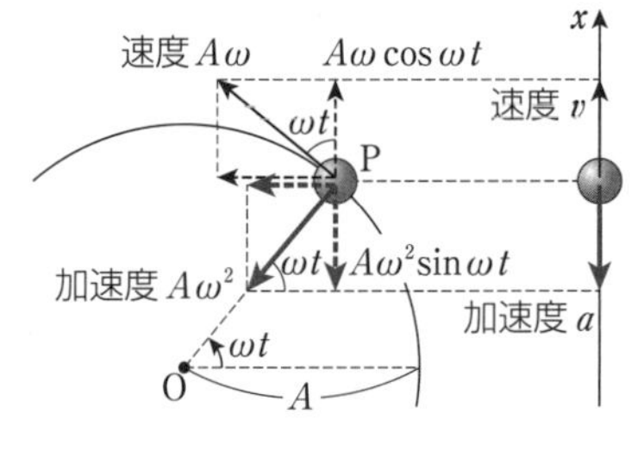

◀復元力は，常に振動の中心向きにはたらき，物体の位置が振動の中心からずれたときに，振動の中心にもどす役割を果たす。

■ 確認問題 ■

60　単振動をする物体の時刻 t〔s〕での変位 x〔m〕が，$x=0.2\sin\pi t$ である。単振動の振幅 A は何mか。また，周期 T は何sか。　知識

答 A

T

61　物体が，x 軸上で原点($x=0$)を中心として振幅0.10mの単振動をしている。物体の速さが最大となる位置の座標を答えよ。　知識

答

■ 練習問題 ■

知識

62 単振動と等速円運動 物体Pが，半径 $A=2\text{m}$ の円周上を，角速度 $\omega=\frac{\pi}{3}\text{rad/s}$ の等速円運動をする。Pの x 軸上への正射影をQとする。Pが図の位置を上向きに通過した時刻を0として，表の空欄を埋めよ。答えは分数のままでよく，ルートをつけたままでよい。

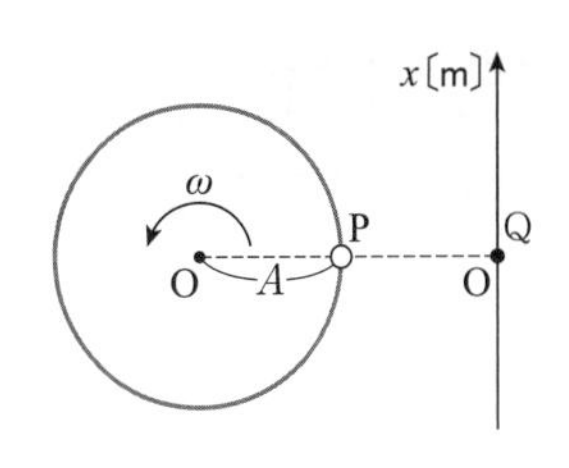

時刻 t〔s〕	0	1	2	3	4	5	6
位相〔rad〕							
位相〔度〕							
Qの変位 x〔m〕							

知識

63 単振動と等速円運動 物体が，半径0.20m，角速度 $\frac{\pi}{2}\text{rad/s}$ の等速円運動をしている。物体が図の点Aを通過した時刻を0とする。

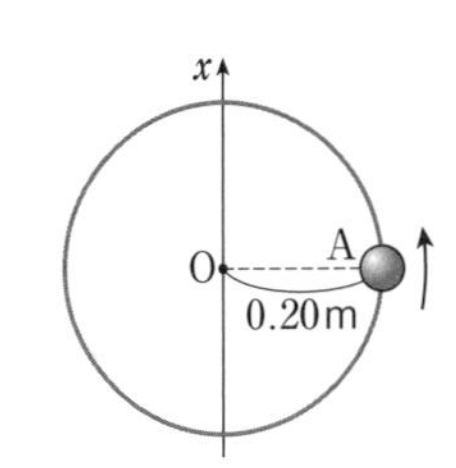

(1) 時刻 t〔s〕において，物体の x 軸上への正射影の位置を表す式を示せ。

答

(2) 物体の x 軸上への正射影は単振動をする。その振動数は何Hzか。

答

知識

64 単振動の特徴 質量0.50kgの物体が単振動をしており，時刻 t〔s〕における変位 x〔m〕が，$x=0.15\sin 2.0\pi t$ で表される。$\pi=3.14$ とする。

(1) 物体の速度の最大値は何m/sか。

答

(2) 物体の加速度の最大値は何 m/s^2 か。また，復元力の最大値は何Nか。

答 加速度　　　　復元力

知識

65 単振動の速度・加速度 質量 $5.0\times10^{-2}\text{kg}$ の物体が，$F=-5.0x$〔N〕で表される復元力を受けて，振幅0.10mの単振動をしている。

(1) 単振動の角振動数は何rad/sか。また，周期は何sか。

答 角振動数　　　　周期

(2) 物体の速度の最大値は何m/sか。また，加速度の最大値は何 m/s^2 か。

答 速度　　　　加速度

単振動とそのエネルギー

➡解答編 p.11

学習のまとめ

①ばね振り子

振動の中心　正→　自然の長さ　x　ばね定数 k　$F=-kx$　質量 m

●水平ばね振り子　なめらかな水平面上で，ばね定数 k のばねの一端を壁に固定し，他端に質量 m の物体をつなぐ。ばねをある距離引き伸ばし，静かにはなして振動させる。図の右向きを正とすると，物体の振動の中心からの変位が x のとき，復元力は(ア　　　　　)である。復元力の一般式 $F=-Kx$ と比較すると，$K=$(イ　　　)であり，単振動の周期 T は，

$T=$(ウ　　　　　)

◀ $F=-Kx$ の復元力を受ける物体の単振動の周期は，$T=2\pi\sqrt{\dfrac{m}{K}}$ である。

●鉛直ばね振り子　ばね定数 k のばねに，質量 m の物体をつるして静止させる。このときのばねの伸びを x_0，重力加速度の大きさを g とすると，力のつりあいから，(エ　　　　　)$=0$ が成り立つ。物体をさらに距離 A だけ下に引いて静かにはなすと，単振動をする。鉛直下向きを正とし，振動している間のつりあいの位置Oからの変位を x とすると，物体が受ける力 F は，$F=mg-k(x_0+x)$ と表され，(エ)の式を用いて次のように整理できる。また，単振動の周期 T は，

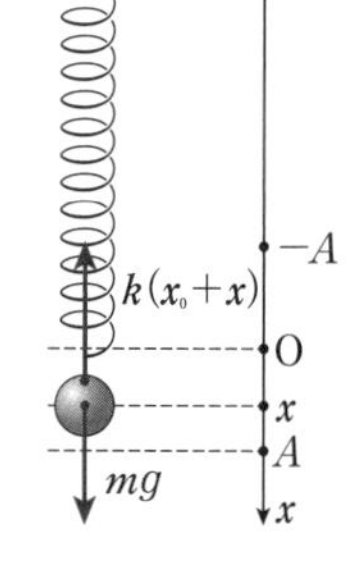

$F=$(オ　　　　　)　　$T=$(カ　　　　　)

◀振動の周期は，水平ばね振り子の周期と同じ式で示される。ばね振り子の振動の周期は，ばね定数と物体の質量だけで決まり，振幅には関係しない。

②単振り子

単振り子のおもりをわずかに横に引いて静かにはなすと，往復運動をする。質量 m のおもりが受ける力は，重力 mg と糸の張力 S である。おもりが受ける力の運動方向の成分 F は，反時計まわりを正として，糸が鉛直方向となす角を θ とすると，(キ　　　　　　　)である。θ が十分に小さいとき，$\sin\theta \fallingdotseq \theta$ と近似でき，つりあいの位置Oからの円弧に沿った変位を x，単振り子の長さを L とすると，力の成分 F，および周期 T は，

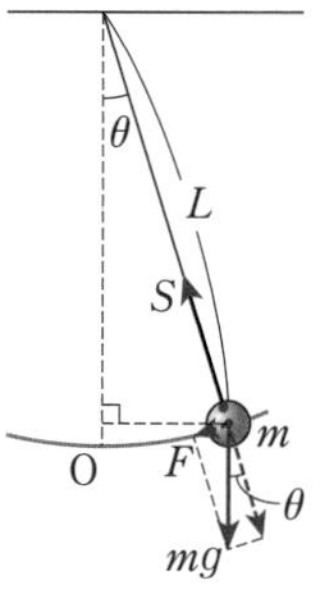

$F=-mg\sin\theta \fallingdotseq$(ク　　　　　)　　$T=$(ケ　　　　　)

◀おもりの運動は，Oを通る水平方向の直線上の運動と考えてよい。

◀単振り子の周期は，振幅が小さければ，単振り子の長さだけで決まり，おもりの質量や振幅に関係しない。これを，振り子の等時性という。

③単振動のエネルギー

単振動をする物体の力学的エネルギーは，運動エネルギーと位置エネルギーの和であり，振幅の(コ　　　)と振動数の(サ　　　)に比例する。

■ 確認問題 ■

66　ばね定数 49N/m のばね，質量 0.25kg のおもりを用いて，水平ばね振り子をつくった。その単振動の周期は何 s か。　知識

答

67　単振り子の長さが 0.20m のとき，その周期は何 s か。ただし，重力加速度の大きさを 9.8m/s^2 とする。　知識

答

■ 練習問題 ■

知識
68 水平ばね振り子 図のように，なめらかな水平面上で，ばね定数 4.9N/m のばねの一端を壁に固定し，他端に質量 0.10kg の物体をつける。物体を引っ張り，ばねを自然の長さから 0.10m 引き伸ばして静かにはなした。ばねが自然の長さのときの物体の位置Oを原点とし，右向きを正として x 軸をとる。

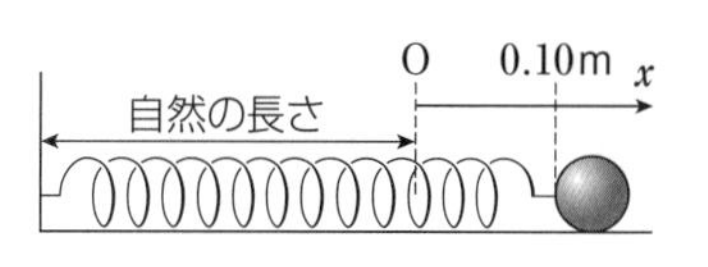

(1) 物体は単振動をする。単振動の振幅と周期をそれぞれ求めよ。

答 振幅 ＿＿＿＿＿＿ 周期 ＿＿＿＿＿＿

(2) 原点Oをはじめに左向きに通過するのは，手をはなしてから何 s 後か。

答 ＿＿＿＿＿＿

知識
69 鉛直ばね振り子 ばね定数 49N/m のばねの一端を天井に固定し，他端に質量 1.0kg のおもりをつるす。つりあいの位置から，おもりを鉛直下向きに 5.0×10^{-2}m 引き，静かに手をはなす。重力加速度の大きさを 9.8m/s^2 とする。

つりあいの位置
5.0×10^{-2}m

(1) 物体が受ける復元力の最大値は何 N か。

答 ＿＿＿＿＿＿

(2) この単振動の周期は何 s か。

答 ＿＿＿＿＿＿

(3) おもりが最高点に達するまでの時間は，手をはなしてから何 s 後か。

答 ＿＿＿＿＿＿

思考
70 単振り子 長さ 0.80m の単振り子がある。重力加速度の大きさを 9.8m/s^2 とする。

(1) 単振り子の周期は何 s か。

答 ＿＿＿＿＿＿

(2) 単振り子の長さを調節し，周期を 2 倍にする。長さを何 m にすればよいか。

答 ＿＿＿＿＿＿

知識
71 単振動のエネルギー なめらかな水平面上で，ばねの一端を壁に固定し，他端に質量 0.20kg の物体をつけて単振動をさせた。その振幅は 0.40m，角振動数は 10rad/s であった。重力による位置エネルギーは考慮しないものとして，次の各問に答えよ。

(1) 物体の力学的エネルギーは何 J か。

答 ＿＿＿＿＿＿

(2) 振幅を 2 倍にすると，力学的エネルギーは何倍になるか。

答 ＿＿＿＿＿＿

12 万有引力による運動

➡解答編 p.11〜12

学習のまとめ

①ケプラーの法則

ケプラーは，惑星の運動に関する3つの法則を発表した。惑星は，太陽を1つの焦点とする(ア　　　　)軌道を描く(第1法則)。惑星と太陽を結ぶ線分が，一定時間に描く(イ　　　　)は一定である(第2法則)。これは，(ウ　　　　　　)の法則ともよばれる。惑星の公転周期 T の2乗と，楕円軌道の半長軸 a の(エ　　　　)の比は，すべての惑星で同じ値となる(第3法則)。

(オ　　　　　　)$=k$　(k…定数)

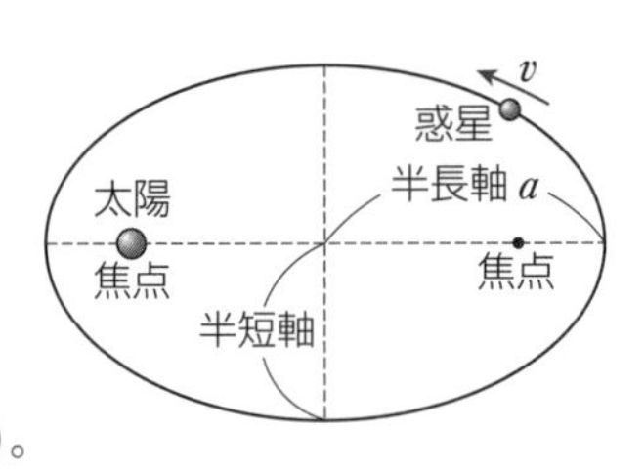

②万有引力の法則

2つの物体の間にはたらく万有引力の大きさ F〔N〕は，各物体の質量を m_1〔kg〕，m_2〔kg〕，物体間の距離を r〔m〕とすると，比例定数を G として，

$F=$(カ　　　　　　)　　$G=6.67\times10^{-11}\,\mathrm{N\cdot m^2/kg^2}$

これを(キ　　　　　　)の法則といい，G を(ク　　　　　　　　)という。

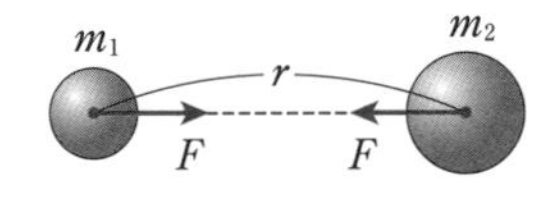

③万有引力と重力

地球上の物体にはたらく重力は，物体と地球との間にはたらく(ケ　　　　　　)に等しいとみなせる。物体と地球の質量をそれぞれ m，M，地球の半径を R，地表における重力加速度の大きさを g，万有引力定数を G とすると，

$mg=$(コ　　　　　　)　　したがって，g は，　$g=$(サ　　　　　　)

◀地球の自転による遠心力は，万有引力に比べて無視できるほど小さい。

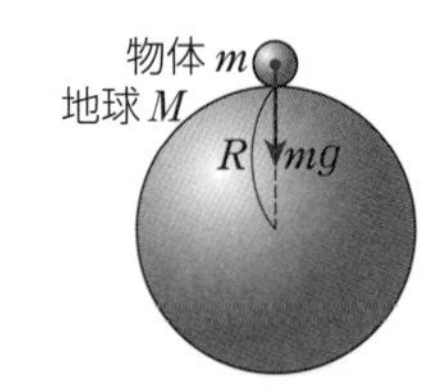

④万有引力による位置エネルギー

物体が地球の中心から距離 r はなれた点にあるとき，基準を無限遠とすると，その物体の万有引力による位置エネルギー U は，物体が距離 r の点から(シ　　　　)まで移動する間に，万有引力がする(ス　　　　)で表される。その値は，物体の質量を m，地球の質量を M，万有引力定数を G として，

$U=$(セ　　　　　　)

物体が万有引力だけを受けて運動するとき，物体の力学的エネルギーは保存される。

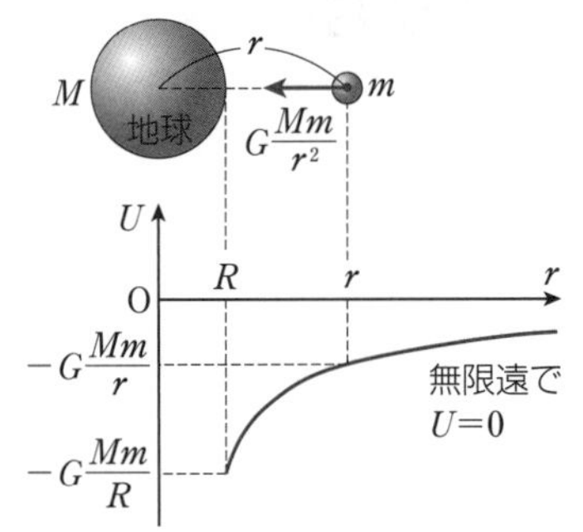

■ 確認問題 ■

72　1.0m はなれた質量 10kg の2つの物体間にはたらく万有引力の大きさは何 N か。万有引力定数を $6.7\times10^{-11}\,\mathrm{N\cdot m^2/kg^2}$ とする。　知識

答

73　地球の質量を M，半径を R，万有引力定数を G とする。万有引力の法則を用いて，地表における重力加速度の大きさを求めよ。　知識

答

■ 練習問題 ■

知識

74 ケプラーの法則　地球と木星の公転軌道は，ほぼ円とみなすことができる。地球の公転半径を a とし，木星の公転半径を地球の約5倍の $5a$ とする。

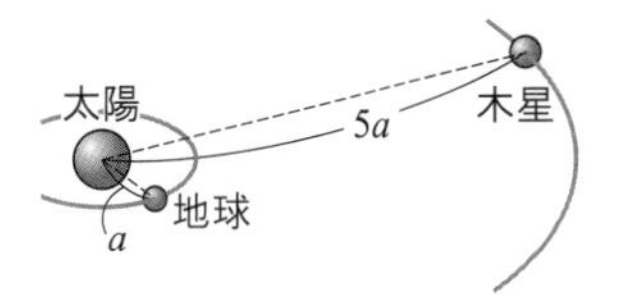

(1) 地球と木星の公転周期を T，T' とする。それぞれについてケプラーの第3法則(定数を k とする)の式を立てよ。

答　地球　　　　　　　　木星

(2) 地球の公転周期を1年として，木星の公転周期は約何年か。$\sqrt{5}=2.24$ として，有効数字2桁で求めよ。

答

知識

75 万有引力　図のように，質量 m の惑星が，質量 M の恒星のまわりを半径 r の等速円運動をしている。万有引力定数を G とする。

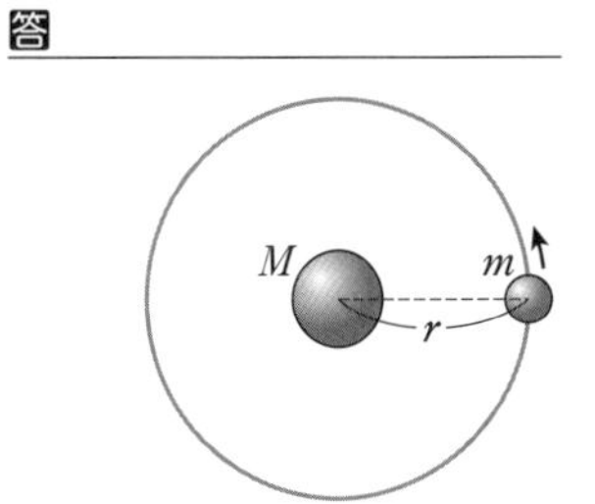

(1) 恒星と惑星の間にはたらく万有引力の大きさはいくらか。

答

(2) 円運動をする惑星の速さはいくらか。

答

知識

76 重力加速度　地表における重力加速度の大きさを g，地球の半径を R として，次の各問に答えよ。

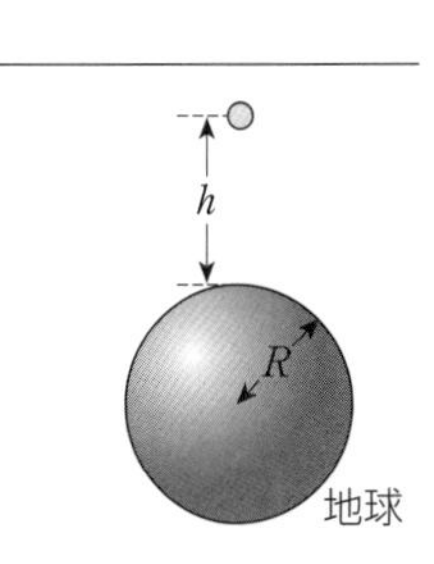

(1) 地表から高さ h の地点で，質量 m の物体が受ける重力の大きさはいくらか。

答

(2) 地表から高さ h の地点での，重力加速度の大きさ g_h はいくらか。

答

(3) $h=R$ のとき，g_h は g の何倍か。分数で答えてよいものとする。

答

77 万有引力による位置エネルギー　人工衛星が，地球の中心から距離 $2R$(R は地球の半径)の軌道を等速円運動している。

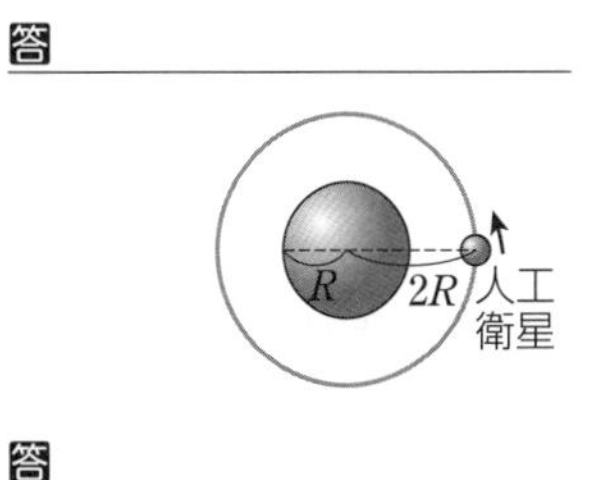

(1) 地球の質量を M，万有引力定数を G とすると，人工衛星の速さはいくらか。

答

(2) 人工衛星が速さを増し，地球の引力を振り切って無限遠に飛び去るには，速さを(1)の値の何倍以上にする必要があるか。答えはルートをつけたままでよい。

答

13 気体の法則

➡解答編 p.12〜13

学習のまとめ

①気体の圧力

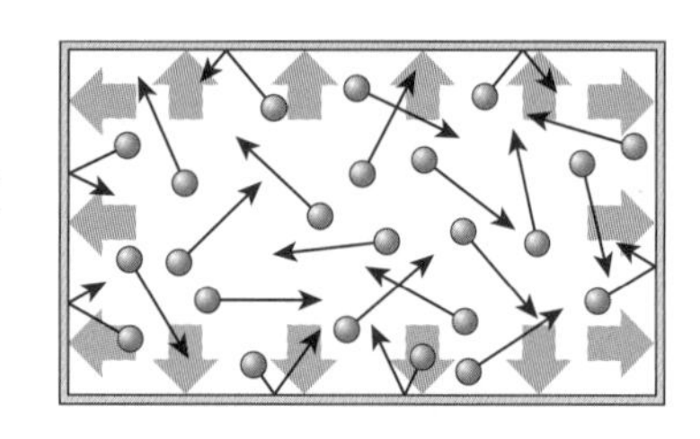

容器に閉じこめられた気体の圧力は，面に対して常に垂直にはたらき，その大きさは容器内のどの部分においても等しい。面積 S〔m²〕の面に垂直に，大きさ F〔N〕の力がはたらくとき，圧力 p〔Pa〕は，

$p=$ (ア　　　　)

②ボイル・シャルルの法則

温度が一定のとき，一定質量の気体の体積 V は，気体の圧力 p に反比例する。

(イ　　　　)＝一定

これを(ウ　　　　)の法則という。

圧力が一定のとき，一定質量の気体の体積 V は，絶対温度 T に比例する。 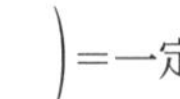 (エ　　　　)＝一定

p〔Pa〕　p_1　p_2　pV＝一定　O　V_1　V_2　V〔m³〕

V〔m³〕　$\frac{V}{T}$＝一定　V_2　V_1　O　T_1　T_2　T〔K〕

これを(オ　　　　)の法則という。

一定質量の気体の体積 V は，絶対温度 T に比例し，圧力 p に反比例する。

(カ　　　　)＝一定

これを(キ　　　　)の法則という。

◀一定質量の気体とは，一定の数の分子を含む気体のことである。

③理想気体の状態方程式

原子，分子，イオンなどは，6.02×10^{23} 個の集団を単位として扱い，この集団を1(ク　　　　)(記号 mol)という。この(ク)を単位として表された物質の量を(ケ　　　　)といい，1mol あたりの粒子の数 6.02×10^{23}/mol を，(コ　　　　)定数という。

0℃(273K)，1気圧(1.013×10^5Pa)の状態において，気体1mol の体積は，その種類に関係なく，2.24×10^{-2}m³/mol(22.4L/mol)である。気体1mol について，(カ)の式の一定値を R とすると，$R=8.31$ J/(mol·K)であり，この R は(サ　　　　)定数とよばれる。

一般に，n〔mol〕の気体において，圧力 p〔Pa〕，温度 T〔K〕，体積 V〔m³〕の間には，次式が成り立つ。　$pV=$ (シ　　　　)

この式に厳密にしたがう気体を理想気体といい，この式を理想気体の(ス　　　　)という。

◀実在の気体では，極端な低温や高圧になると，分子間にはたらく力や，分子そのものの体積を無視できなくなり，理想気体として扱えない。しかし，常温・常圧付近では理想気体とみなせる。

■ 確認問題 ■

78 気体の温度を一定に保ったまま，その体積を1/2倍にした。圧力はもとの何倍になるか。　知識

答

79 気体の圧力を一定に保ったまま，その絶対温度を2倍にする。体積はもとの何倍になるか。　知識

答

■ 練習問題 ■

知識

80 ボイルの法則　圧力 1.0×10^5 Pa，体積 6.0×10^{-2} m^3 の気体がある。温度を一定に保ったまま，圧力を 2.0×10^5 Pa にした。気体の体積は何 m^3 になるか。

答

知識

81 シャルルの法則　温度 2.0×10^2 K，体積 3.0×10^{-2} m^3 の気体がある。圧力を一定に保ったまま，体積を 4.5×10^{-2} m^3 にした。気体の温度は何 K になるか。

答

知識

82 ボイル・シャルルの法則　圧力，体積，温度がそれぞれ 1.0×10^5 Pa，3.0 m^3，27℃の理想気体がある。この気体について，次の各問に答えよ。

(1) 圧力を一定に保ったまま，温度を 327℃にした。このとき，気体の体積は何 m^3 か。

答

(2) 気体をはじめの状態から，327℃まで加熱したとき，気体の圧力がもとの 2 倍になった。このとき，気体の体積は何 m^3 か。

答

知識

83 気体の状態方程式　物質量 2.0 mol の理想気体がある。気体定数を 8.3 J/(mol·K) とする。

(1) 27℃，1.0×10^5 Pa の状態のとき，気体の体積は何 m^3 か。

答

(2) 気体の圧力が 1.2×10^5 Pa，体積が 8.3×10^{-2} m^3 のとき，温度は何 K か。

答

知識

84 気体の状態方程式　図のように，容積がともに 2.0×10^{-3} m^3 の容器A，Bが，容積の無視できる細い管でつながれている。はじめコックは閉じられており，Aには 2.0×10^5 Pa，300 K の空気，Bには 1.0×10^5 Pa，350 K の空気が入れられている。コックを開いたところ，全体の温度は 315 K になった。次の(1)，(2)では，A，Bの気体の物質量をそれぞれ n_A，n_B，気体定数を R とする。

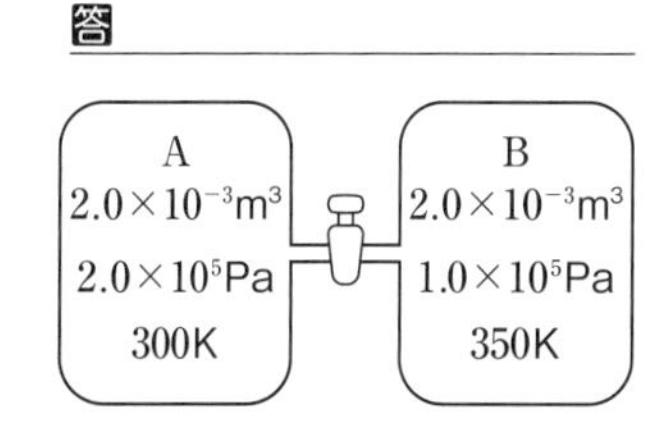

(1) コックを開く前での，A，Bのそれぞれの気体の状態方程式を示せ。

答 A　　　　B

(2) コックを開いた後の気体の圧力を p とし，気体の状態方程式を示せ。

答

(3) 気体の圧力 p は何 Pa か。

答

14 気体の分子運動

➡解答編 p.13～14

学習のまとめ

①気体の圧力と分子運動

● 1個の分子に着目　図のように，一辺の長さが L の立方体の容器内に，質量 m の気体分子が N 個入っている。1個の分子の速度を $\vec{v}$，x 軸，y 軸，z 軸方向の速度成分を v_x，v_y，v_z とする。壁Aに分子が弾性衝突をした後，分子の x 軸方向の速度成分は(ア　　　　)となる。また，分子が受ける力積は(イ　　　　)であり，作用・反作用の法則から，壁Aが受ける力積は(ウ　　　　)である。

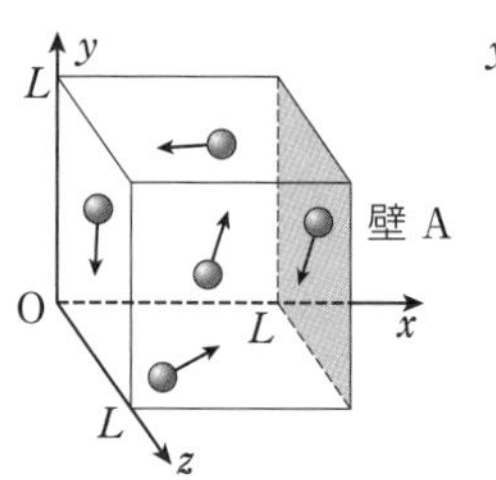

分子が壁Aに衝突してから，再び壁Aに衝突するまでの時間は(エ　　　　)である。したがって，時間 t の間にこの分子が壁Aに衝突する回数は，(オ　　　　)である。壁Aが分子から受ける平均の力を $\overline{f}$ とすると，壁Aが受ける力積 $\overline{f}t$ は，

$\overline{f}t=$(カ　　　　)　　これから，$\overline{f}=$(キ　　　　)

◀この衝突では，分子の y 軸方向，z 軸方向の速度成分は変化しない。

◀分子が再び壁Aと衝突するまでに，x 軸方向に $2L$ の距離を移動している。

● N 個の分子に着目　N 個の分子の $v_x{}^2$ の平均を $\overline{v_x{}^2}$ とすると，壁Aが受ける力 F は，$F=$(ク　　　　)となる。また，立方体の体積を $V(=L^3)$ とし，分子の速度には偏りがなく，分子の v^2 の平均を $\overline{v^2}$ とすると，壁Aが受ける圧力 p は，

$p=$(ケ　　　　)

◀(ケ)では，$\overline{v^2}=\overline{v_x{}^2}+\overline{v_y{}^2}+\overline{v_z{}^2}$，$\overline{v_x{}^2}=\overline{v_y{}^2}=\overline{v_z{}^2}$ から，$\overline{v_x{}^2}=\dfrac{1}{3}\overline{v^2}$ を用いる。

②気体の温度と分子運動

容器内の気体分子の数 N を nN_A(n は物質量，N_A はアボガドロ定数)とする。これを用いて(ケ)の式を変形し，気体の状態方程式「$pV=nRT$」と比較すると，

$\dfrac{N_A m\overline{v^2}}{3}=$(コ　　　　)となる。気体分子の運動エネルギーの平均値は，

$\dfrac{1}{2}m\overline{v^2}=$(サ　　　　)$=\dfrac{3}{2}kT$

比例定数 k は，(シ　　　　)定数とよばれる。

◀比例定数 k は R/N_A であり，1.38×10^{-23} J/K である。

●二乗平均速度　分子1個の質量が m〔kg〕なので，気体の分子量を M とすると，$N_A m=$(ス　　　　)と表される。したがって，(コ)の式の関係から，

$\sqrt{\overline{v^2}}=$(セ　　　　)

この $\sqrt{\overline{v^2}}$ は，気体分子の(ソ　　　　)とよばれる。

◀$\sqrt{\overline{v^2}}$ は，気体分子の平均の速さを表す目安である。

■ 確認問題 ■

85　温度が300Kのとき，ヘリウム分子の運動エネルギーの平均値は何Jか。ボルツマン定数を 1.4×10^{-23} J/K とする。　知識

答

■ 練習問題 ■

知識

86 気体の分子運動 質量 m の気体分子が，速さ v で右向きに運動している。分子は，一辺の長さが L の正方形の壁に垂直に弾性衝突をしてはねかえる。

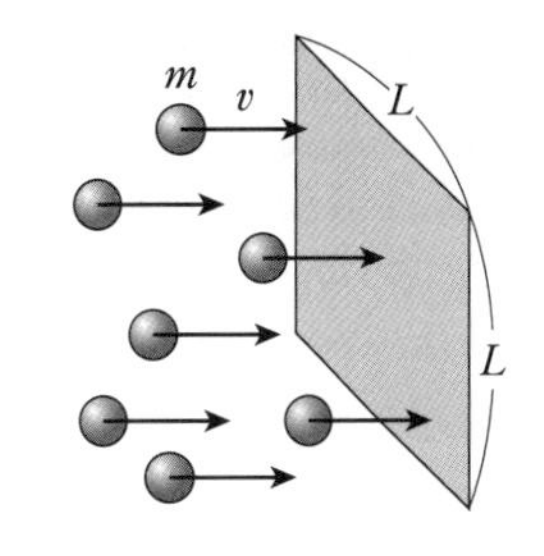

(1) 1個の分子が壁から受ける力積は，どちら向きにいくらか。

答

(2) 1個の分子から壁が受ける力積は，どちら向きにいくらか。

答

(3) 単位時間あたり，N 個の分子が壁に衝突しているとする。壁が時間 t の間に受ける力積の大きさはいくらか。

答

(4) (3)において，N 個の分子から壁が受ける力の大きさはいくらか。

答

(5) (3)において，壁が受ける圧力はいくらか。

答

思考

87 気体の温度と分子運動 ある温度において，ヘリウムの気体分子の運動エネルギーの平均値が 8.4×10^{-21} J であった。ボルツマン定数を 1.4×10^{-23} J/K とする。

(1) ヘリウムの温度は何 K か。

答

(2) 運動エネルギーの平均値がもとの $\frac{1}{2}$ のとき，ヘリウムの温度は何 K か。

答

知識

88 気体の温度と分子運動 ヘリウム分子の二乗平均速度は，温度が 15℃のときに，1.3×10^{3} m/s である。次の各問に答えよ。

(1) ヘリウム分子の二乗平均速度が 2.6×10^{3} m/s になるのは，温度が何℃のときか。

答

(2) 温度が 303℃のとき，ヘリウム分子の二乗平均速度は何 m/s か。

答

(3) 酸素分子の二乗平均速度は，温度が 15℃のときに何 m/s か。ただし，ヘリウムの分子量を 4.0，酸素の分子量を 32 とする。

答

　◆学習日　　月　　日　◆学習時間　　　分

気体の内部エネルギー

➡解答編 p.14〜15

学習のまとめ

①気体の内部エネルギー

気体分子は，分子の熱運動による(ア　　　　)エネルギーと，分子間にはたらく力による(イ　　　　)エネルギーをもっている。気体分子全体のこれらの総和を気体の(ウ　　　　)エネルギーという。理想気体では，分子間にはたらく力はないものとして扱うので，気体の内部エネルギーは，分子の(エ　　　　)エネルギーだけの和となる。

絶対温度 T〔K〕，物質量 n〔mol〕の単原子分子からなる理想気体の内部エネルギー U〔J〕は，気体定数を R〔J/(mol·K)〕として，

$U=$(オ　　　　　　)

◀1個の原子からなる分子を単原子分子，2個の原子からなる分子を二原子分子，3個以上の原子からなる分子を多原子分子という。

◀温度が ΔT〔K〕変化したときの内部エネルギーの変化 ΔU〔J〕は，

$$\Delta U=\frac{3}{2}nR\Delta T$$

②熱力学の第1法則

気体に外部から加えられた熱量を Q〔J〕，外部からされた仕事を W〔J〕とすると，気体の内部エネルギーの増加 ΔU〔J〕は，次式で表される。

$\Delta U=$(カ　　　　　　)

これを(キ　　　　　　)法則という。

◀気体から熱が放出される場合は $Q<0$ となり，気体が外部に仕事をする場合は $W<0$ となる。

③気体の体積変化による仕事

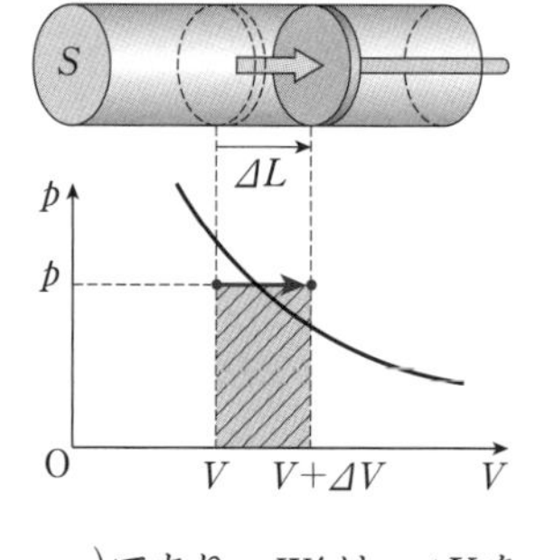

断面積 S のシリンダー内をなめらかに動くピストンがあり，一定量の気体が閉じこめられている。シリンダー内の気体の圧力を p とすると，気体がピストンを押す力は(ク　　　)である。気体が膨張して，ピストンが微小な距離 ΔL を移動したとき，p は，ほぼ一定とみなすことができ，気体が外部にする仕事 W' は，(ケ　　　　)と示される。このときの体積変化を ΔV で表すと，$\Delta V=$(コ　　　　)であり，W' は，ΔV を用いて，

$W'=$(サ　　　　)

逆に，気体が外部からされる仕事 W は，

$W=-W'=$(シ　　　　)

◀気体は，体積の変化を伴って，外部に仕事をしたり，外部から仕事をされたりする。

◀気体が外部にする仕事 W' を用いると，熱力学の第1法則の式は，

$$\Delta U=Q-W'$$

◀気体が圧縮されるときは $\Delta V<0$ で，気体がされる仕事 W は正になる。

■ 確認問題 ■

89　物質量 1.0 mol，温度 200 K の単原子分子からなる理想気体の内部エネルギーは何 J か。気体定数を 8.3 J/(mol·K) とする。　知識

答 ＿＿＿＿＿＿

90　容器内の気体が 50 J の仕事をされ，30 J の熱を放出した。気体の内部エネルギーの増加は何 J か。　知識

答 ＿＿＿＿＿＿

91　気体の圧力を 1.0×10^{5} Pa に保ったまま，体積を $2.0\times10^{-3}\,\mathrm{m^3}$ だけ増加させた。気体が外部にした仕事は何 J か。　知識

答 ＿＿＿＿＿＿

■ 練習問題 ■

知識

92 気体の内部エネルギー　物質量 2.0mol，温度 300K の単原子分子からなる理想気体がある。気体定数を 8.3J/(mol·K)とする。

(1) 気体の内部エネルギーは何 J か。

答

(2) 気体の温度を 340K に上昇させた。内部エネルギーの増加は何 J か。

答

知識

93 熱力学の第 1 法則　シリンダー内に閉じこめられた理想気体に，2.5×10^2J の熱量を与えたところ，気体は膨張し，外部に 1.0×10^2J の仕事をした。

(1) 気体が外部からされた仕事は何 J か。

答

(2) 気体の内部エネルギーの増加は何 J か。

答

知識

94 気体の体積変化による仕事　なめらかに動くピストンのついたシリンダー内に，物質量 0.10mol，絶対温度 200K，圧力 1.0×10^5Pa の理想気体が閉じこめられている。気体の圧力を一定に保ち，その温度を 400K にした。気体定数を 8.3J/(mol·K)とする。

0.10mol，200K
1.0×10^5Pa

(1) 温度が 200K，400K のときにおいて，気体の体積はそれぞれ何 m^3 か。

答　200K　　　　400K

(2) この変化で，気体が外部にした仕事は何 J か。

答

知識

95 内部エネルギー　細管でつながった同じ容積 $0.50m^3$ の断熱容器 A，B がある。はじめコックは閉じられており，A には 2.0mol，300K，B には 4.0mol，200K の単原子分子からなる理想気体が封入されている。気体定数を 8.3J/(mol·K)とする。

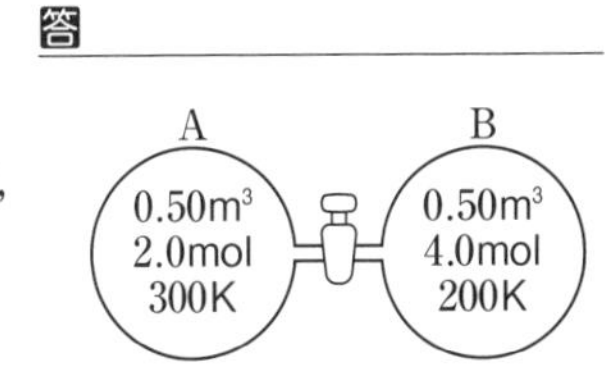

(1) A，B 内の気体の内部エネルギーはそれぞれ何 J か。

答　A　　　　B

(2) コックを開けて平衡状態に達したときの温度を T〔K〕とする。気体全体の内部エネルギーを，T を用いて表せ。

答

(3) (2)の T〔K〕はいくらか。

答

16 気体の状態変化① —定積変化と定圧変化—

学習のまとめ

➡解答編 p.15〜16

①定積変化

気体の体積を一定に保ちながら，加熱，または冷却して，気体の圧力や温度を変える過程を(ア　　　)変化という。シリンダー内部の気体に熱量 Q を加えても，その体積が変化しないとき，気体が外部にする仕事 W' は(イ　　　)であり，熱力学の第1法則から，次式が成り立つ。

$\Delta U=$(ウ　　　　　)

すなわち，定積変化では，気体の得た(エ　　　)が，すべて内部エネルギーの増加となる。

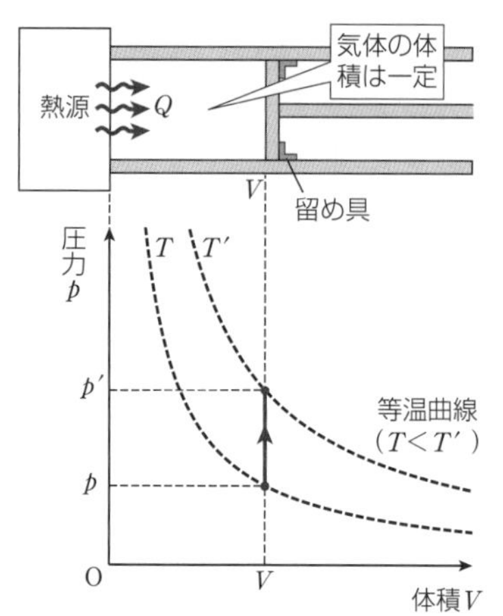

◀定積変化は等積変化ともよばれる。

◀グラフ中の等温曲線は，$pV=nRT$ の式から，温度が高いほど原点から遠ざかることがわかる。

◀定積変化では，気体の圧力は変化するが，外部に仕事をしない。したがって，加えられた熱量だけ内部エネルギーが増加し，気体の温度が上昇する。

②定圧変化

気体の圧力を一定に保ちながら，加熱，または冷却して，気体の温度や体積を変える過程を(オ　　　)変化という。シリンダー内部の気体に熱量 Q を加えると，その温度が上がり，気体は膨張して外部に仕事をする。このとき，外部にする仕事 W' は，気体の圧力を p，体積変化を ΔV として，$W'=$(カ　　　)であり，熱力学の第1法則から，次式が成り立つ。

$\Delta U=Q-W'=$(キ　　　　　)

すなわち，定圧変化では，気体の得た熱量から外部にした(ク　　　)を差し引いた分が，気体の内部エネルギーの増加となる。

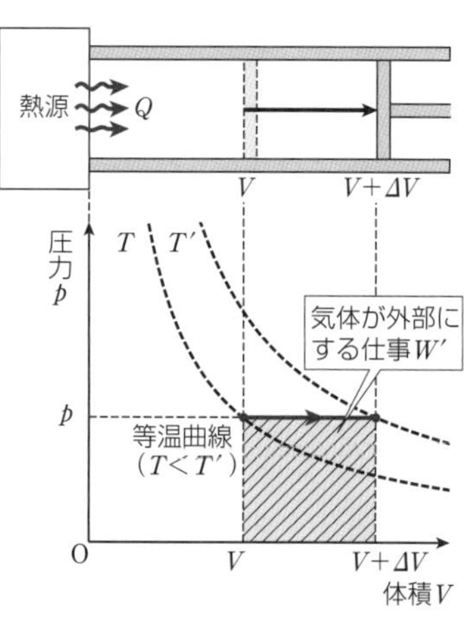

◀定圧変化は等圧変化ともよばれる。

◀気体が外部からされる仕事 W は負になり，$W=-W'$ である。

■ 確認問題 ■

96　気体の体積を一定に保ちながら，気体に 2.0×10^2 J の熱量を与えた。気体の内部エネルギーの増加は何 J か。　知識

答

97　気体の圧力を 1.0×10^5 Pa に保ちながら，気体に 2.0×10^2 J の熱量を与えると，気体は膨張し，外部に 80 J の仕事をした。　知識

(1) 気体の内部エネルギーの増加は何 J か。

答

(2) 気体の体積の増加は何 m^3 か。

答

■ 練習問題 ■

知識

98 定積変化 物質量0.10molの単原子分子からなる理想気体が，容積が一定の容器に閉じこめられている。気体定数を8.3J/(mol·K)とする。

(1) 気体に15Jの熱量を与えた。気体の内部エネルギーの増加は何Jか。

答

(2) 気体の温度は何K上昇したか。

答

思考

99 定積変化と p-V グラフ 図のように，状態AからBへと，気体の体積を一定に保ったまま，圧力を変化させた。気体の温度変化 ΔT，内部エネルギーの変化 ΔU，気体が外部からされた仕事 W，気体が吸収した熱量 Q のそれぞれの値について，正，負，0のうち，適切なものを示せ。

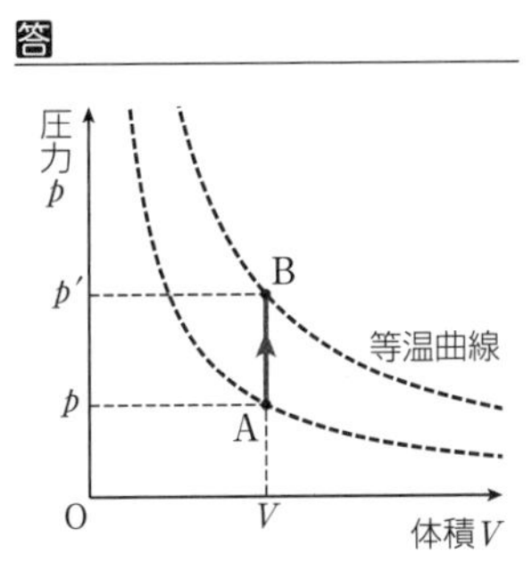

答 ΔT　ΔU　W　Q

知識

100 定圧変化 物質量0.10mol，圧力 1.0×10^{5} Paの単原子分子からなる理想気体が，容器に閉じこめられている。圧力を一定にして気体に21Jの熱量を与えると，体積が 8.3×10^{-5} m³増加した。気体定数を8.3J/(mol·K)とする。

(1) 気体が外部にする仕事は何Jか。

答

(2) 気体の内部エネルギーの増加は何Jか。

答

(3) 気体の温度は何K上昇したか。

答

思考

101 定圧変化と p-V グラフ 図のように，状態AからBへと，気体の圧力を一定に保ったまま，体積を変化させた。気体の温度変化 ΔT，内部エネルギーの変化 ΔU，気体が外部にした仕事 W'，気体が吸収した熱量 Q のそれぞれの値について，正，負，0のうち，適切なものを示せ。

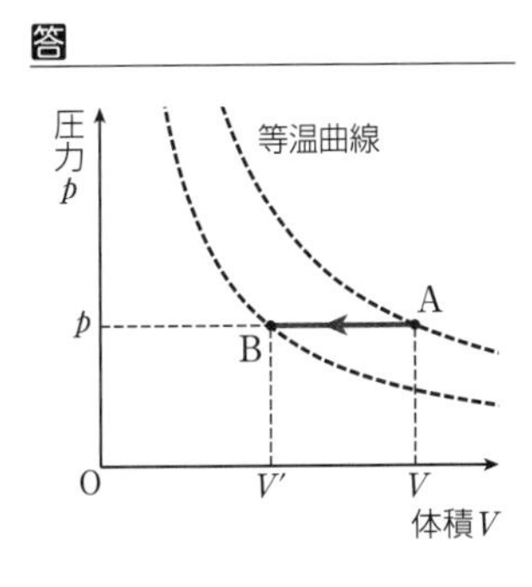

答 ΔT　ΔU　W'　Q

◆学習日　　月　　日 ◆学習時間　　　分

気体の状態変化② ―等温変化と断熱変化―

学習のまとめ

➡解答編 p.16～17

①等温変化

気体の温度を一定に保ちながら，気体の圧力や体積を変える過程を(ア　　　　　)変化という。この変化では，気体の内部エネルギーの変化 ΔU は，$\Delta U=$(イ　　　　　)である。気体が外部からされる仕事を W，外部にする仕事を W' とすると，熱力学の第1法則から，気体が得る熱量 Q は，

$Q=-W=$(ウ　　　　　)

すなわち，等温変化では，気体の得た(エ　　　　　)が，熱膨張によって，すべて外部にする仕事として失われる。

◀等温変化ではボイルの法則が成り立ち，圧力 p は体積 V に反比例する。

②断熱変化

気体が外部と熱のやりとりをしないで状態を変える過程を(オ　　　　　)変化という。この変化では，気体が得る熱量 Q は0である。気体が外部からされる仕事を W，外部にする仕事を W' とすると，熱力学の第1法則から，内部エネルギーの変化 ΔU は，

$\Delta U=W=$(カ　　　　　)

すなわち，気体が膨張する場合の断熱変化(断熱膨張)では，外部に仕事をするので $W<0$ となり，内部エネルギーが(キ　　　　　)して，気体の温度は(ク　　　　　)する。逆に，気体が圧縮される場合の断熱変化(断熱圧縮)では，外部から仕事をされるので，$W>0$ となり，内部エネルギーが(ケ　　　　　)して，気体の温度は(コ　　　　　)する。

◀断熱膨張では温度が下降し，そのグラフは等温曲線と一致しない。

■ 確認問題 ■

102 気体の温度を一定に保ちながら，気体に100Jの熱量を与えた。気体が外部にした仕事は何Jか。　知識

答

103 外部と熱のやりとりがないように，気体の体積を変化させる。　知識

(1) 気体が外部から20Jの仕事をされたとき，気体の内部エネルギーの変化は何Jか。

答

(2) 気体が外部に20Jの仕事をしたとき，気体の内部エネルギーの変化は何Jか。

答

■ 練習問題 ■

知識

104 等温変化 圧力 1.0×10^5 Pa，体積 $2.24\times10^{-3}\mathrm{m}^3$ の単原子分子からなる理想気体がある。気体の温度を一定に保ったまま，体積を2倍にした。

(1) 気体の圧力は何 Pa になるか。

答

(2) この変化において，気体に与えた熱量が 1.6×10^2 J のとき，気体が外部にした仕事は何 J か。

答

思考

105 等温変化と $p-V$ グラフ 図のように，状態AからBへと，気体の温度を一定に保ったまま，圧力，体積を変化させた。気体の内部エネルギーの変化 ΔU，気体が外部からされた仕事 W，気体が吸収した熱量 Q のそれぞれの値について，正，負，0のうち，適切なものを示せ。

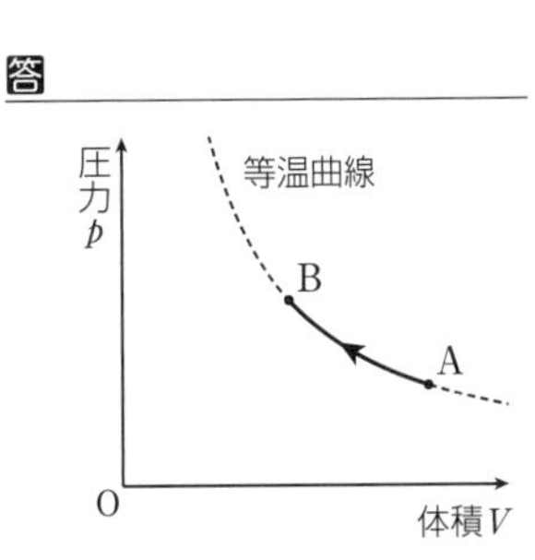

答 ΔU　　W　　Q

知識

106 断熱変化 温度 300 K，圧力 1.0×10^5 Pa，体積 $0.10\mathrm{m}^3$ の単原子分子からなる理想気体を断熱的に変化させたところ，温度が 360 K になった。

(1) 気体の物質量を n，気体定数を R として，温度が 300 K のときについて気体の状態方程式を示せ。

答

(2) 気体の内部エネルギーの変化は何 J か。(1)の式を用いて求めよ。

答

(3) 気体が外部からされた仕事は何 J か。

答

思考

107 断熱変化と $p-V$ グラフ 図のように，状態AからBへと，気体が外部と熱のやりとりをしないように，その圧力，体積を変化させた。気体が外部からされた仕事 W，気体の内部エネルギーの変化 ΔU，温度変化 ΔT のそれぞれの値について，正，負，0のうち，適切なものを示せ。

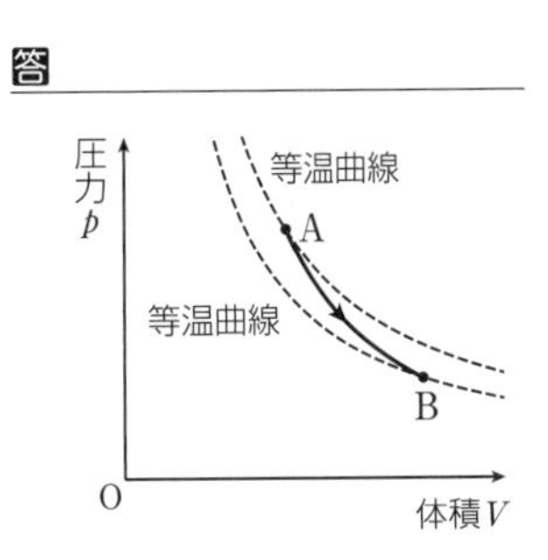

答 W　　ΔU　　ΔT

気体のモル比熱と熱機関

➡解答編 p.17〜18

学習のまとめ

①モル比熱

●定積モル比熱　物質1molの温度を1K上昇させるのに必要な熱量をモル比熱という。気体の定積変化におけるモル比熱は，(ア　　　　)モル比熱とよばれる。これをC_V〔J/(mol·K)〕とすると，定積変化によって，n〔mol〕の気体の温度をΔT〔K〕だけ上昇させるのに必要な熱量Q〔J〕は，

$Q=$(イ　　　　　　)

単原子分子からなる気体の定積モル比熱は，気体定数Rを用いて，

$C_V=$(ウ　　　　　　)

●定圧モル比熱　気体の定圧変化におけるモル比熱は，(エ　　　　)モル比熱とよばれる。これをC_p〔J/(mol·K)〕とすると，n〔mol〕の気体を一定の圧力のもとで，その温度をΔT〔K〕だけ上昇させるのに必要な熱量Q〔J〕は，$Q=$(オ　　　　　　)

また，C_pとC_Vには，気体定数Rを用いて，$C_p=C_V+$(カ　　　　)の関係が成り立つ。これを(キ　　　　)の関係という。単原子分子からなる気体の定圧モル比熱C_pは，$C_p=$(ク　　　　　　)

●断熱変化の関係式　断熱変化における圧力p〔Pa〕と体積V〔m^3〕との間には，比熱比γを用いて，次の関係が成り立つことが知られている。

(ケ　　　　　)＝一定

これを(コ　　　　　　)の法則という。

◀定積変化では，熱力学の第1法則から仕事$W=0$なので，$\Delta U=Q=nC_V\Delta T$となる。内部エネルギーの変化ΔUは，温度変化だけで決まり，状態の変化の仕方には関係しない。ΔUは，定積変化に限らず，$\Delta U=nC_V\Delta T$となる。

◀C_pとC_Vとの比を比熱比という。単原子分子からなる気体の比熱比γは，

$\gamma=\dfrac{C_p}{C_V}=\dfrac{5}{3}$

◀二原子分子では，重心の運動だけでなく，回転運動も加わり，気体の内部エネルギーやモル比熱は，単原子分子の値よりも大きくなる。

②熱機関と熱効率

熱機関は，繰り返し熱を(サ　　　　)に変える装置である。熱機関が高温の熱源から得た熱量をQ_1〔J〕，低温の熱源に捨てた熱量をQ_2〔J〕とすると，その差Q_1-Q_2が外部にする仕事W'〔J〕になる。高温の熱源から得た熱量に対する外部にした仕事の割合を(シ　　　　)といい，これをeとすると，

$e=\dfrac{W'}{Q_1}=$(ス　　　　　　)

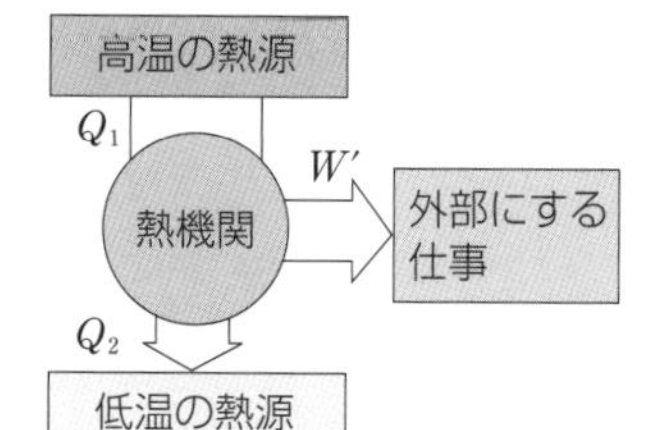

●熱力学の第2法則　自然にはもとの状態にもどらない変化を(セ　　　　　)変化という。この変化の方向性を示す法則は，(ソ　　　　　　)法則とよばれ，たとえば次のように表される。

「熱は，低温の物体から高温の物体に自然に移ることはない。」

◀eは必ず1よりも小さい。

◀不可逆変化は，秩序ある状態から，乱雑さを増した無秩序な状態へと移行する変化である。

■ 確認問題 ■

108　単原子分子からなる気体の定積モル比熱C_V，定圧モル比熱C_pはそれぞれ何J/(mol·K)か。気体定数を8.3J/(mol·K)とする。　知識

答　C_V ＿＿＿＿

　　C_p ＿＿＿＿

109　熱機関に2.5×10^3Jの熱を与えると，1.0×10^3Jの仕事を外部にした。この熱機関の熱効率はいくらか。　知識

答 ＿＿＿＿

■ 練習問題 ■

知識

110　定積モル比熱　容積 8.3×10^{-3}m^3 の密閉容器に，単原子分子からなる理想気体が入っている。気体の圧力は 1.0×10^5Pa，温度は 400K であり，気体定数を 8.3J/(mol·K) とする。

(1) 気体の物質量は何 mol か。

答

(2) 気体の体積を一定に保ち，温度が 20K 上昇するように気体を加熱する。気体が外部から吸収する熱量は何 J か。

答

知識

111　定圧変化　なめらかに動くピストンをもつシリンダー内に，2.0mol の単原子分子からなる理想気体が 60℃の状態で入っている。気体の温度を定圧のもとで 40℃まで下げるとき，外部へ放出する熱量はいくらか。ただし，気体定数を 8.3J/(mol·K) とする。

答

思考

112　定圧モル比熱　気体の圧力を 1.0×10^5Pa に保ったまま，その体積と温度の関係を調べると，図のような結果が得られた。200K から 400K まで温度が上昇したとき，気体は 1.14×10^4J の熱量を吸収した。気体定数を 8.3J/(mol·K) とする。

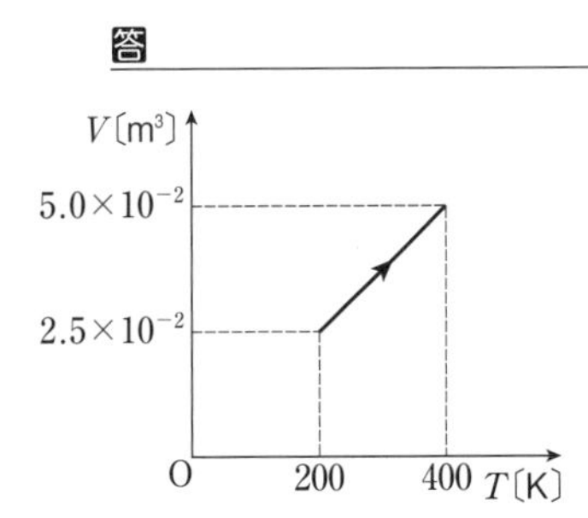

(1) 気体の物質量は何 mol か。

答

(2) 定圧モル比熱は何 J/(mol·K) か。

答

思考

113　熱効率　なめらかなピストンをもつ容器に，1mol の単原子分子からなる理想気体を入れ，図のように，状態を A→B→C→D→A と変化させた。V_1，p_1，T_1 は，状態Aでの体積，圧力，絶対温度である。気体定数を R，定積モル比熱を $\frac{3}{2}R$，定圧モル比熱を $\frac{5}{2}R$ とする。

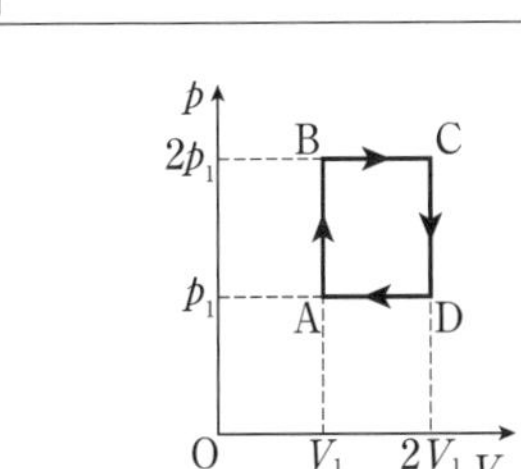

(1) 状態B，C，Dでの温度を，それぞれ T_1 を用いて表せ。

答　B　　　C　　　D

(2) 変化の各過程において，気体が吸収する熱量を R と T_1 を用いて表せ。

答　A→B　　　B→C　　　C→D　　　D→A

(3) この状態変化を熱機関のサイクルとみなすとき，この熱機関の熱効率はいくらか。有効数字 2 桁で答えよ。

答

第Ⅰ章　章末問題

◆学習日　　月　　日 ◆学習時間　　　　分

思考

114　質量が異なる2球の衝突　質量の比が1：3の2つの金属球A，Bを糸でつるし，一直線上で衝突するようにした。図のように，Aをもち上げて手をはなし，AをBに衝突させると，AとBは同じ速さで互いに逆向きに進むことが観察された。次の各問に答えよ。

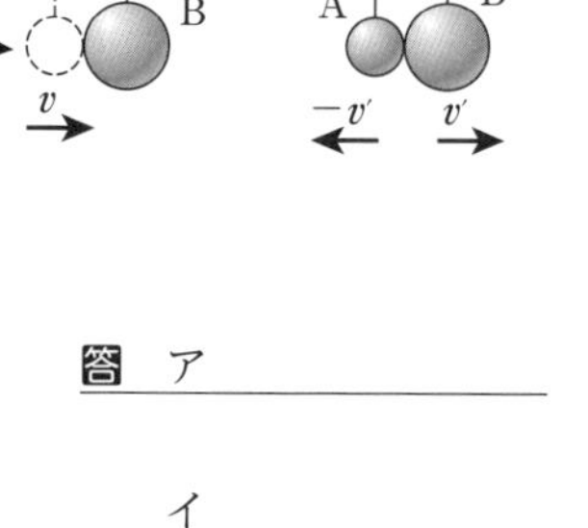

(1) 金属球A，Bの間の反発係数について考える。次の文中の［ア］～［エ］に入る適切な式，または数値を答えよ。

A，Bの質量を m，$3m$ とする。また，図の右向きを正とし，衝突直前のAの速度を v とする。衝突直後において，Bの速度を v' とすると，Aの速度は $-v'$ である。このとき，運動量保存の法則の式を立てると，

$mv=$［ア］…①

反発係数を e とすると，　$e=-\dfrac{［イ］}{v}$ …②

式①，②から，$v'=$［ウ］，$e=$［エ］と求めることができる。

答　ア

イ

ウ

エ

(2) この衝突の後，AとBは再び最下点で2回目の衝突をする。反発係数を［エ］として，2回目の衝突直後のA，Bの速度 v_A'，v_B' をそれぞれ求めよ。

答　A

B

思考

115　バケツからこぼれない水　バケツに水を入れて鉛直面内で速く回転させると，バケツの中の水がこぼれない。この話を聞いた2人の生徒A，Bが，実際に試そうと話している。次の会話文の［ア］には語句を，［イ］～［エ］には式を，［オ］には数値を入れよ。

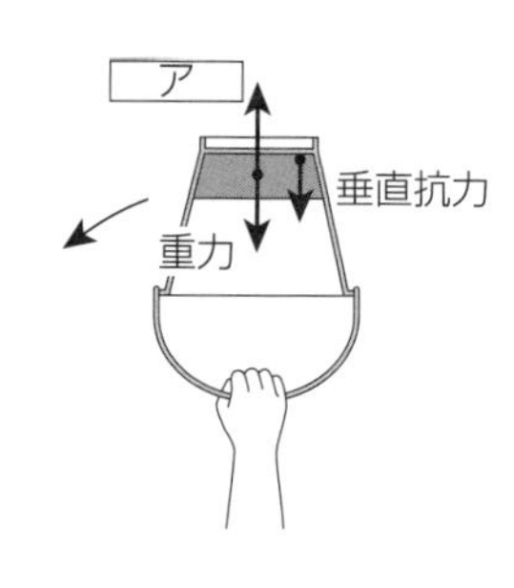

生徒A：バケツの中の水には重力がはたらくのに，水がこぼれないのはなぜだろう。

生徒B：それは，水が円運動をしているからだよ。回転している物体には，物体とともに運動する観測者から見ると，円の中心から外向きに［ア］がはたらくからね。水にはたらく力のつりあいの式はどうなるかな。

生徒A：質量 M の水が，半径 r，角速度 ω の等速円運動をしているとすると，水にはたらく［ア］の大きさは $Mr\omega^2$ だね。回転軌道の最高点では，鉛直下向きに重力 Mg と垂直抗力 N がはたらくから，鉛直上向きを正とすると，このときの力のつりあいの式は，

［イ］$=0$

生徒B：水がこぼれないためには，$N\geqq 0$ となる必要があるね。そのための ω の条件は，つりあいの式から考えて，$\omega\geqq$［ウ］だね。

生徒A：回転の周期 T は，$T\leqq$［エ］を満たせばいいんだね。$r=0.98$m，$g=9.8$m/s^2，$\sqrt{10}=3.16$，$\pi=3.14$ とすると，水がこぼれない最も長い周期は［オ］秒と求まったよ。実際には等速円運動ではないから，これより速く回転させて実験してみよう。

答　ア

イ

ウ

エ

オ

思考

116 静止衛星　地球のまわりを地球と同じ周期で運動し，地上からは静止して見える人工衛星を，静止衛星という。次の各問に答えよ。

(1) 図のア～ウの軌道上を，地球の自転と同じ 24 時間の周期で運動する人工衛星があるとする。次の①～③に該当する軌道をア～ウからそれぞれ選べ。

①実際には存在しない軌道
②地上から静止して見えない軌道
③地上から静止して見える軌道

答 ①＿＿＿＿
②＿＿＿＿
③＿＿＿＿

ア
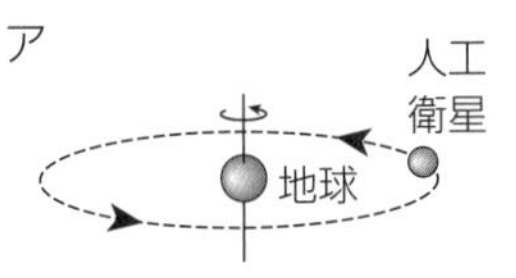

赤道面内の地球を中心とする円軌道

イ
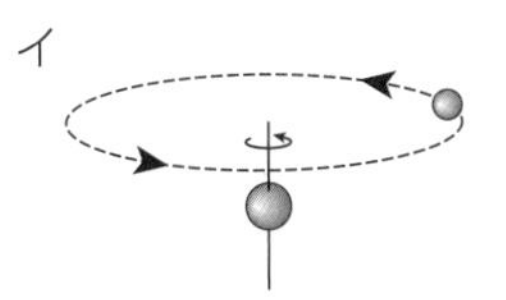
赤道面と平行な面内の円軌道

ウ
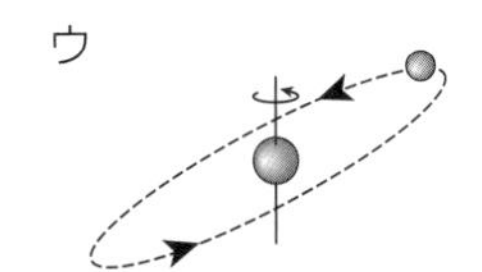

赤道面に対して角度をもった面内の地球を中心とする円軌道

(2) 以下の文章は，静止衛星の地表からの距離が，静止衛星の質量によらず一定であることを示す文である。文中の(a)～(d)に入る適切な式を答えよ。

静止衛星の軌道を，地球を中心とする半径 r の円とし，万有引力定数を G，地球の質量を M，静止衛星の質量を m とする。静止衛星が地球から受ける万有引力の大きさは(　a　)となる。この力を向心力として，角速度 ω で等速円運動をするときの運動方程式は(　b　)＝(a)となり，$r=\sqrt[3]{(\quad c \quad)}$ と求まる。したがって，静止衛星の地表からの高度 h は，地球の半径を R として，$h=$(　d　)となり，h は静止衛星の質量 m によらず一定であることがわかる。

答 (a)＿＿＿＿
(b)＿＿＿＿
(c)＿＿＿＿
(d)＿＿＿＿

思考

117 気体の法則　図 1 のように，注射器の先端にゴム栓をとりつけて気体を閉じこめ，台ばかりの上で気体をゆっくりと圧縮し，気体の体積と圧力との関係を調べる実験を行った。

(1) 気体の圧力 p を縦軸に，体積 V を横軸にとり，測定値を●(黒丸)で表すと，図 2 のようになった。気体の圧力 p と体積 V との間には，どのような関係があると考えられるか。

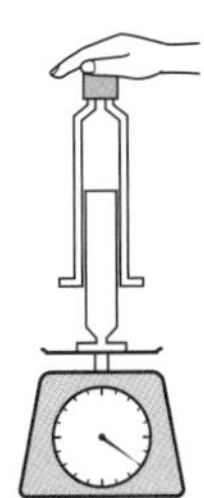
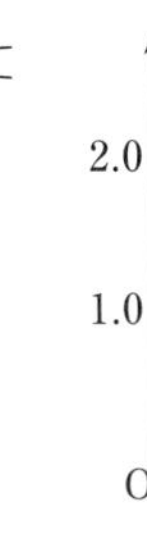
図 1

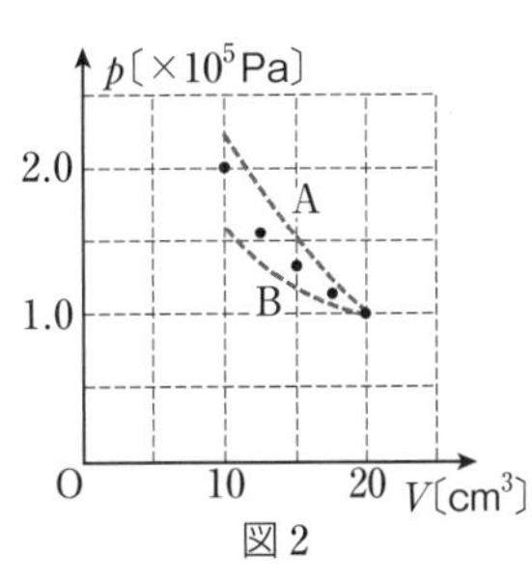

図 2

答＿＿＿＿

(2) この実験で，注射器のピストンをすばやく圧縮しながら測定すると，どのような測定値が得られると予想されるか。次の(ア)～(ウ)から選び，記号で答えよ。

(ア) 測定値は，図 2 の破線 A に沿って並ぶ。
(イ) 変わらない。
(ウ) 測定値は，図 2 の破線 B に沿って並ぶ。

答＿＿＿＿

19 正弦波の式・波の干渉

➡解答編 p.19〜20

学習のまとめ

①正弦波の式

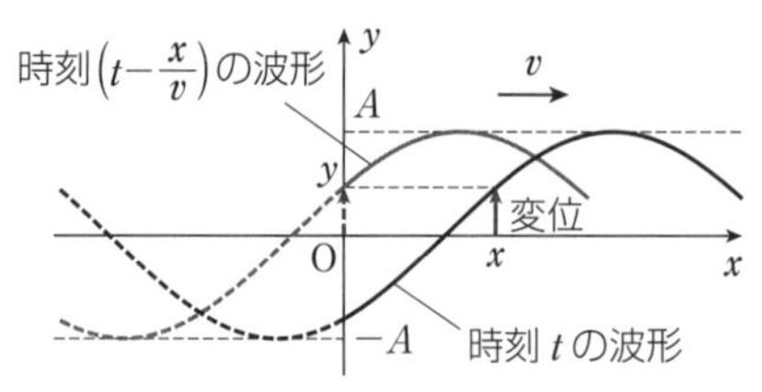

原点($x=0$)の媒質が$y_0=A\sin\dfrac{2\pi}{T}t$で表される単振動をして，$x$軸の正の向きに速さ$v$で進む正弦波が生じているとき，位置$x$の媒質は時間(ア　　　　　)だけ遅れて原点と同じ振動をする。時刻tにおける位置xの媒質の変位yは，時刻(イ　　　　　　)における原点での変位に等しい。$y_0=A\sin\dfrac{2\pi}{T}t$の$t$を$\left(t-\dfrac{x}{v}\right)$に置き換え，$v=\dfrac{\lambda}{T}$($\lambda$は波長)を利用すると，変位$y$は，

$$y=A\sin\frac{2\pi}{T}\left(t-\frac{x}{v}\right)=A\sin 2\pi\left(^{ウ}\qquad\qquad\right)\quad\cdots(A)$$

これを(エ　　　　　)の式という。式中の$2\pi\left(\dfrac{t}{T}-\dfrac{x}{\lambda}\right)$を波の(オ　　　　　)といい，単位には，(カ　　　　　　　)(記号 rad)が用いられる。振動状態が等しい点を互いに(キ　　　　　　)，逆である点を互いに(ク　　　　　　　)であるという。

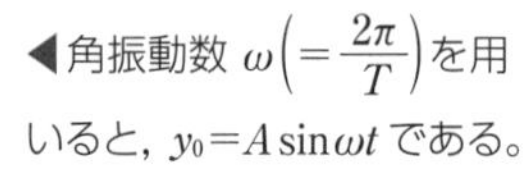

◀角振動数$\omega\left(=\dfrac{2\pi}{T}\right)$を用いると，$y_0=A\sin\omega t$である。

◀x軸の負の向きに速さvで伝わる場合の式は，$y=A\sin 2\pi\left(\dfrac{t}{T}+\dfrac{x}{\lambda}\right)$

◀位置xの位相は原点Oよりも$2\pi x/\lambda$遅れる。また，各点の位相は時間がt経過すると，$2\pi t/T$進む。

●波のグラフ　ある瞬間での正弦波の波形は，縦軸に変位y，横軸に位置xをとった$y-x$グラフで表される。これは，式(A)で(ケ　　　　　)を一定と考えた場合のグラフである。媒質中のある位置での振動のようすは，$y-t$グラフで表される。これは，式(A)で(コ　　　　　)を一定と考えた場合のグラフである。

②波の干渉

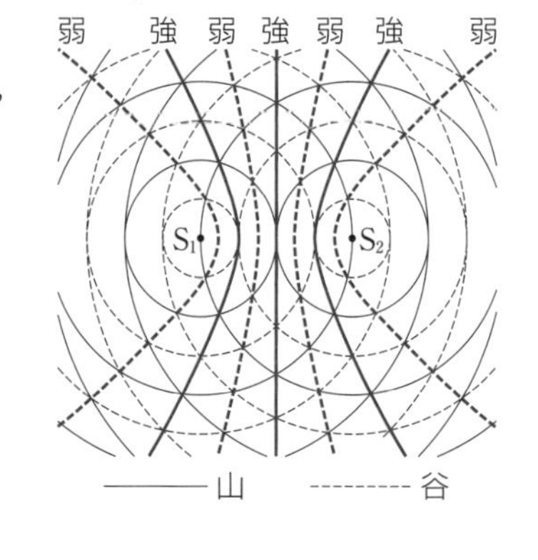

水面上の2点S_1，S_2に同位相で振動する波源を置くと，波は重なりあい，強めあったり弱めあったりする。このような現象を波の(サ　　　　　)という。山と(シ　　　　　)，谷と(ス　　　　)が重なりあう点で波は強めあい，山と(セ　　　　)が重なりあう点で弱めあう。波源S_1，S_2からある点までの距離をL_1，L_2，波の波長をλとし，$m=0,\ 1,\ 2,\ \cdots$を用いて，波の干渉条件は，

強めあう条件　$|L_1-L_2|=(^{ソ}\qquad\qquad)\times\lambda=(^{タ}\qquad\qquad)\times\dfrac{\lambda}{2}$

弱めあう条件　$|L_1-L_2|=(^{チ}\qquad\qquad)\times\lambda=(^{ツ}\qquad\qquad)\times\dfrac{\lambda}{2}$

■ 確認問題 ■

118 ある正弦波がx軸の正の向きに進んでおり，時刻t〔s〕における$x=0$での変位y〔m〕は，$y=0.50\sin 2\pi t$と表される。波の振幅は何mか。また，波の角振動数は何rad/sか。πを用いて答えよ。　知識

答　振幅

角振動数

119 同位相で振動する2つの波源A，Bから，同じ波長6.0cmの波が生じている。Aから12.0cm，Bから18.0cmはなれた点Pにおいて，波は強めあうか，弱めあうか。　知識

答

■ 練習問題 ■

知識

120 正弦波の式 ある正弦波が x 軸の正の向きに進んでおり，時刻 t〔s〕における位置 x〔m〕での変位 y〔m〕は，$y=0.60\sin 2\pi\left(\dfrac{t}{2.0}-\dfrac{x}{4.0}\right)$ と表される。

(1) 波の周期，波長，速さは，それぞれいくらか。

答 周期 ＿＿＿ 波長 ＿＿＿ 速さ ＿＿＿

(2) 位置 $x=3.0$ m における位相は，$x=0$ m に比べて何 rad 遅れているか。

答 ＿＿＿

(3) この正弦波が x 軸の負の向きに進む場合，位置 x〔m〕での媒質の変位 y〔m〕と時刻 t〔s〕の関係を表す式を求めよ。

答 ＿＿＿

思考

121 波の干渉 同位相で振動する水面上の波源A，Bから，振幅，波長の等しい波が生じている。図の実線は波の山，破線は谷を表している。波の振幅は減衰しないものとする。

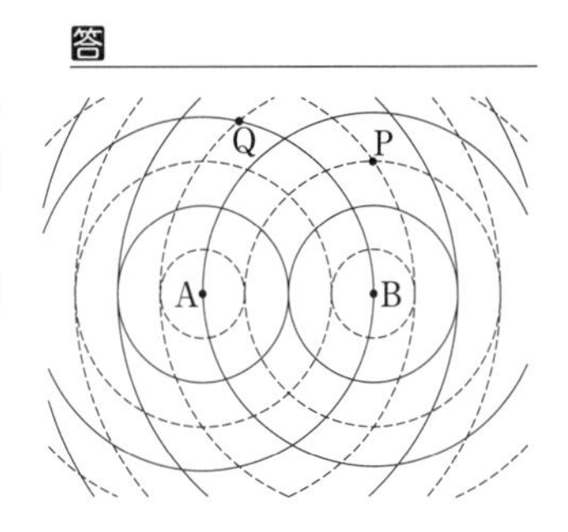

(1) 波源A，Bから生じる波の振幅を0.30cmとする。図の点P，Qの振幅はそれぞれ何cmか。

答 P ＿＿＿ Q ＿＿＿

(2) 波が弱めあう点を連ねた線は，AB間に何本引けるか。

答 ＿＿＿

知識

122 波の干渉 水面上に同位相の波源A，Bがあり，各波源から，振幅0.40cm，波長2.0cmの等しい波が広がっている。図の点Pは，Aから6.0cm，Bから10.0cmはなれた点である。波の振幅は減衰しないものとし，点Pの変位について，次の各問に答えよ。ただし，変位は振動していない水面を基準として，鉛直上向きを正とする。

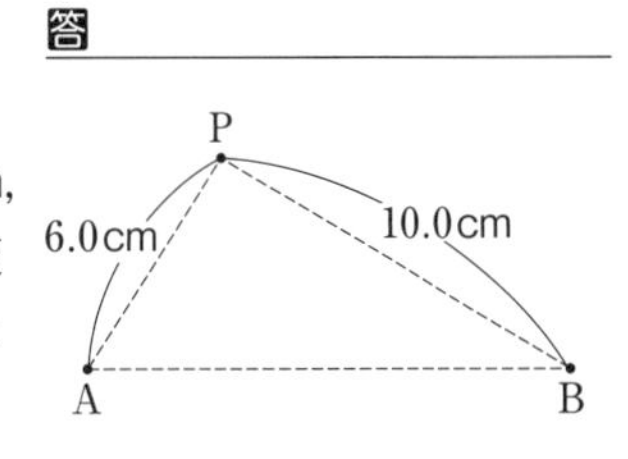

(1) 波源A，Bがともに波の山となったとき，点Pの変位は何cmか。

答 ＿＿＿

(2) (1)の時刻から1/4周期が経過したとき，点Pの変位は何cmか。

答 ＿＿＿

(3) (1)の時刻から1/2周期が経過したとき，点Pの変位は何cmか。

答 ＿＿＿

◆学習日　　月　　日 ◆学習時間　　　　分

波の反射・屈折・回折

➡解答編 p.20〜21

学習のまとめ

①ホイヘンスの原理

波は，波面の形を保ったまま進行する。

波面上の各点からは，それを(ア　　　　　)とする球面波(素元波)が発生する。素元波は，波の進む速さと等しい速さで広がり，これら無数の素元波に共通に接する面が，次の瞬間の波面になる。

これを(イ　　　　　　　　)の原理という。

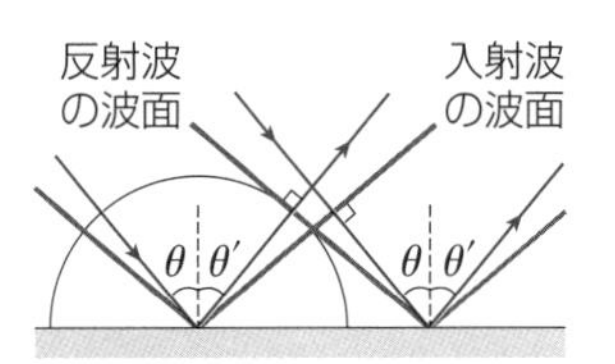

◀波は波面と垂直な向きに進む。波の進む向きを示す矢印を射線という。

◀素元波は，波の進む向きにのみ生じると考える。

②平面波の反射・屈折

異なる2つの媒質の境界面に平面波が入射すると，波の一部は反射し，残りは屈折して進む。

●**反射**　入射角θと反射角θ'は等しい。

$\theta=$(ウ　　　　　)

これを(エ　　　　　)の法則という。

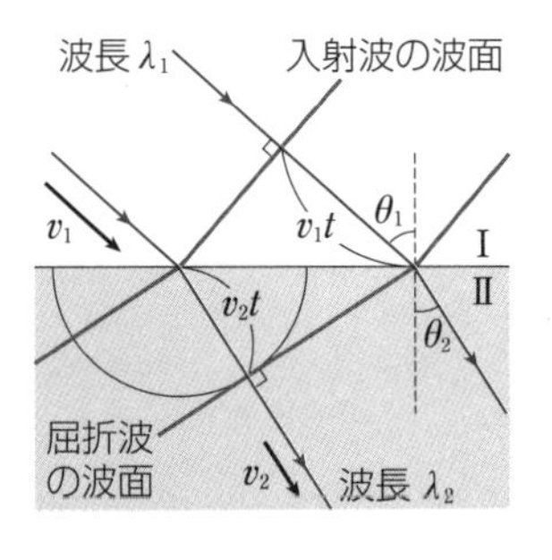

◀反射面(媒質の境界面)に垂直に引いた直線(法線)と入射波の進む向きとがなす角を入射角，法線と反射波の進む向きとがなす角を反射角という。

●**屈折**　入射角をθ_1，屈折角をθ_2，媒質Ⅰ，Ⅱにおける波の速さをv_1，v_2，波長をλ_1，λ_2とすると，次の関係が成り立つ。

$$\frac{\sin\theta_1}{\sin\theta_2}=\frac{v_1}{v_2}=\left(^{オ}\qquad\qquad\right)=n_{12}(\text{一定})$$

これを(カ　　　　　)の法則という。n_{12}は，媒質Ⅰと Ⅱによって決まる一定値であり，媒質Ⅰに対する媒質Ⅱの(キ　　　　　　　)という。

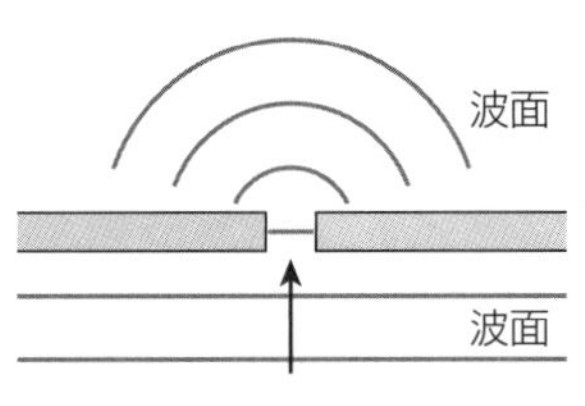

◀波の屈折は，媒質Ⅰを伝わる波の速さと，媒質Ⅱを伝わる波の速さが異なることによって生じる。
波は，境界面を通過しても，その振動数は変化しない。

③平面波の回折

波が障害物の背後にまわりこむ現象を，波の(ク　　　　　)という。平面波がすき間を通過する場合，波長と同程度かそれ以下の幅のすき間ではよく回折し，波長よりも十分に(ケ　　　　　)すき間では，回折は目立たない。

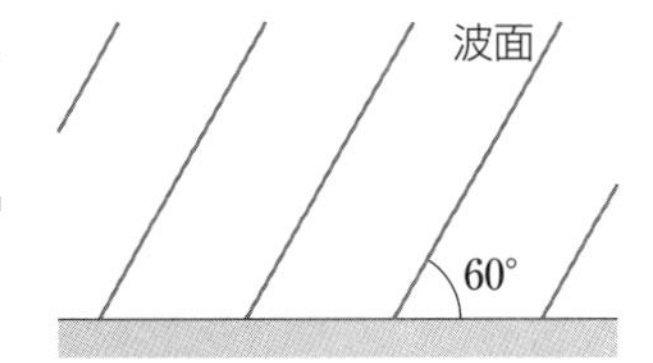

■ 確認問題 ■

123 図のように，平面波が反射面に達した。入射波の波面と反射面とのなす角が60°のとき，入射角は何度か。 知識

答

124 ある波の媒質Ⅰに対する媒質Ⅱの屈折率が2のとき，この波の媒質Ⅰの中での速さは，媒質Ⅱの中での速さの何倍か。 知識

答

■ 練習問題 ■

思考

125 平面波の反射　図のように，平面波が反射面に達した。波は自由端反射をするものとして，図中に反射波の波面を描き，その進む向きを矢印で示せ。

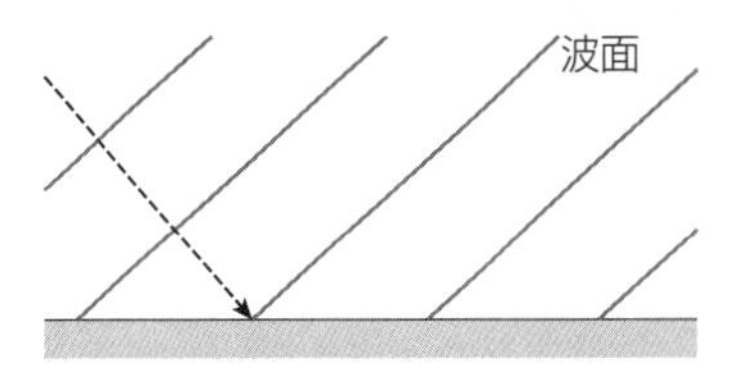

思考

126 平面波の屈折　図のように，平面波が媒質ⅠとⅡの境界面に向かって入射している。入射波の波面と境界面のなす角を30°，媒質Ⅰに対する媒質Ⅱの屈折率を2として，次の各問に答えよ。

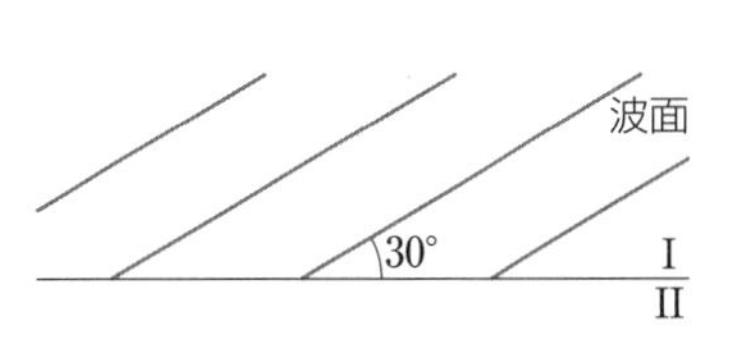

(1) 入射角は何度か。

答

(2) 屈折波の波面を図中に描け。

知識

127 波の屈折　媒質Ⅰの中を速さ0.30m/sで伝わってきた波が，入射角60°で媒質Ⅱに入射し，屈折角30°で屈折した。次の各問に答えよ。

(1) 媒質Ⅰに対する媒質Ⅱの屈折率はいくらか。

答

(2) 屈折波の波長は，入射波の波長の何倍か。

答

(3) 屈折波の進む速さは何m/sか。

128 波の回折　図のように，波が障害物Oに達している。障害物を通過した後の波面の概形を描け。ただし，障害物Oで反射される波は無視するものとする。

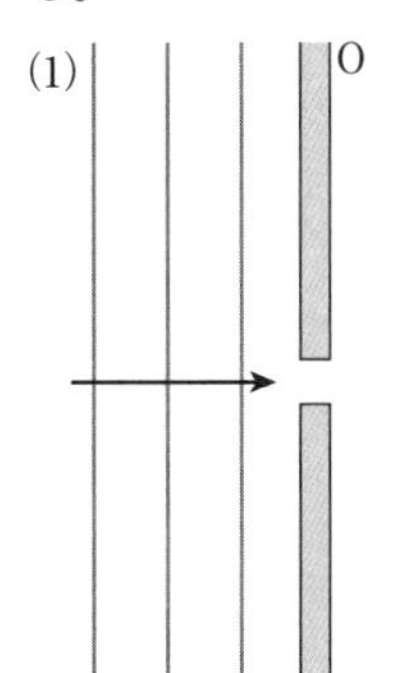

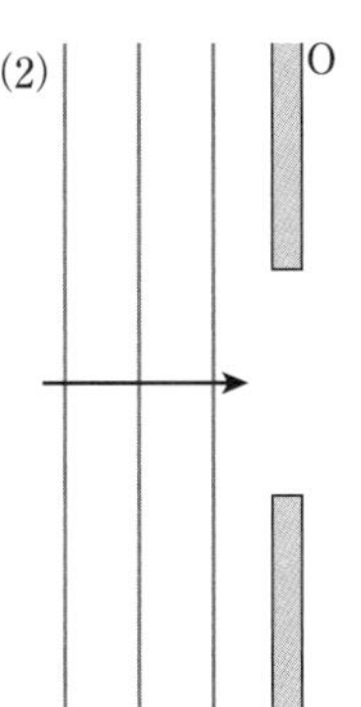

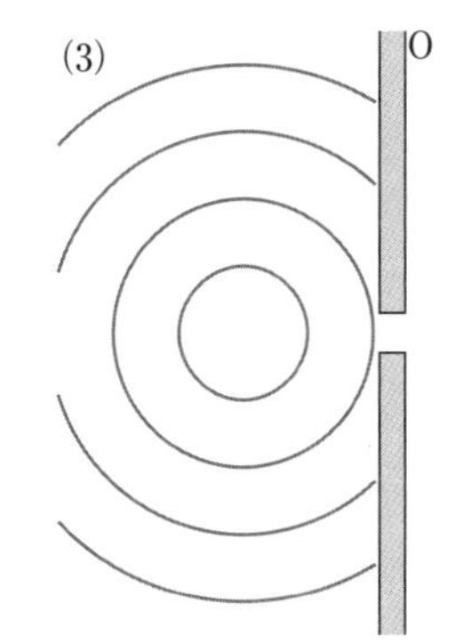

21 音の伝わり方

➡解答編 p.21～22

学習のまとめ

①音の速さと縦波

物質を伝わる縦波(疎密波)を音波という。空気中の音波の速さ(音速) V〔m/s〕は，振動数や波長に関係なく，温度 t〔℃〕のとき，

$V = 331.5 +$ (ア　　　　)

◀音速は媒質によって異なり，一般に，気体，液体，固体の順に大きくなる。一方，真空中では，媒質がないので音波は伝わらない。

②音波の性質

●反射　音波は，障害物や，媒質の状態が急に変化するような境界面に入射したとき，反射波を生じる。このとき，(イ　　　　)の法則が成り立つ。

●屈折　音波は，2つの異なる媒質の境界面に入射したとき，屈折波を生じる。このとき，(ウ　　　　)の法則が成り立つ。昼間には聞こえない遠くの電車の音が，夜間には聞こえることがある。これは音波の屈折に関係し，次のように説明される。

昼間は，地表近くの温度が高く，音波は(エ　　　)向きに曲がって進む。一方，夜間は，空気の温度分布が逆転し，音波が(オ　　　)向きに曲がって進み，遠くまで届くようになる。

●回折　部屋の窓を少し開けると，外の音源と壁で隔てられていても，外の音が聞こえる。これは，音波が(カ　　　　)し，部屋の内側にまわりこむためである。

●干渉　2つのスピーカー S_1，S_2 から，同じ振動数で同位相の音波を出し，S_1S_2 と平行にXからYへ移動しながらこの音を聞くと，強く聞こえる位置と弱く聞こえる位置が交互に現れる。これは，それぞれのスピーカーから出た音波が(キ　　　　)したためである。

S_1，S_2 から，ある位置Pまでの距離をそれぞれ L_1，L_2 とし，音波の波長を λ，$m=0, 1, 2, \cdots$とする。音波が強めあう条件，弱めあう条件は，両者の距離の差 $|L_1-L_2|$ を用いて，次式で表される。

強めあう条件　$|L_1-L_2| =$ (ク　　　　) $\times \lambda =$ (ケ　　　　) $\times \frac{\lambda}{2}$

弱めあう条件　$|L_1-L_2| =$ (コ　　　　) $\times \lambda =$ (サ　　　　) $\times \frac{\lambda}{2}$

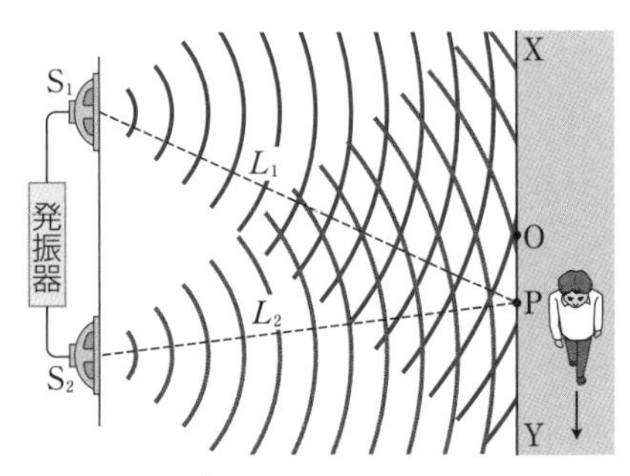

◀音波の干渉を確認する装置に，クインケ管がある。

■ 確認問題 ■

129 温度20℃の空気中での音速は何 m/s か。　知識

答 ＿＿＿＿＿＿

130 次の(1)～(3)は，反射，屈折，回折，干渉のうち，どの現象と関係が深いか。

(1) 遠くの鐘の音は，昼間よりも夜間に聞こえやすい。　知識

(2) 山に向かって叫ぶと，こだまを聞くことができる。

(3) 塀の陰にいても，塀の向こう側の音を聞くことができる。

答 (1) ＿＿＿＿

(2) ＿＿＿＿

(3) ＿＿＿＿

■ 練習問題 ■

知識
131 音の反射 スピーカーから壁に向かって音を発したところ，2.0s 後に反射音が聞こえた。スピーカーから壁までの距離は何 m か。ただし，音速を 3.4×10^2m/s とする。

答

知識
132 音の反射と風 スピーカーから壁に向かって，20m/s の風が吹いている。音を発すると，1.7s 後に反射音が聞こえた。音速は風速の分だけ変化するとして，スピーカーから壁までの距離は何 m か。ただし，風がないときの音速を 3.4×10^2m/s とする。

答

知識
133 音の屈折 波長 0.17m の音波が，空気中から水中へ入射する。次の各問に答えよ。ただし，空気中での音速を 3.4×10^2m/s，水中での音速を 1.5×10^3m/s とする。

(1) 空気に対する水の屈折率はいくらか。

答

(2) 水中での音波の波長は何 m か。

答

知識
134 音の干渉 同じ振動数で同位相の音を出すスピーカー S_1，S_2 を 4.0m はなして置く。直線 S_1S_2 に平行で 12.0m はなれた直線 XY 上を，Y から X に向かって移動する。S_1S_2 の垂直二等分線上の点Oで音が大きく聞こえたあと，次に点Oから 7.0m はなれた点Pで大きく聞こえた。音速を 3.4×10^2m/s とする。

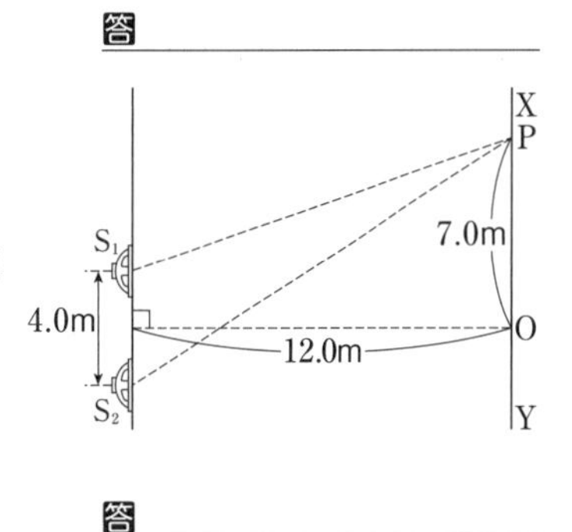

(1) 音の波長は何 m か。

答

(2) 音の振動数は何 Hz か。

答

知識
135 クインケ管 図はクインケ管である。A からの音は，2 つの経路に分かれて進み，B で干渉する。はじめに，B で聞こえる音が小さくなるように，C 側の管をゆっくりと引き出して調整する。そこからC側の管を 0.10m 引き出すごとに，B で聞こえる音が小さくなった。音速を 3.4×10^2m/s とする。

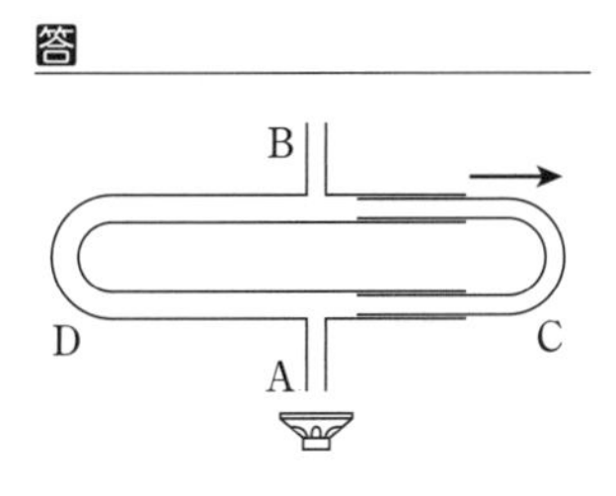

(1) C 側の管を 0.10m 引き出すと，経路 ACB は何 m 長くなるか。

答

(2) 音の波長は何 m か。また，音の振動数は何 Hz か。

答 波長 振動数

22 第Ⅱ章　波動

◆学習日　　月　　日 ◆学習時間　　　分

ドップラー効果① —直線上の場合—

➡解答編 p.22〜23

学習のまとめ

①ドップラー効果の特徴

音源や観測者が移動することで，音源の振動数と異なる振動数の音が観測される現象を(ア　　　　　)効果という。音源が移動するとき，音の速さは変わらないが，音の(イ　　　　)が変化し，振動数が変化する。

◀走行する救急車のサイレンの音の高さが変化する現象は，ドップラー効果の一例である。

②ドップラー効果

●音源が移動する場合　音源の振動数を f，音源から観測者に向かう向きを正として，音速を V，音源の速度を v_S とする。時間 t の間に，音は距離(ウ　　　　)，音源は距離(エ　　　　)進む。その間に送り出された ft 個の波は，距離(オ　　　　　)の中に存在することになる。観測者が観測する波長 λ'，振動数 f' は，

$\lambda'=$(カ　　　　　)　　$f'=\dfrac{V}{\lambda'}=$(キ　　　　　)

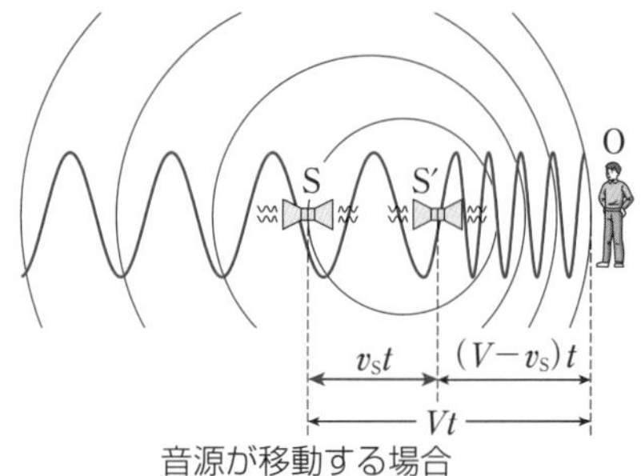

音源が移動する場合

●観測者が移動する場合　観測者が一直線上を移動しながら，静止した音源の音を観測する。音源から観測者に向かう向きを正として，音速を V，観測者の速度を v_O とすると，時間 t の間に，音は(ク　　　　)，観測者は(ケ　　　　)の距離を移動する。その間に観測者を通過する波は，距離(コ　　　　　)の間にあるものだけになる。静止した音源の振動数を f，波長を λ，観測者が観測する振動数を f' とする。観測者が観測する音波の波長は変わらず，$\lambda=V/f$で，時間 t の間に観測する波の数 $f't$ は，λ を用いて，(サ　　　　　)となる。したがって，振動数 f' は，f を用いて，

$f'=$(シ　　　　　)

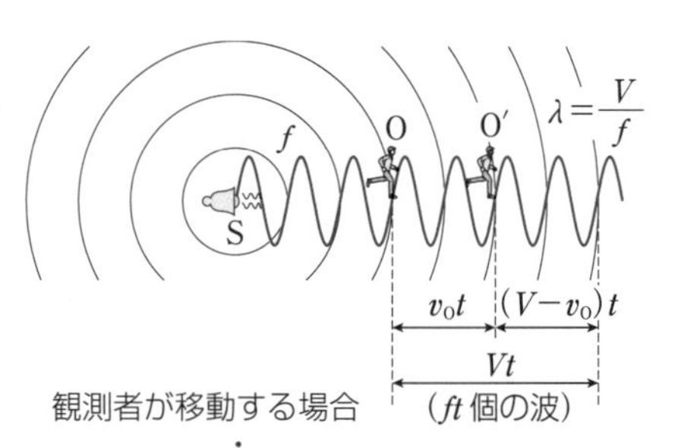

観測者が移動する場合

●音源・観測者の両方が移動する場合　音源が移動することによる波長の変化と，観測者が移動することによる振動数の変化が同時におこる。音源から観測者に向かう向きを正として，音源と観測者の速度をそれぞれ v_S，v_O，音速を V，音源の振動数を f とすると，観測者が観測する振動数 f' は，

$f'=$(ス　　　　　)

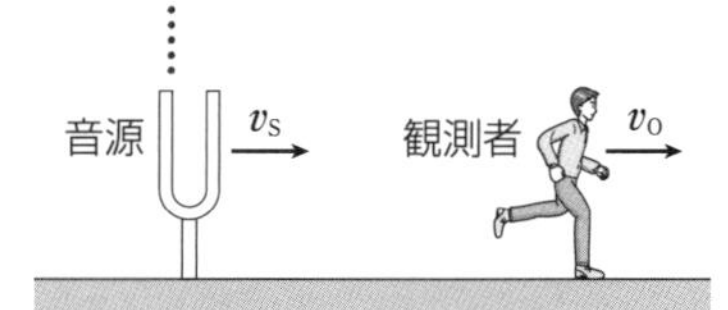

音源・観測者の両方が移動する場合

■ 確認問題 ■

136　振動数 6.4×10^2Hz の音源が，静止した人に向かって 20m/s で近づく。人が観測する音の振動数は何 Hz か。音速を 3.4×10^2m/s とする。　知識

答

137　振動数 6.8×10^2Hz の静止した音源から，人が 20m/s で遠ざかる。人が観測する音の振動数は何 Hz か。音速を 3.4×10^2m/s とする。　知識

答

■ 練習問題 ■

知識

138 音源が移動する場合のドップラー効果　電車が 7.2×10^2Hz の音を鳴らしながら速さ 20m/s で踏切を通過し，それをすぐ脇で静止している観測者が観測した。音速を 3.4×10^2m/s とする。

(1) 電車が踏切に近づいているとき，観測者が観測する音の振動数は何 Hz か。

答 ＿＿＿＿＿＿

(2) 電車が踏切から遠ざかっているとき，観測者が観測する音の振動数は何 Hz か。

答 ＿＿＿＿＿＿

知識

139 ドップラー効果と波の数　静止した観測者に向かって，音源が速さ 20m/s で近づきながら，振動数 4.0×10^2Hz の音を 10 秒間鳴らす。音速を 3.4×10^2m/s とし，音源が発した波の数と観測者が受け取る波の数は等しいとする。

(1) 観測者が観測する音の波長は何 m か。

答 ＿＿＿＿＿＿

(2) 観測者は音源の音を何秒間聞くか。

答 ＿＿＿＿＿＿

知識

140 観測者が移動する場合のドップラー効果　振動数 6.8×10^2Hz の静止した音源に向かって，観測者が 20m/s で近づいている。音速を 3.4×10^2m/s として，次の各問に答えよ。

(1) 観測者が観測する音の波長は何 m か。

答 ＿＿＿＿＿＿

(2) 観測者が観測する音の振動数は何 Hz か。

答 ＿＿＿＿＿＿

思考

141 音源・観測者が移動する場合のドップラー効果　速さ 20m/s で直線の道路を走行する救急車が，576Hz の音を連続して出している。前方を速さ 10m/s で同じ向きに進む自動車に乗っている人が，この音を観測する。音速を 3.40×10^2m/s として，次の各問に答えよ。

図1

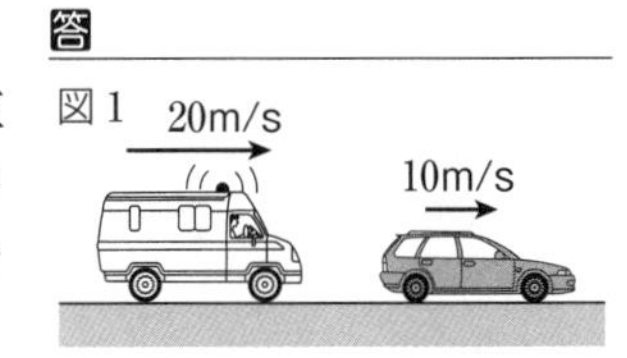

図2　10m/s　10m/s

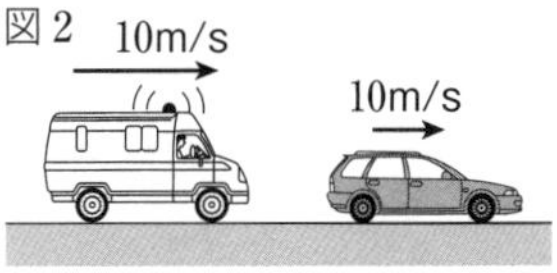

(1) 図1のように，救急車が自動車を追いかけている。このとき，自動車に乗っている人が観測する音の振動数は何 Hz か。

答 ＿＿＿＿＿＿

(2) 図2のように，救急車が減速し，自動車と同じ速さ 10m/s になった。このとき，自動車に乗っている人が観測する音にはドップラー効果が生じるか，生じないか，答えよ。

答 ＿＿＿＿＿＿

23 ドップラー効果② —反射板・風・斜め方向の場合—

学習のまとめ

➡解答編 p.23〜24

①反射板によるドップラー効果

運動する反射板によって反射された音では，ドップラー効果がおこる。一直線上で，振動数 f の音を出す音源と観測者がともに静止しており，反射板が音源から遠ざかる向きに速さ v_R で移動している。反射板は，音源から出された音を受けるとき，(ア　　　　　)としての役割を果たす。

受ける音の振動数 f_1 は，　$f_1=$(イ　　　　　　)

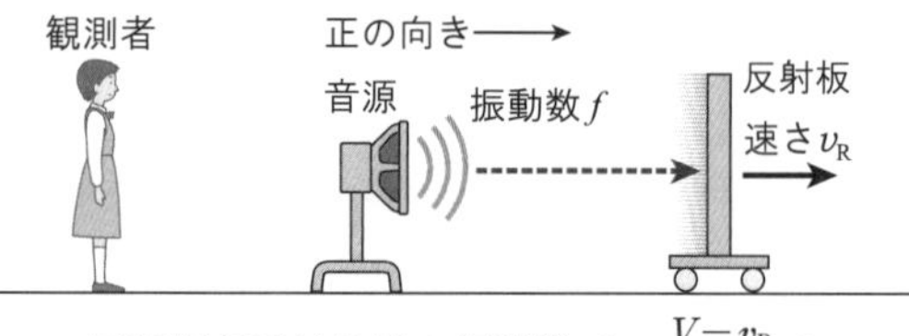

反射板が受ける音の振動数 $f_1=\frac{V-v_R}{V}f$

また，反射波は，音を反射するとき，受けた音を出す(ウ　　　　　)としての役割を果たす。観測者が観測するその音の振動数 f_2 は，f を用いて，

$f_2=$(エ　　　　　　)

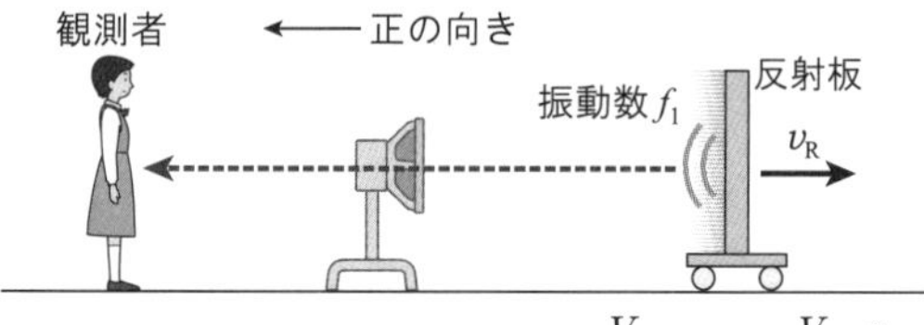

観測者が聞く音の振動数 $f_2=\frac{V}{V-(-v_R)}f_1=\frac{V-v_R}{V+v_R}f$

②媒質の移動とドップラー効果

風が吹いている場合，媒質である空気が移動しており，空気中を伝わる音速は，風の速さ(風速)の分だけ変化する。風速を ω，風がないときの音速を V として，音源よりも風上での音速は(オ　　　　　)，風下での音速は(カ　　　　　)となる。このとき，ドップラー効果の式は，音速 V を(オ)，または(カ)に置き換えて用いればよい。

③斜め方向のドップラー効果

音源と観測者の移動する方向が一直線上にない場合，ドップラー効果は，音源と観測者を結ぶ方向の(キ　　　　　)の成分を用いて考える。図のように，音源が速度 v_S で動いているとき，観測者に(ク　　　　　　)の速さで近づいているとみなすことができるので，観測者が聞く音の振動数 f' は，

$f'=$(ケ　　　　　　)

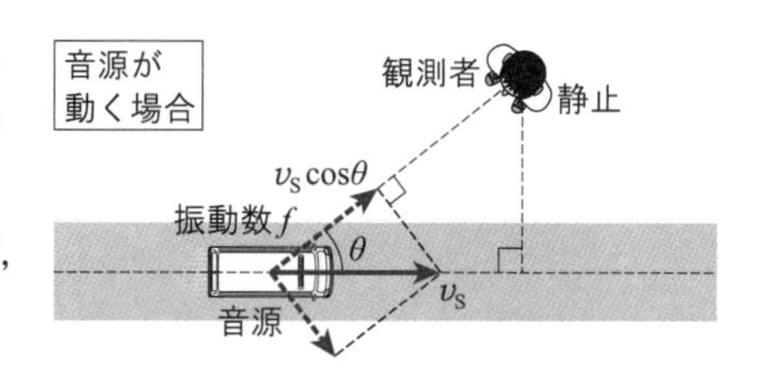

■確認問題■

142 図のように，音源と反射板が一直線上に並んでおり，音源は静止し，反射板は右向きに動いている。音源が出す音の振動数を f とすると，反射板が受ける音の振動数は，どのようになるか。　思考

(ア) f よりも大きい　(イ) f と等しい

(ウ) f よりも小さい

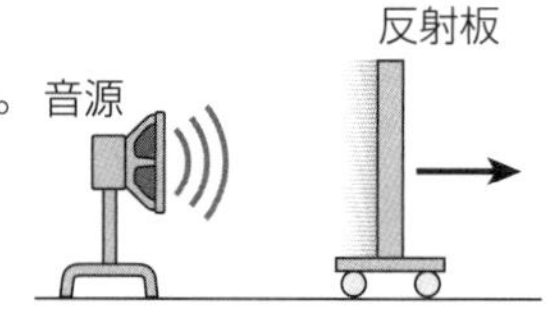

答

143 一定の速さ 10m/s で風が吹く中に，音を発している音源がある。風がないときの音速を 3.4×10^2m/s とすると，風上，風下のそれぞれに向かう音の速さは，何 m/s か。　知識

答　風上

　　風下

■ 練習問題 ■

知識

144 反射板によるドップラー効果　図のように，観測者，音源，反射板が一直線上に並んでいる。観測者と音源は静止しており，反射板は速さ20m/sで左向きに動いている。音源が出す音の振動数を6.8×10^2Hz，音速を3.4×10^2m/sとして，次の各問に答えよ。

(1) 反射板が受ける音の振動数は何Hzか。

答 ______

(2) 反射板で反射して観測者に届く音の振動数は何Hzか。

答 ______

知識

145 風が吹く場合のドップラー効果　図のように，一直線上において，観測者A，B，および振動数7.2×10^2Hzの音を出す音源が並んでおり，右向きに一定の速さ20m/sで風が吹いている。音源は静止しており，観測者A，Bはいずれも速さ10m/sで右向きに動いている。音速を3.4×10^2m/sとして，次の各問に答えよ。

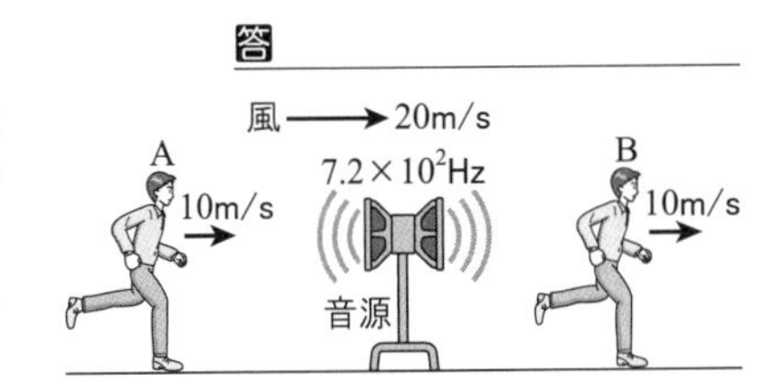

(1) 観測者Aが聞く音の振動数は何Hzか。

答 ______

(2) 観測者Bが聞く音の振動数は何Hzか。

答 ______

知識

146 斜め方向のドップラー効果　図のように，電車が，振動数3.3×10^2Hzの音を発しながら速さ20m/sで移動しており，位置Rに観測者が静止している。音速を3.4×10^2m/sとして，次の各問に答えよ。

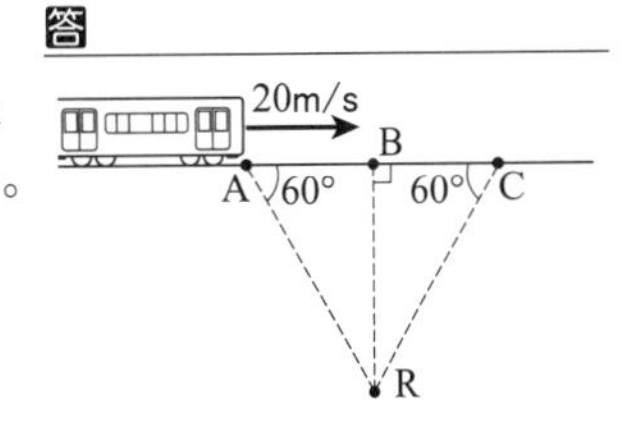

(1) 観測者が位置Aで出された音を観測するとき，その振動数は何Hzか。

答 ______

(2) 観測者が位置Bで出された音を観測するとき，その振動数は何Hzか。

答 ______

(3) 観測者が位置Cで出された音を観測するとき，その振動数は何Hzか。

答 ______

第Ⅱ章　波動　◆学習日　　月　　日　◆学習時間　　　分

24 光の速さ・光の反射と屈折

➡解答編 p.24～25

学習のまとめ

①光の速さ

光は，(ア　　　　　)とよばれる波の一種であり，ヒトの目が感じる光を可視光線という。

光は，物質のない真空中でも伝わる。光の伝わる速さ(光速)はきわめて大きく，その測定は長い間不可能と考えられていたが，1849年，(イ　　　　　)によって，地上の実験ではじめて測定された。現在，真空中の光速 c は，有効数字2桁で表すと，次の値であることがわかっている。　$c=$(ウ　　　　　)m/s

◀太陽光のように，さまざまな波長の光を含むものを白色光，単一の波長をもつ光を単色光という。

◀空気中における光速は，真空中とほぼ同じである。

②光の反射・屈折

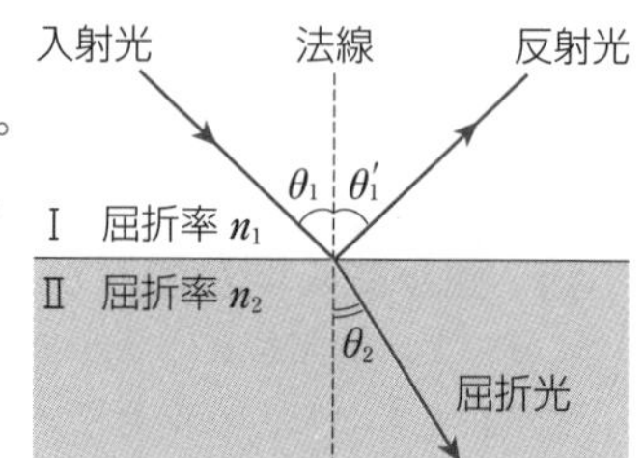

光は，異なる媒質の境界面に達すると，その一部が反射し，残りは屈折する。

●反射　(エ　　　　)の法則が成り立ち，入射角を θ_1，反射角を θ_1' とすると，

$\theta_1=$(オ　　　　)

●屈折　屈折角を θ_2，媒質Ⅰ，Ⅱにおける光速をそれぞれ v_1，v_2，波長を λ_1，λ_2 とする。屈折の前後で光の(カ　　　　　)は変わらないため，(キ　　　　)の法則が成り立つ。

$$\frac{\sin\theta_1}{\sin\theta_2}=\frac{v_1}{v_2}=\left(^{ク}\qquad\qquad\right)=n_{12}\quad\cdots(\mathrm{A})$$

この n_{12} を媒質Ⅰに対する媒質Ⅱの(ケ　　　　　)といい，特に，Ⅰが真空の場合の n_{12} を媒質Ⅱの(コ　　　　　)という。

屈折率 n_1 の媒質Ⅰから，屈折率 n_2 の媒質Ⅱへ光が入射するとき，真空中の光速を c，媒質Ⅰ，Ⅱにおける光速を v_1，v_2 とすると，$v_1=$(サ　　　　)，$v_2=$(シ　　　　)となる。これと式(A)から，

$$\frac{\sin\theta_1}{\sin\theta_2}=\frac{v_1}{v_2}=\left(^{ス}\qquad\qquad\right)=n_{12}$$

◀気体の屈折率は，その種類によらず，ほぼ1とみなせる。

◀真空中と屈折率 n の媒質中の光速をそれぞれ c，v，波長を λ，λ' とすると，

$v=\dfrac{c}{n}$，$\lambda'=\dfrac{\lambda}{n}$

◀屈折の法則は次式でも表される。$n_1\sin\theta_1=n_2\sin\theta_2$

③全反射

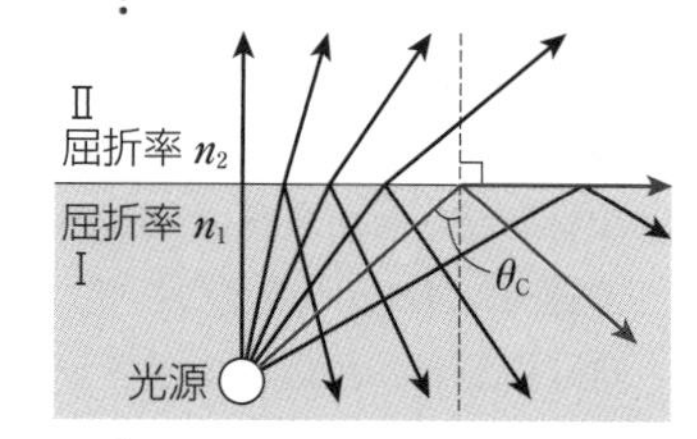

屈折率の大きい媒質から小さい媒質に光が入射するとき，屈折角は入射角よりも大きい。屈折角が90°になるときの入射角 θ_C を(セ　　　　)という。角 θ_C よりも大きい入射角で入射した光は，境界面ですべて反射する。これを(ソ　　　　)という。屈折率 n_1 の媒質Ⅰから屈折率 n_2($n_1>n_2$)の媒質Ⅱへ進む光の臨界角を θ_C とすると，次の関係が成り立つ。

$$\sin\theta_C=\left(^{タ}\qquad\qquad\right)$$

■ 確認問題 ■

147 地球から発せられた光が月に届くまでに何 s かかるか。地球と月の間の距離を38万 km，光速を 3.0×10^8 m/s とする。　知識

答

148 真空中から屈折率2の媒質中へ光が入射する。媒質中の光速は，真空中の光速の何分の1になるか。　知識

答

■ 練習問題 ■

知識

149 フィゾーの実験 次の文の(　　)に入る適切な記号を答えよ。

光源からの光は，ハーフミラーで反射され，歯の数が n の歯車Gの歯の間を通り抜ける。この光は，反射平面鏡Mで反射されてGにもどる。光が往復する間に，歯車が(　ア　)回転すると，光は次の歯Nにさえぎられる。このとき，歯車の1s間の回転数を f〔回/s〕とすると，歯車が(　ア　)回転する時間 t は(　イ　)と表される。これは，光速を c として，光がGM間の距離 L を往復する時間(　ウ　)に等しい。これから，光速は c =(　エ　)と求められる。

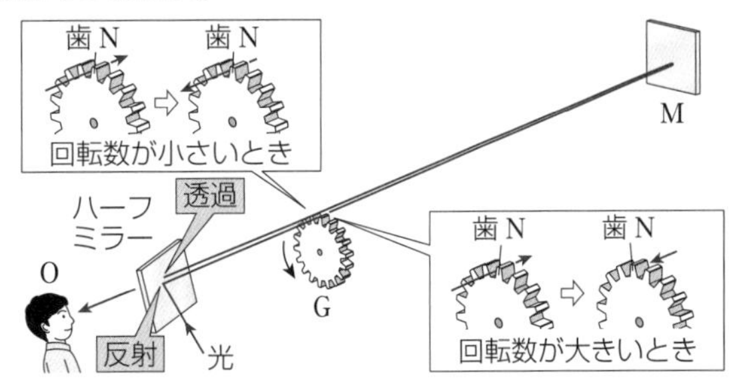

答 (ア)　　　　(イ)　　　　(ウ)　　　　(エ)

知識

150 光の屈折 真空中から屈折率 $\sqrt{3}$ のガラス中へ，入射角60°で波長 6.0×10^{-7}m の光が入射した。真空中の光速を 3.0×10^{8}m/s として，次の各問に答えよ。

(1) 光の屈折角は何度か。

答

(2) ガラス中での光の波長は何 m か。また，振動数は何 Hz か。有効数字を2桁とする。

答 波長　　　　振動数

知識

151 全反射 図のように，水面から1.0mの深さに光源Sがある。その真上の水面に円板を置いて，Sが空気中のどこからも見えないようにするための，円板の半径の最小値 R〔m〕を求めたい。空気の屈折率を1，水の屈折率を4/3として，次の各問に答えよ。

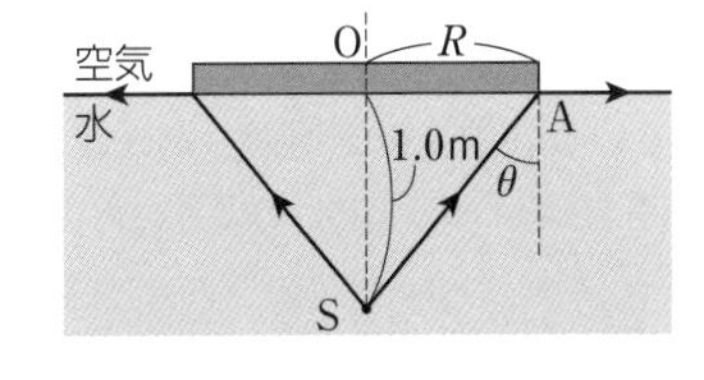

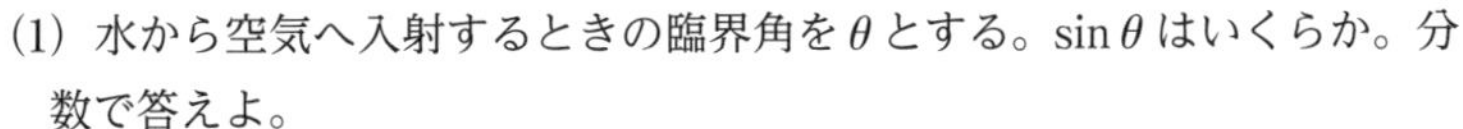

(1) 水から空気へ入射するときの臨界角を θ とする。$\sin\theta$ はいくらか。分数で答えよ。

答

(2) 三平方の定理から，$\sin\theta$ を R を用いて表せ。

答

(3) (1)，(2)から，R〔m〕を求めよ。

答

◆学習日　　月　　日　◆学習時間　　　分

25 光の分散と散乱・偏光

➡解答編 p.25〜26

学習のまとめ

①光の分散

スリットを通して，白色光をプリズムに入射させると，スクリーン上に，虹のような一連の色の帯が見える。これは，光の(ア　　　　)に応じて，プリズムを通過するときの屈折角が異なるためにおこる。この現象を光の(イ　　　　)といい，波長によって光を分けたものを，光の(ウ　　　　)という。

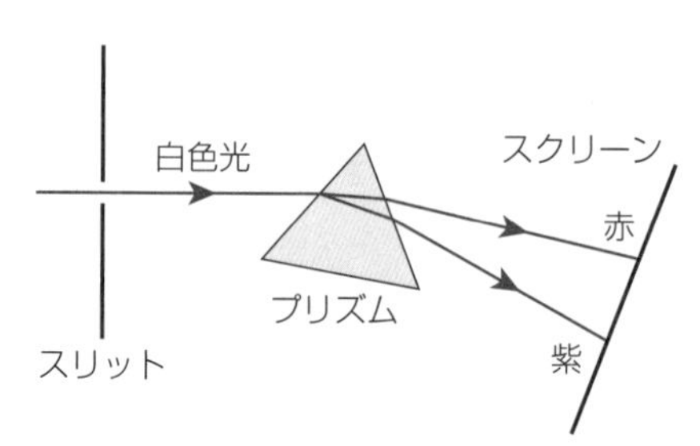

光の分散は，媒質の屈折率が光の(エ　　　　)によって異なるためにおこる。ガラスなどの屈折率は，一般に，波長が(オ　　　　)光に対するものほど大きく，紫色の光は，赤色の光よりも大きく屈折する。

◀単色光は，プリズムに通しても，さらに分かれることはない。

●**スペクトルの種類**　白色光のスペクトルは，赤色から紫色までの光が連続的に並んでおり，これを(カ　　　　)スペクトルという。一般に，高温の固体や液体から出る光で観察される。一方，気体から出る光のスペクトルは，とびとびの輝いた線として観察され，(キ　　　　)スペクトルとよばれる。

◀赤色の光は紫色の光よりも波長が長い。可視光線以外に，赤色の光よりも波長の長い赤外線や，紫色の光よりも波長の短い紫外線などがある。

②光の散乱

光は，その波長と同じ程度，またはそれよりも小さな粒子にあたると，その粒子を中心としてあらゆる方向に向かって進む。これを光の(ク　　　　)という。たとえば，太陽光は，大気中の窒素や酸素の分子にあたり，散乱される。このとき，波長の長い(ケ　　　　)色の光よりも，波長の短い(コ　　　　)色の光の方が散乱されやすく，昼間は，その光が目に入り，空全体が青く見える。朝，夕は，太陽光が大気中を通る距離が長く，(サ　　　　)色の光は先に散乱されて減少する。光が進むにつれて，散乱される光には，(シ　　　　)色が多く含まれるようになり，朝焼けや夕焼けが見られる。

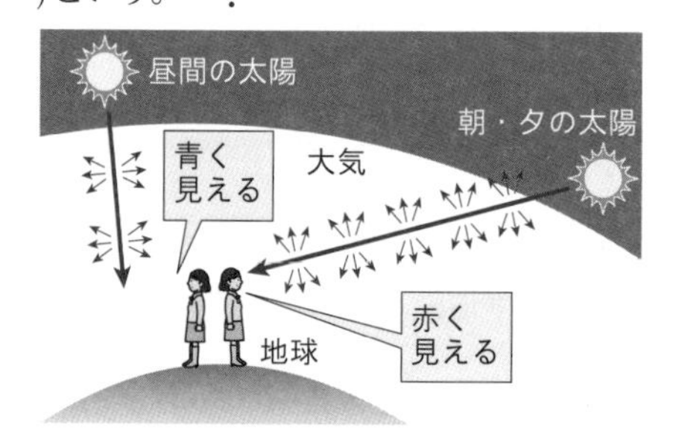

③偏光

光源から出る光を，２枚の偏光板を通して，一方を回転させながら見ると，明るくなったり暗くなったりする。これは，光が(ス　　　　)波であることを示している。偏光板を通過した光は，一方向にのみ振動しており，このような光を(セ　　　　)という。

◀太陽光などの自然光は，いろいろな方向に振動する光の集まりである。しかし，ガラスや水面などで反射した光では，偏光の割合が多くなる。

■ 確認問題 ■

152 次の(1)〜(3)は，光の分散，散乱，偏光のうち，どれと関係が深いか。

(1) 昼間は空が青く見え，朝，夕は朝焼けや夕焼けが見られる。 知識

(2) 白色光をプリズムに通すと，波長に応じて光が分かれる。

(3) 水中を撮影するとき，あるフィルターを用いると，水面からの反射光の影響を少なくすることができる。

答 (1)＿＿＿＿

(2)＿＿＿＿

(3)＿＿＿＿

■ 練習問題 ■

知識

153 光の分散 図は，白色光をプリズムに通し，スクリーンに虹のような色の帯が生じているようすを示している。

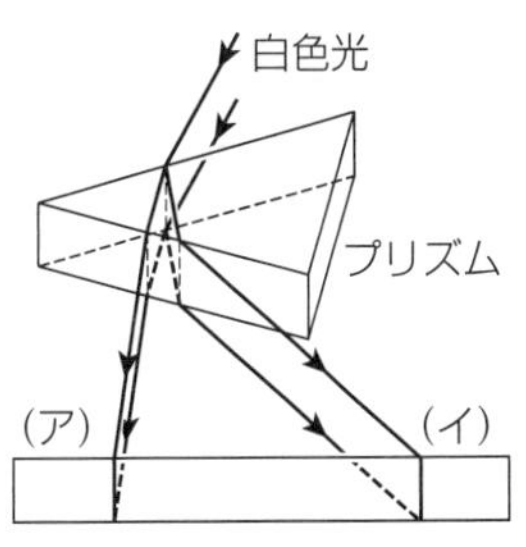

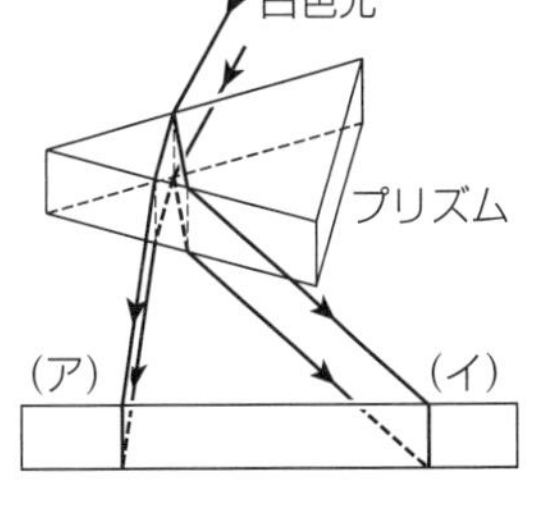

(1) 物質の屈折率は光の色によって異なる。赤色の光と紫色の光とでは，どちらの屈折率が大きいか。

答 ＿＿＿＿＿＿

(2) 図の(ア)，(イ)に達する光は，赤色，紫色のどちらか。それぞれ答えよ。

答 (ア)＿＿＿＿＿＿ (イ)＿＿＿＿＿＿

思考

154 虹 虹は，無数の小さい雨粒がプリズムのはたらきをして，太陽の光を分散させて生じる。

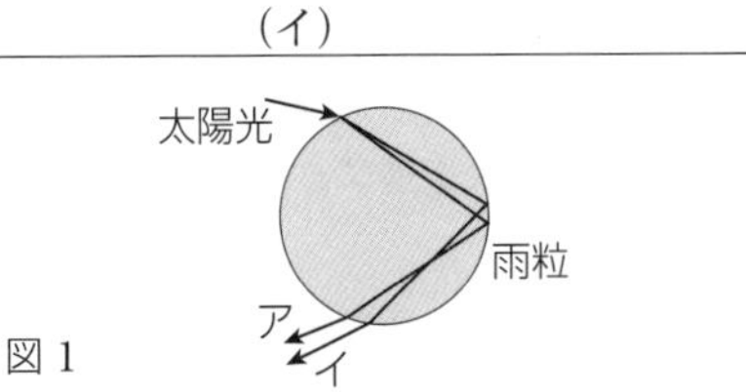

図 1

(1) 図 1 は，球形の雨粒に入射した太陽の光(白色光)が，屈折・反射するようすである。赤色の光は，ア，イのどちらか。

答 ＿＿＿＿＿＿

図 2

(2) 図 2 のように，地上にいる人に虹が見えた。太陽は，Aの側(人の後方)とBの側(人の前方)のどちらにあるか。

答 ＿＿＿＿＿＿

(3) 図 2 で，紫色に見えるのは a，b のどちらか。

答 ＿＿＿＿＿＿

知識

155 光の性質 次のそれぞれの値は，赤色の光と紫色の光のうち，どちらが大きいか。同じになる場合は同じと答えよ。

(1) 真空中の速さ　(2) 真空中の波長　(3) 振動数
(4) ガラスの屈折率　(5) ガラス中の速さ　(6) 散乱の程度

答 (1)＿＿＿＿ (2)＿＿＿＿ (3)＿＿＿＿
(4)＿＿＿＿ (5)＿＿＿＿ (6)＿＿＿＿

知識

156 偏光 次の文の(　　)に入る適切な語句，数値，記号を答えよ。

図のように，2 枚の偏光板A，Bを配置して光源を観察すると，明るく見える。この状態から，偏光板Bを(　ア　)だけ回転させると暗くなる。これは，光が(　イ　)波であることを示している。なお，偏光板Aを通過した光は，(　ウ　)軸方向にのみ振動している。

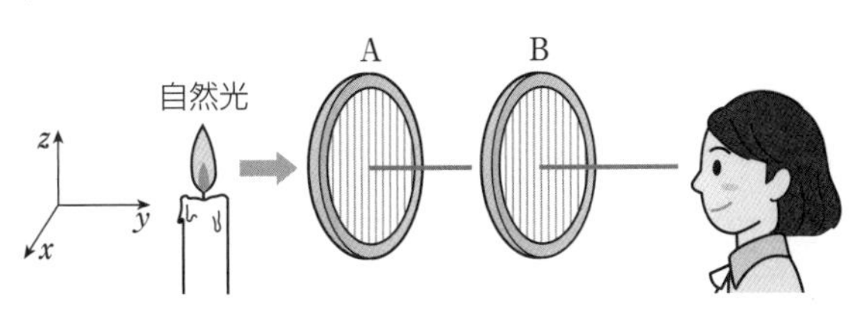

答 (ア)＿＿＿＿＿＿ (イ)＿＿＿＿＿＿ (ウ)＿＿＿＿＿＿

26 レンズによる像

➡解答編 p.26〜27

学習のまとめ

①凸レンズと凹レンズ

　レンズの中心部の面に垂直な直線を，レンズの(ア　　　　　)という。光軸に平行な光線は，レンズを通過した後，凸レンズでは光軸上の1点に収束し，凹レンズでは光軸上の1点から発散するように進む。このような点をそれぞれレンズの(イ　　　　　)といい，レンズの中心からその点までの距離を(ウ　　　　　)という。

◀レンズの中央部が，周辺部よりも厚いレンズを凸レンズ，薄いレンズを凹レンズという。

●凸レンズ(実像)　物体を凸レンズの焦点F′の外側に置く。このとき，光軸に平行な光線は焦点(エ　　　　)を通り，焦点(オ　　　　)を通る光線は光軸に平行に進む。また，レンズの中心を通る光線は直進する。観察される像は，実際に光が集まってできており，(カ　　　　)とよばれ，物体と上下左右が逆の像(倒立像)である。焦点距離を f，物体からレンズまでの距離を a，像からレンズまでの距離を b とすると，

$\dfrac{1}{a}+\dfrac{1}{b}=$ (キ　　　　　)　　倍率 $m=$ (ク　　　　　)

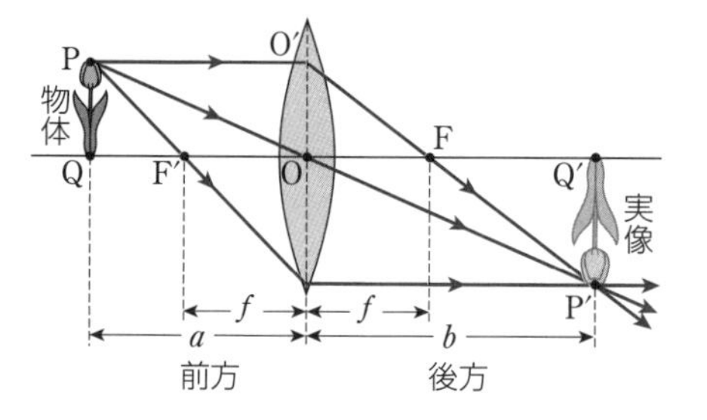

●凸レンズ(虚像)　物体を凸レンズの焦点F′の内側に置く。このとき，光軸に平行な光線は焦点(ケ　　　　)を通り，焦点(コ　　　　)を通る光は光軸に平行に進む。また，レンズの中心を通る光線は直進する。観察される像は，実際に光が集まってできているわけでなく，(サ　　　　)とよばれ，物体と同じ向きの像(正立像)である。焦点距離を f，物体からレンズまでの距離を a，像からレンズまでの距離を b とすると，

$\dfrac{1}{a}-\dfrac{1}{b}=$ (シ　　　　　)　　倍率 $m=$ (ス　　　　　)

●凹レンズ　物体を凹レンズの前方に置くと，虚像が観察される。光軸に平行な光線は焦点(セ　　　　)から出たように進み，焦点(ソ　　　　)に向かう光線は光軸に平行に進む。また，レンズの中心を通る光線は直進する。焦点距離を f，物体からレンズまでの距離を a，像からレンズまでの距離を b とすると，

$\dfrac{1}{a}-\dfrac{1}{b}=$ (タ　　　　　)　　倍率 $m=$ (チ　　　　　)

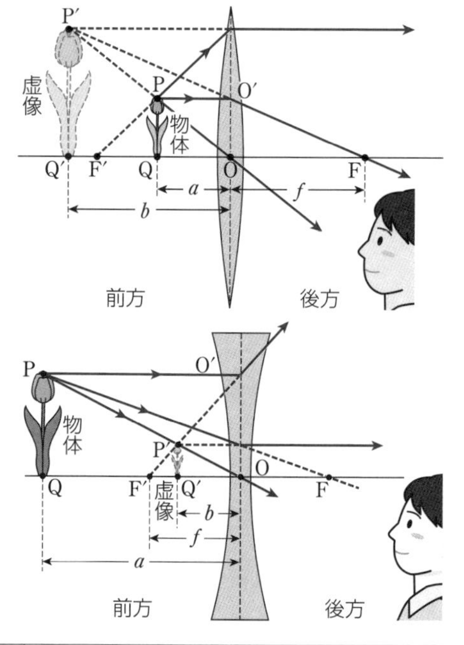

②レンズの式

　レンズの式は，距離 a，b，f の正，負を表のように設定すると，次のようにまとめられる。

$\dfrac{1}{a}+\dfrac{1}{b}=$ (ツ　　　　　)　　倍率 $m=$ (テ　　　　　)

	凸レンズ		凹レンズ
f	正		負
a	正		正
	$a>f$	$a<f$	
b	正 (レンズの後方)	負 (レンズの前方)	負 (レンズの前方)

■ 確認問題 ■

157 凸レンズの焦点の内側に物体を置き，レンズを通して物体を観察する。観察される像は実像，虚像のどちらか。　知識

答

■ 練習問題 ■

思考

158 レンズを通過する光線 次の(1)～(3)のように，光線がレンズを通過しようとしている。通過した後の光線の経路を図に示せ。

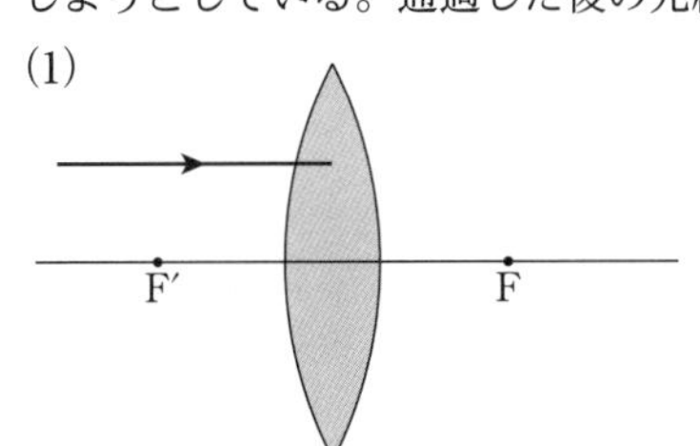

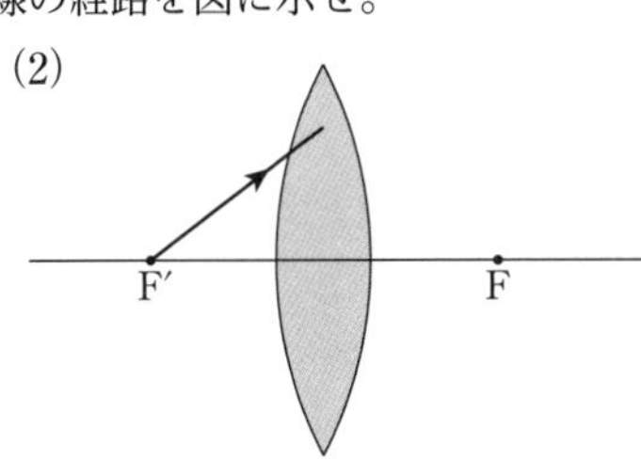

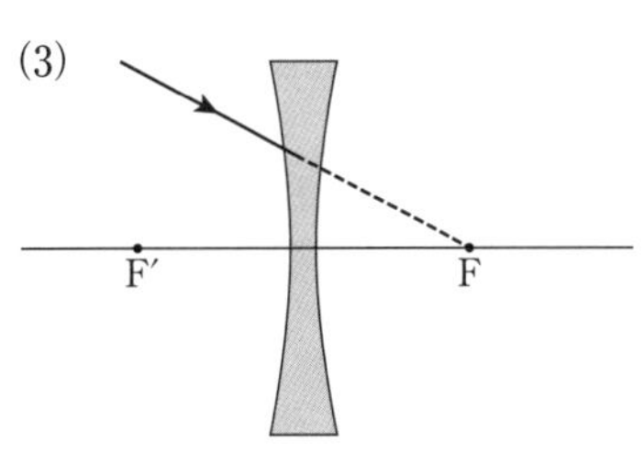

知識

159 凸レンズ 焦点距離 30cm の凸レンズの前方 40cm の位置に，大きさ 10cm の物体を置く。

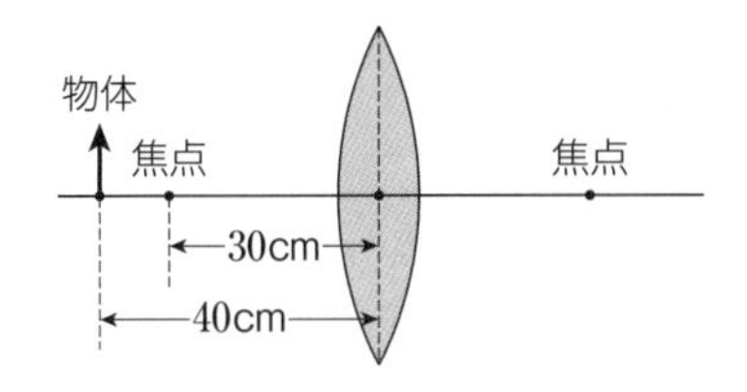

(1) 観察される像は，実像，虚像のどちらか。

答

(2) 像のできる位置はどこか。また，像の大きさは何 cm か。

答 位置　　大きさ

知識

160 凸レンズ 焦点距離 30cm の凸レンズの前方 20cm の位置に，大きさ 10cm の物体を置く。

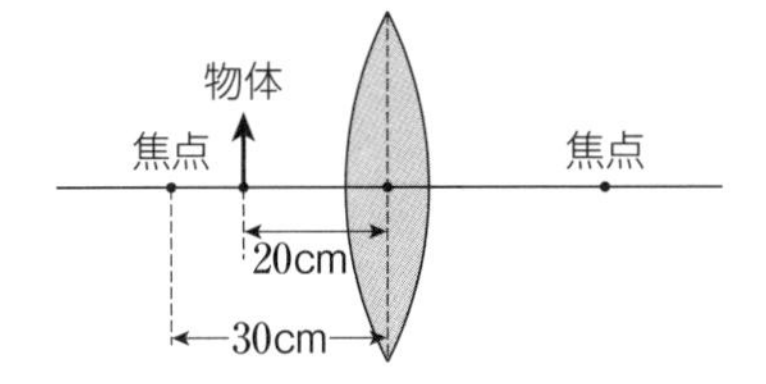

(1) 観察される像は，実像，虚像のどちらか。

答

(2) 像のできる位置はどこか。また，像の大きさは何 cm か。

答 位置　　大きさ

知識

161 凹レンズ 焦点距離 30cm の凹レンズの前方 20cm の位置に，大きさ 10cm の物体を置く。像のできる位置はどこか。また，像の大きさは何 cm か。

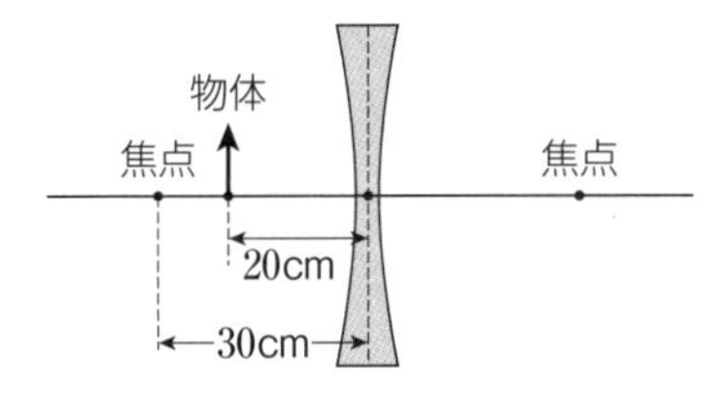

答 位置　　大きさ

知識

162 組みあわせレンズ 焦点距離 4.0cm の凸レンズAと，焦点距離 8.0cm の凸レンズBがある。図のように，A，Bの光軸を一致させて 10.0cm はなして置き，Aの前方 12.0cm の位置に，大きさ 5.0cm の物体を置いた。

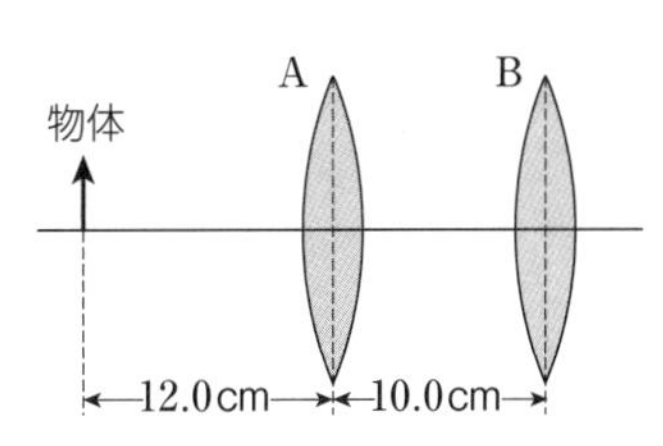

(1) レンズAのみによってできる像の位置と大きさを求めよ。

答 位置　　大きさ

(2) 2枚のレンズによってできる像の位置と大きさを求めよ。

答 位置　　大きさ

27 鏡による像

➡解答編 p.27〜28

学習のまとめ

①平面鏡

反射面が平らな鏡を（ア　　　　　）という。物体の1点から出た光が平面鏡で反射して観測者の目に入るとき，目に入る光を逆に延長した，鏡面に対して（イ　　　　　）な位置に物体があるように見える。

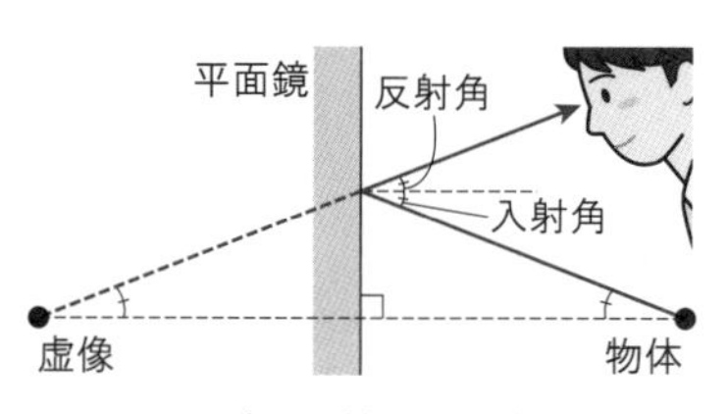

②球面鏡

反射面が球面の一部である鏡を（ウ　　　　　）といい，球面の内側を鏡面とした凹面鏡，球面の外側を鏡面とした凸面鏡がある。凹面鏡と凸面鏡には焦点がある。

◀球面鏡では，光軸付近の光線を考えている。

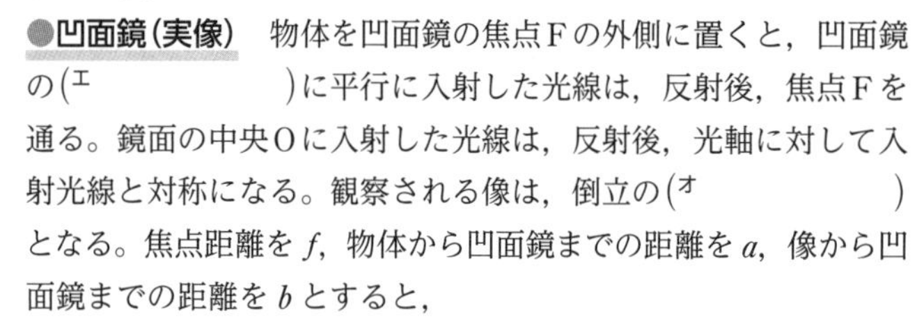

●凹面鏡（実像）　物体を凹面鏡の焦点Fの外側に置くと，凹面鏡の（エ　　　　　）に平行に入射した光線は，反射後，焦点Fを通る。鏡面の中央Oに入射した光線は，反射後，光軸に対して入射光線と対称になる。観察される像は，倒立の（オ　　　　　）となる。焦点距離を f，物体から凹面鏡までの距離を a，像から凹面鏡までの距離を b とすると，

$\frac{1}{a}+\frac{1}{b}=$（カ　　　　　）　倍率 $m=$（キ　　　　　）

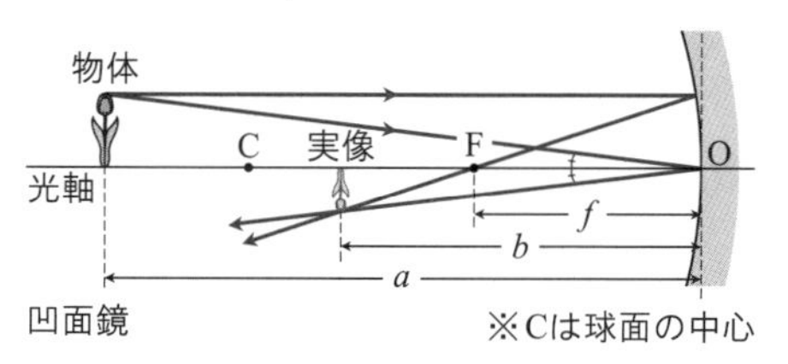

●凹面鏡（虚像）　物体を凹面鏡の焦点Fの内側に置くと，観察される像は，正立の（ク　　　　　）となる。焦点距離を f，物体から凹面鏡までの距離を a，像から凹面鏡までの距離を b とすると，

$\frac{1}{a}-\frac{1}{b}=$（ケ　　　　　）　倍率 $m=$（コ　　　　　）

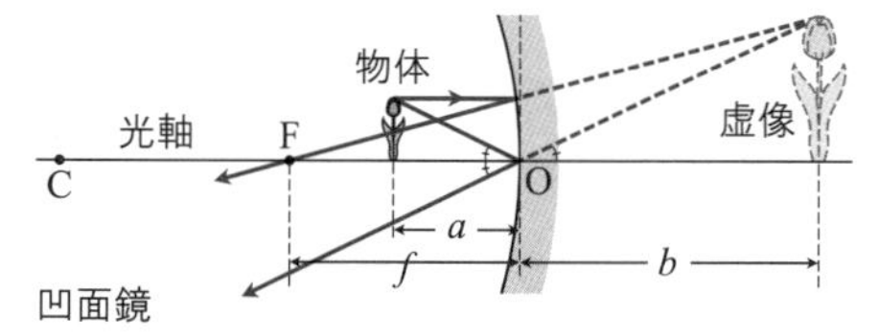

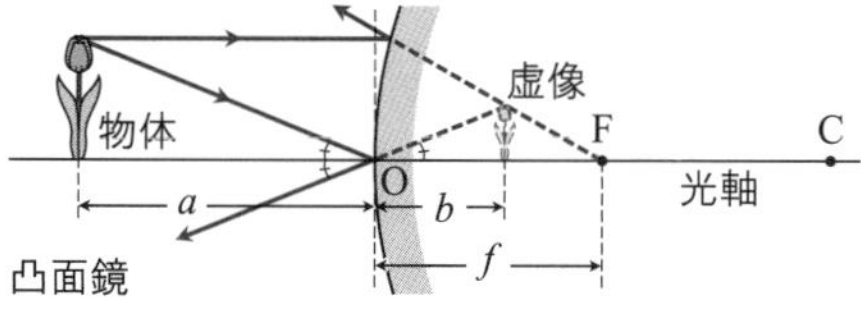

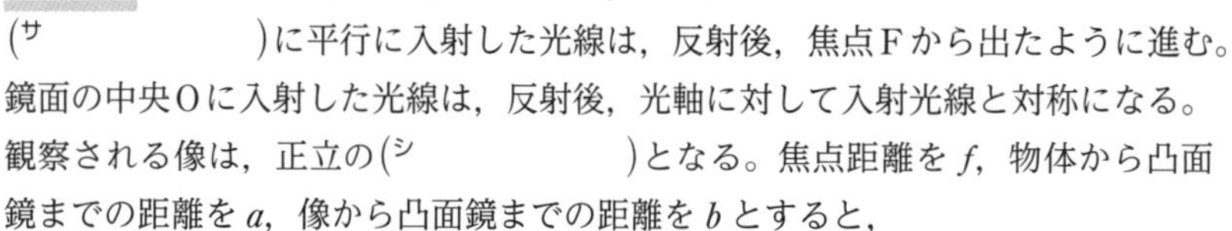

●凸面鏡　物体を凸面鏡の前方に置くと，凸面鏡の（サ　　　　　）に平行に入射した光線は，反射後，焦点Fから出たように進む。鏡面の中央Oに入射した光線は，反射後，光軸に対して入射光線と対称になる。観察される像は，正立の（シ　　　　　）となる。焦点距離を f，物体から凸面鏡までの距離を a，像から凸面鏡までの距離を b とすると，

$\frac{1}{a}-\frac{1}{b}=$（ス　　　　　）　倍率 $m=$（セ　　　　　）

●球面鏡の式　球面鏡の式は，距離 a，b，f の正，負を表のように設定すると，次のようにまとめられる。

$\frac{1}{a}+\frac{1}{b}=$（ソ　　　　　）　倍率 $m=$（タ　　　　　）

	凹面鏡		凸面鏡
f	正		負
a	正 $a>f$	正 $a<f$	正
b	正 （鏡の前方）	負 （鏡の後方）	負 （鏡の後方）

■ 確認問題 ■

163 光源Aから出た光が，平面鏡で反射して，観測者の目に入るまでの光の経路を示せ。平面鏡で反射しない光は示さなくてよい。

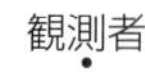
思考

観測者

A

■ 練習問題 ■

思考

164 平面鏡による像　身長160cmの人が鏡の前でまっすぐに立っている。自分の全身を見るために必要な鏡の長さを求めたい。

(1) 点A，Bから人の目に到達する光の経路を描け。

(2) 鏡の長さは，少なくとも何cm必要か。

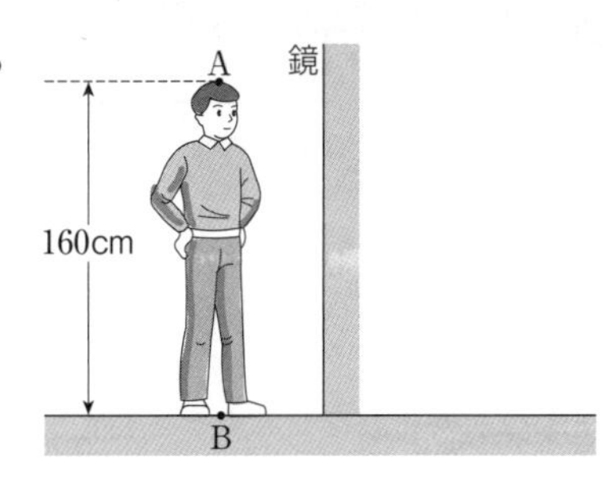

答

思考

165 球面鏡による像　次の(1)，(2)のように，球面鏡(凹面鏡，凸面鏡)の光軸と平行に光線が入射している。Cは球面の中心，Fは球面鏡の焦点である。鏡面に達した後の光線の経路を図中に示せ。

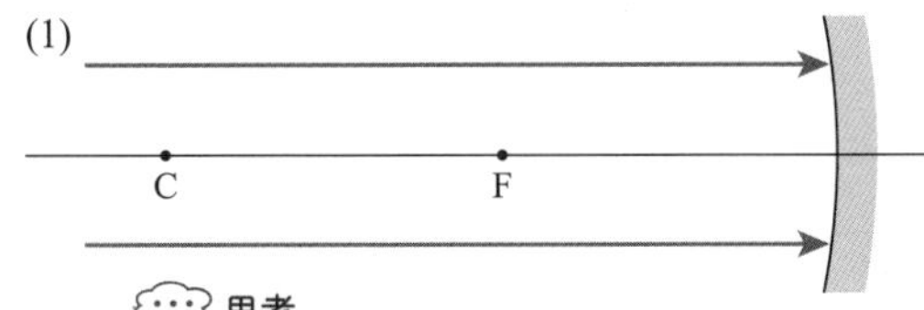

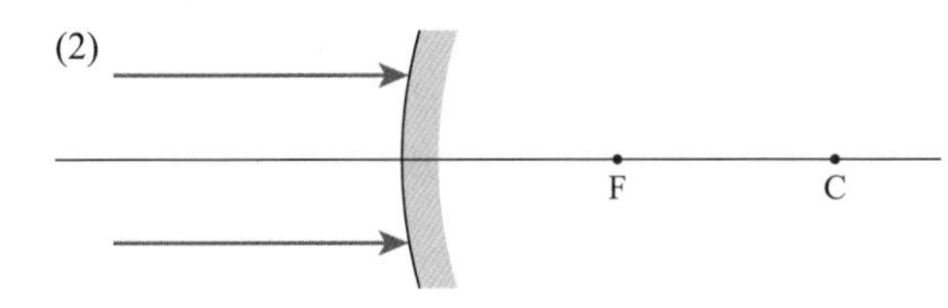

思考

166 凹面鏡による像　焦点距離20cmの凹面鏡(球面鏡)がある。凹面鏡の前方60cmの光軸上に，小さな物体を置く。

(1) できる像は，実像，虚像のどちらか。

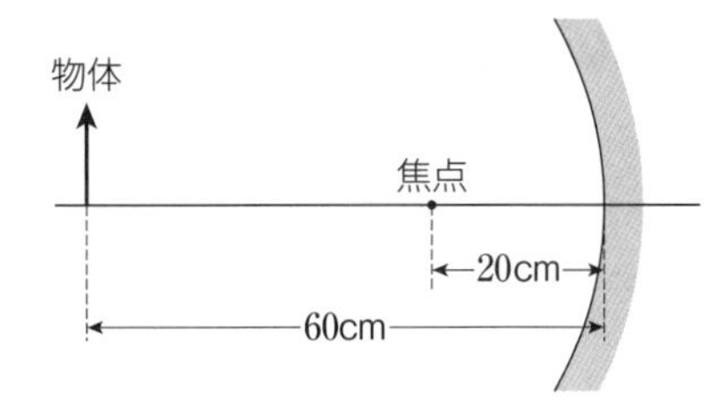

答

(2) 像の位置は，凹面鏡から何cmはなれているか。

答

知識

167 凹面鏡による像　焦点距離36cmの凹面鏡(球面鏡)がある。凹面鏡の前方12cmの光軸上に，小さな物体を置く。

(1) できる像は，実像，虚像のどちらか。

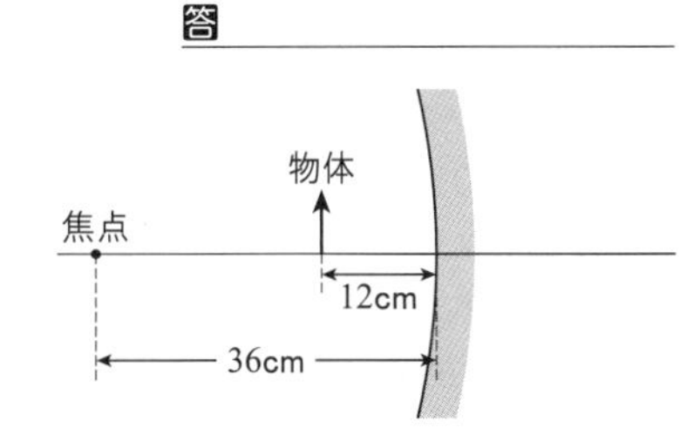

答

(2) 像の位置は，凹面鏡から何cmはなれているか。

答

知識

168 凸面鏡による像　焦点距離10cmの凸面鏡(球面鏡)がある。凸面鏡の前方30cmの光軸上に，小さな物体を置く。

(1) できる像は，実像，虚像のどちらか。

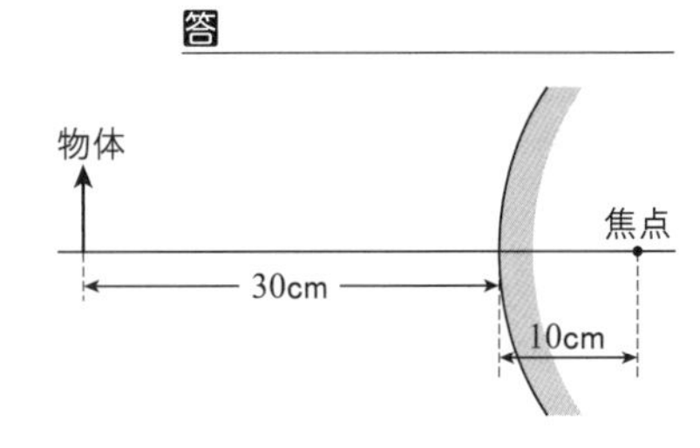

答

(2) 像の位置は，凸面鏡から何cmはなれているか。

答

◆学習日　　月　　日 ◆学習時間　　　　分

光の回折と干渉① ―ヤングの実験・回折格子―

学習のまとめ

➡解答編 p.28〜29

①ヤングの実験

光は波長が非常に短いため，回折や干渉といった波に特有な現象を確認しにくい。しかし，(ア　　　　　)は，1807年，狭いスリットを用いた実験によって，光も回折や干渉をおこすことを示し，光が波であることを証明した。

光源から出た単色光は，スリット S_0 を通ると回折し，S_0 から等距離にある S_1，S_2 には，同位相の光が到達する。S_1，S_2 を通過した光は回折し，互いに(イ　　　　　)してスクリーン上に明暗の縞模様(干渉縞)をつくる。S_1，S_2 からスクリーン上の点Pまでの経路差 $|L_1-L_2|$ が，(ウ　　　　　)の整数倍であれば点Pは明るく，{整数＋(1/2)}倍であれば点Pは暗くなる。光の波長を λ，$m=0$，1，2，…とすると，次の関係が成り立つ。

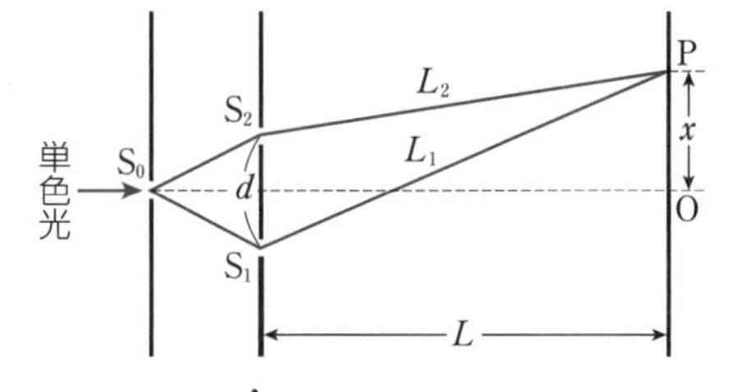

◀図では，S_1，S_2 で回折した光のうち，点Pに進む光の進路だけが示されている。

◀ d，x は L に比べて十分に小さい。

明線：$|L_1-L_2|=$(エ　　　　　)$\times\lambda=$(オ　　　　　)$\times\dfrac{\lambda}{2}$

暗線：$|L_1-L_2|=$(カ　　　　　)$\times\lambda=$(キ　　　　　)$\times\dfrac{\lambda}{2}$

スリット S_1，S_2 の間隔を d，S_1，S_2 とスクリーンとの間の距離を L，スクリーンの中心O($S_1O=S_2O$)から点Pまでの距離を x とすると，S_1，S_2 からPまでの経路差 $|L_1-L_2|$ は(ク　　　　　)と近似される。

隣りあう明線(暗線)の間隔 Δx は，　$\Delta x=$(ケ　　　　　)

◀明線(暗線)の間隔は，隣りあう明線(暗線)の位置の差から求められる。

②回折格子

透明なガラス板などの一方の面に，1cmあたり500〜10000本程度の，平行で等間隔のすじを引いたものを(コ　　　　　)という。これに光をあてると，すじの部分は不透明で，すじとすじの間の透明な部分がスリットの役目をする。スリットから出た光は回折し，互いに(サ　　　　　)して鋭い明線をつくる。隣りあうスリットの間隔を(シ　　　　　)といい，これを d とする。光の波長を λ，$m=0$，1，2，…とすると，入射光と角 θ をなす方向に明線が得られる条件は，次のように表される。

$d\sin\theta=$(ス　　　　　)

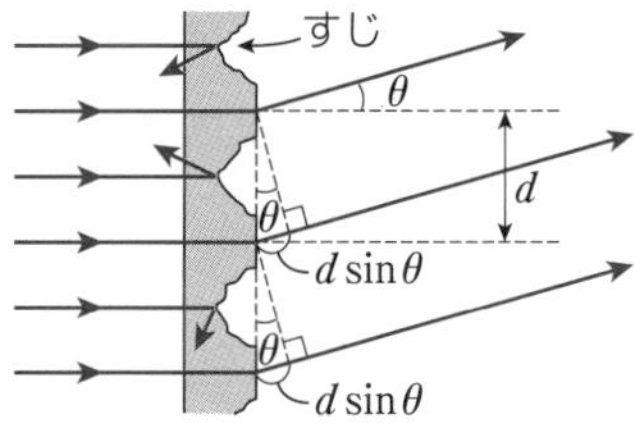

◀スクリーンまでの距離に比べて，d は十分に小さく，各スリットからの光はほぼ平行とみなせる。

■ 確認問題 ■

169 ヤングの実験において，光源の光の波長を長くすると，隣りあう明線の間隔は，大きくなるか，小さくなるか。　思考

答

170 回折格子に，1cmあたり1000本のすじが引かれている。格子定数は何mか。　知識

答

■ 練習問題 ■

知識

171 ヤングの実験　図はヤングの実験の一部を示している。スリット S_1, S_2 の間隔を d, スリットとスクリーンの間の距離を L, スクリーンの中心Oからスクリーン上の点Pまでの距離を x として，次の各問に答えよ。

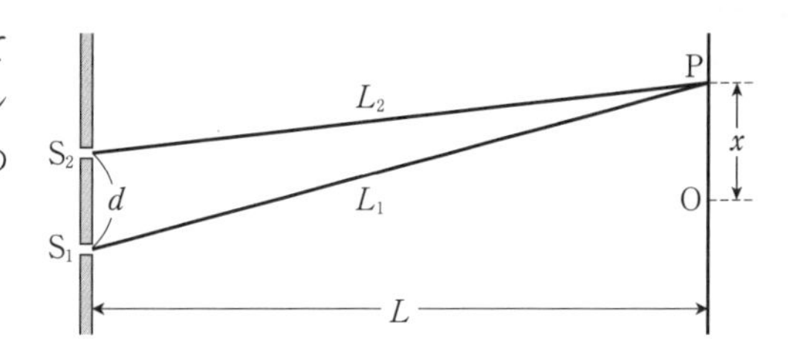

(1) $\overline{S_1P}=L_1$, $\overline{S_2P}=L_2$ とする。三平方の定理を利用し，L_1, L_2 を，d, L, x を用いてそれぞれ表せ。

答 L_1　　　　L_2

(2) スリット S_1, S_2 から点Pまでの経路差 $|L_1-L_2|$ を，d, L, x を用いて表せ。ただし，d, x は L に比べて十分に小さいものとし，$|h|\ll 1$ のときに成立する近似式 $(1+h)^n \fallingdotseq 1+nh$ を用いよ。

答

知識

172 ヤングの実験　図はヤングの実験を示しており，複スリットの間隔は $d=0.50$mm, スリットとスクリーンの間の距離は $L=4.0$m である。左側のスリットからある波長 λ の単色光を送ると，スクリーン上に明暗の縞模様が観測された。このとき，隣りあう明線の間隔は 4.8mm であった。

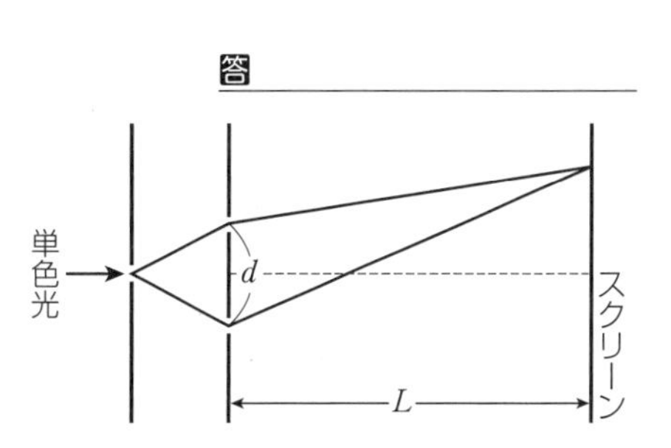

(1) 実験に用いた単色光の波長 λ は何 m か。

答

(2) 複スリットの間隔 d をはじめの a 倍にすると，明線の間隔は何倍になるか。

答

知識

173 回折格子　図のように，格子定数が d の回折格子に波長 λ の単色光をあて，スクリーン上の明線を観察する。入射光と角 θ をなす方向に明線が得られたとして，次の各問に答えよ。

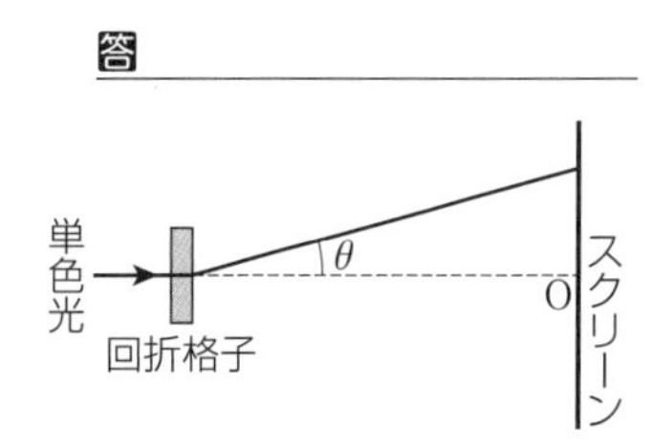

(1) 明線が得られる条件式を，d, λ, θ, m を用いて表せ。ただし，$m=0$, 1, 2, …とする。

答

(2) $d=1.0\times10^{-5}$m のとき，$\theta=11°$ の位置に，$m=3$ に相当する明線が生じた。$\sin 11°=0.19$ とすると，単色光の波長は何 m か。

答

光の回折と干渉② ―薄膜・空気層による干渉―

➡解答編 p.29〜30

学習のまとめ

①薄膜による干渉

光は，屈折率のより(ア　　　　)媒質との境界面で反射するとき，反射光の位相が(イ　　　　)だけずれる。屈折率のより(ウ　　　　)媒質との境界面で反射するとき，位相はずれない。

◀光が境界面を透過するとき，位相はずれない。

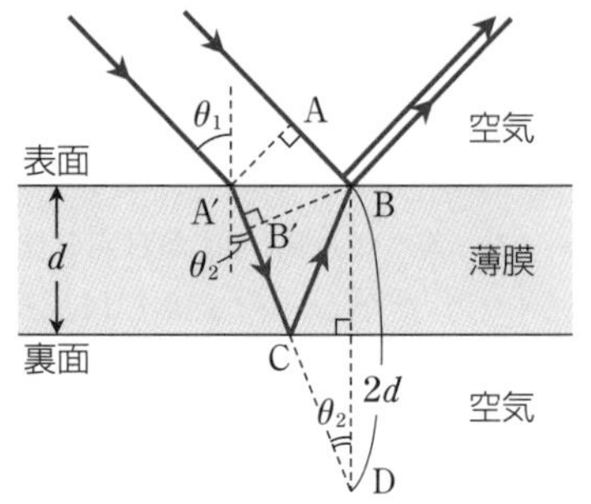

●反射光が強めあう条件　図のように，波長λの光が，空気中にある厚さd，屈折率$n(>1)$の薄膜の表面に斜めに入射する。膜の裏面で反射した光と，膜の表面で反射した光との経路差は，d，θ_2を用いて，

B′C＋CB＝B′D＝(エ　　　　)となる。膜中の波長は(オ　　　　)で，膜の(カ　　　　)面で反射した光は位相がπずれる。これから，反射光の干渉条件は，$m=0, 1, 2, \cdots$として，

明：$2d\cos\theta_2=$(キ　　　　)

暗：$2d\cos\theta_2=$(ク　　　　)

●光学距離　屈折率nの媒質中では，光速が真空中の(ケ　　　　)倍となる。光が媒質中を距離Lだけ進む時間で，真空中では距離(コ　　　　)進む。この(コ)の距離を(サ　　　　)という。

◀光学距離は，媒質中での光速，波長を真空中と同じと考え，距離が実際のn倍になるとみなしたものである。

②空気層による干渉

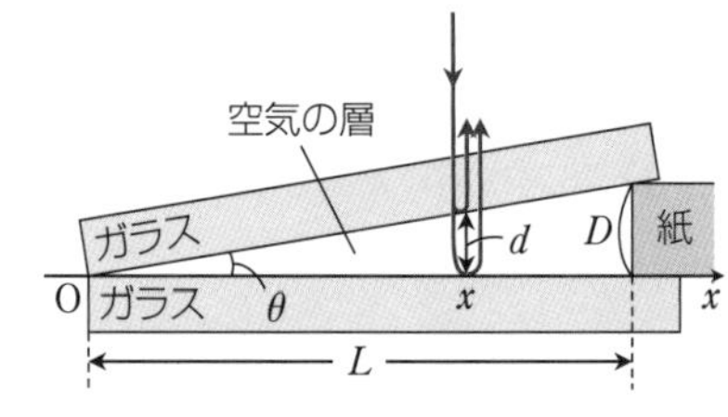

●くさび形空気層　長さLの2枚のガラス板を重ね，一方の端に厚さDの薄い紙をはさむ。このとき，上のガラスの下面での反射光(位相はずれない)と，下のガラスの上面での反射光(位相がπずれる)が干渉する。波長λの光をあてたとき，点Oを基準とした位置xにおける空気層の厚さをd，$m=0, 1, 2, \cdots$として，明線，暗線の条件は，

明線：$2d=$(シ　　　　)　　暗線：$2d=$(ス　　　　)

空気層の厚さdは，x，L，Dを用いて，$d=$(セ　　　　)と表される。

隣りあう明線(暗線)の間隔Δxは，$\Delta x=$(ソ　　　　)

◀明線(暗線)の間隔は，隣りあう明線(暗線)の位置の差から求められる。

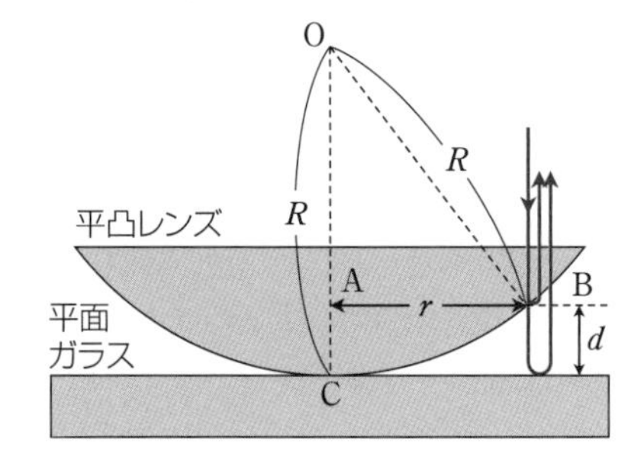

●ニュートンリング　平面ガラスの上に半径Rの球面の平凸レンズを重ねる。このとき，平凸レンズの下面での反射光(位相はずれない)と，平面ガラスの上面での反射光(位相がπずれる)が干渉する。波長λの光をあてたとき，明環，暗環の条件は，レンズとガラスの間の空気層の厚さをd，$m=0, 1, 2, \cdots$として，

明環：$2d=$(タ　　　　)　　暗環：$2d=$(チ　　　　)

明環，暗環の半径をrとすると，$d\fallingdotseq$(ツ　　　　)と近似できる。

■ 確認問題 ■

174　空気中に置かれた屈折率1.4のガラスの表面で光が反射するとき，反射光の位相はずれるか，ずれないか。　知識

答

■ 練習問題 ■

知識

175 薄膜による干渉 図のように，カメラのレンズの表面を屈折率 $n(>1)$，厚さ d の薄膜で覆い，薄膜に垂直に波長 λ の光をあてる。レンズの屈折率は n よりも大きいとする。

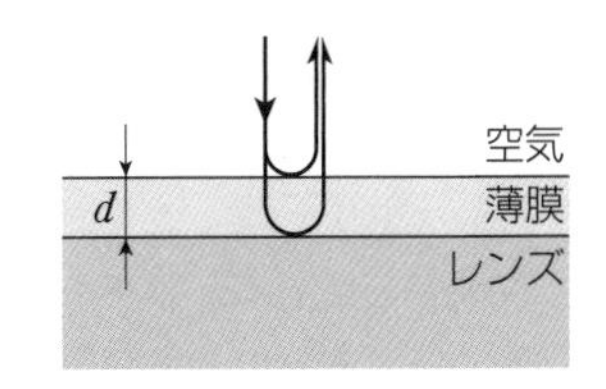

(1) 薄膜の上面，下面のそれぞれで反射した光が干渉する。反射光が弱めあう条件式を，n，λ，d，および $m=0$，1，2，…を用いて表せ。

答

(2) $n=1.2$，$\lambda=5.2\times10^{-7}$m とすると，反射光が弱めあう最小の d は何 m か。

答

知識

176 くさび形空気層による干渉 図のように，2枚の平らなガラス板を重ね，接点Oから距離 L はなれた位置に，厚さ D の薄い紙をはさむ。ここに，上方から波長 λ の単色光をあてると，明暗の干渉縞が観察された。点Oから距離 x はなれた位置における空気層の厚さを d として，次の各問に答えよ。

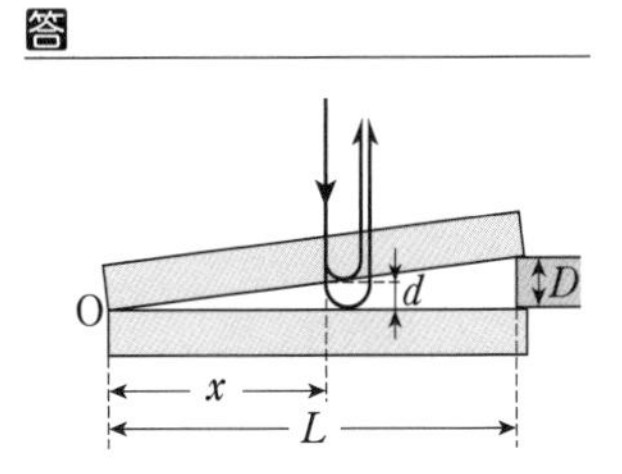

(1) d を，L，D，x を用いて表せ。

答

(2) 反射光が強めあう条件式を，L，D，x，λ，および $m=0$，1，2，…を用いて表せ。

答

知識

177 ニュートンリング 図のように，平面ガラスの上に，曲率半径 R の平凸レンズを重ねる。上方から波長 λ の単色光をあてると，平凸レンズの下面と平面ガラスの上面で反射した光が干渉し，明暗の環が観察された。レンズの中心から距離 r はなれた点の空気層の厚さを d とする。

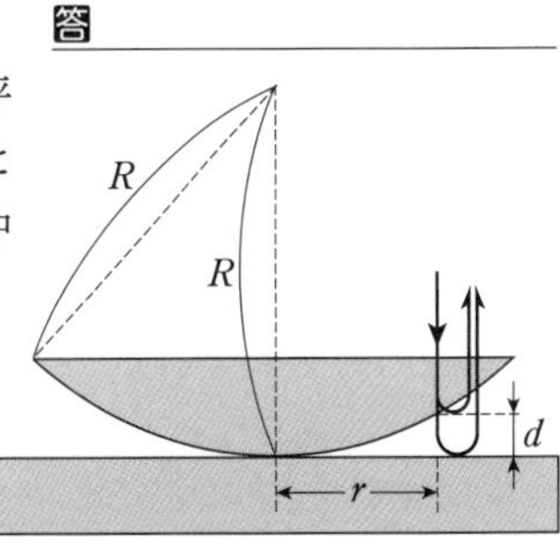

(1) 明環が生じる条件式を，d，λ，および $m=0$，1，2，…を用いて表せ。

答

(2) d を，R，r を用いて表せ。ただし，$d\ll R$ として，$|h|\ll 1$ のときに成立する近似式 $(1+h)^n \fallingdotseq 1+nh$ を用いよ。

答

(3) レンズの中心から距離 r の位置に明環が観察された。r を λ，R，m を用いて表せ。

答

第Ⅱ章　章末問題

◆学習日　　月　　日 ◆学習時間　　　分

思考

178 波の干渉　先生が，水面上に見える波の干渉模様について，右図を用いて説明している。以下の会話文中の①〜⑦にあてはまるものとして正しいものを，それぞれの直後の(　　)内から選べ。ただし，波の振幅は減衰しないものとし，波源からの波は横波(正弦波)で扱うことができるとする。

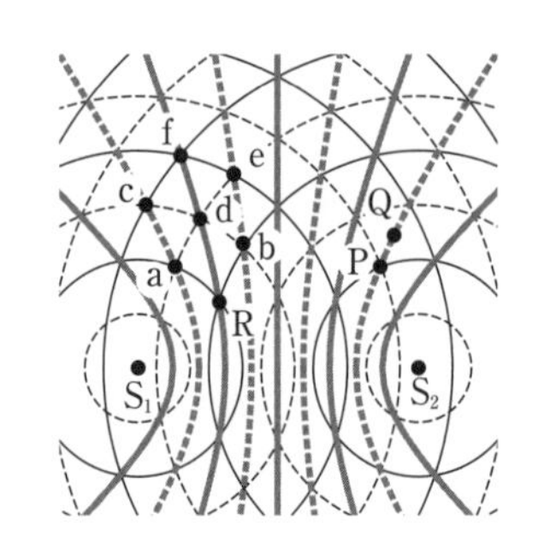

先生：図は，ある時刻における波の山の波面を細い実線，波の谷の波面を細い破線で表しています。また，山と山，谷と谷が重なる点を連ねた線を太い実線，山と谷が重なる点を連ねた線を太い破線で表しています。太い破線上の点Pでは，山と谷の互いに①(同・逆)位相の波が重なりあって，弱めあいますね。では，山でも谷でもない点Qではどうでしょうか。

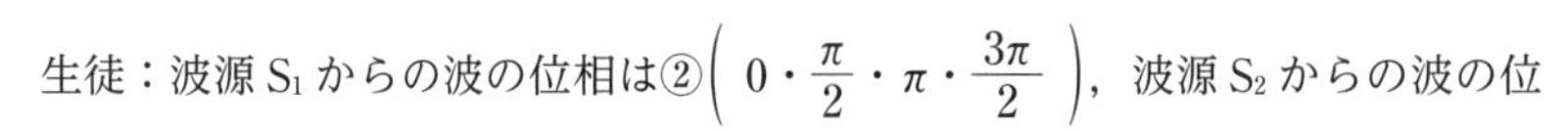

生徒：波源S_1からの波の位相は②$\left(0 \cdot \frac{\pi}{2} \cdot \pi \cdot \frac{3\pi}{2}\right)$，波源$S_2$からの波の位相は③$\left(0 \cdot \frac{\pi}{2} \cdot \pi \cdot \frac{3\pi}{2}\right)$で，互いに④(同・逆)位相となり，弱めあいます。

先生：そうですね。この太い破線上では，すべてこのような弱めあう点となります。太い実線上の点もすべて，点Rの山と山のような互いに⑤(同・逆)位相の波が重なって強めあう点になります。

　次に，時間とともに波面がどのようにして広がるのか考えてみましょう。点Rの山は，1/2周期後や1周期後にどこへ移動するでしょうか。

生徒：1/2周期後には，⑥(a・b・c・d・e・f)まで移動し，1周期後には，⑦(a・b・c・d・e・f)まで移動します。

先生：正解です。

答 ①

②

③

④

⑤

⑥

⑦

思考

179 音波の干渉　長いゴム管の2つの端をホースに差しこんで，図のような装置をつくった。ゴム管に振動させたおんさをあてると，音波がゴム管内を互いに逆向きに伝わり，ホースの中で重なりあう。ゴム管の半分の長さの位置にある点Aにおんさをあてると，ホースの先から音が大きく聞こえた。次に，点Aからおんさをホースに沿ってゆっくり移動させると，音はしだいに小さくなり，点Bのところで最小になった。さらに，同じ向きに移動させると音は大きくなった後，点Cで再び最小になった。次の各問に答えよ。

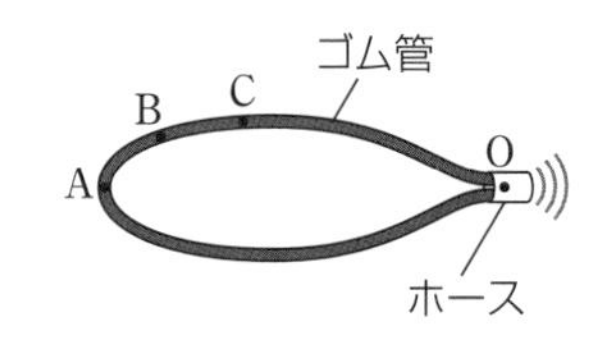

(1) 下線部について，B→A→Oの経路の長さをL_B，音波の波長をλとする。ゴム管全体の長さを，λ，L_Bを用いて表せ。

答

(2) 経路B→A→O，C→A→Oのそれぞれの長さL_B，L_Cは，右表のようになった。このおんさの振動数は何Hzか。ただし，ゴム管の中の音速を3.4×10^2m/sとする。

L_B	L_C
71cm	91cm

答

思考

180 レンズを通過する光線の経路

凸レンズと凹レンズについて，図1，図2のように，レンズの焦点よりも外側の点Pから入射する光の経路を考える。それぞれのレンズについて，次の各問に答えよ。なお，図のF，F′はレンズの焦点である。

凸レンズ

(1) 図1のように，物体APが点Pに立っているとして，物体の像A′P′を図中に作図せよ。

(2) 像の性質を利用して，点Pから矢印の経路でレンズへ入射する光の経路を作図せよ。

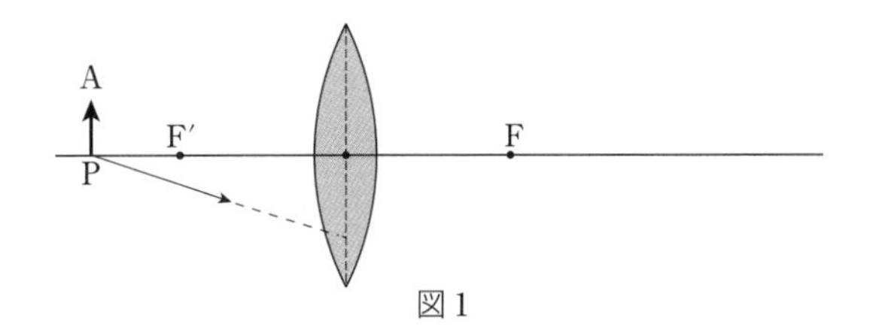

図1

凹レンズ

(3) 図2のように，物体APが点Pに立っているとして，物体の像A′P′を図中に作図せよ。

(4) 像の性質を利用して，点Pから矢印の経路でレンズへ入射する光の経路を作図せよ。

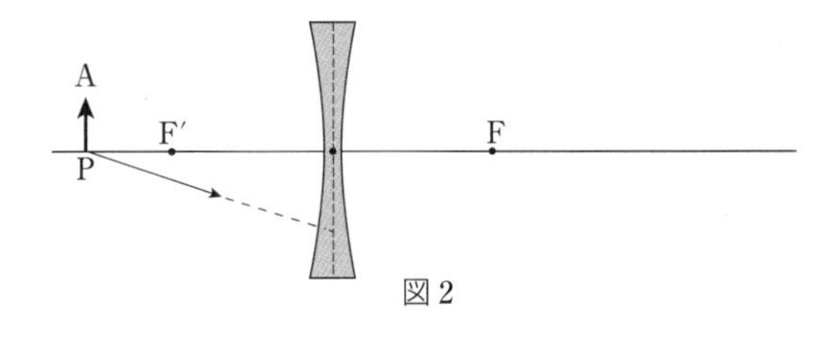

図2

思考

181 薄膜の干渉

薄膜は，眼鏡やレンズの表面にコーティングすることで，特定の波長の光の反射を干渉によって少なくする役割をしている。図1のように，屈折率nのガラスの表面に厚さd，屈折率n'($n'<n$)の薄膜がコーティングされているとして，次の各問に答えよ。

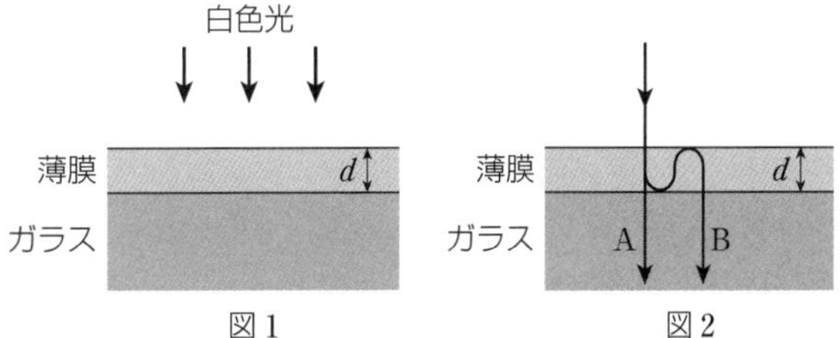

図1　図2

(1) 薄膜の面と垂直に白色光を入射させ，薄膜の上側から観察すると，薄膜の上面と下面でそれぞれ反射した光が干渉して見える。波長λ_0の光の反射光が弱めあうときの薄膜の厚さdを，λ_0，n'，m ($m=0$，1，2，…)を用いて表せ。

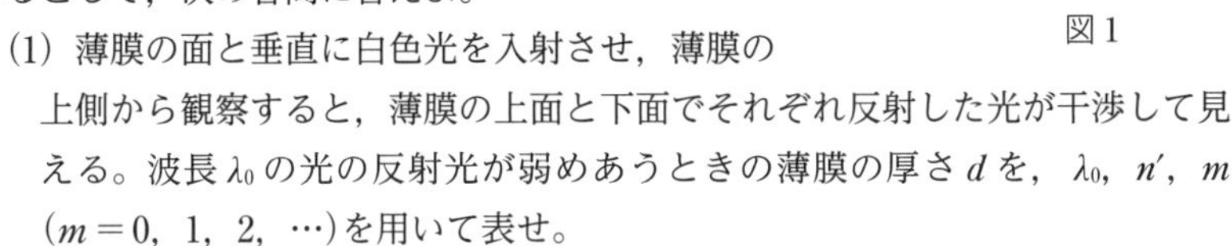

答

(2) ガラスの下側から観察するとき，図2のように，透過する光Aと，薄膜の下面および上面で反射する光Bとが干渉して見える。(1)と同じ条件であるとき，これら2つの光は強めあって見えるか，弱めあって見えるか，答えよ。

答

30 静電気力

◆学習日　　月　　日 ◆学習時間　　　分

➡解答編 p.32〜33

学習のまとめ

①電荷と静電気力

帯電した物体間にはたらく力を(ア　　　　　　)といい，その力の原因になるものを電荷という。電荷の量を(イ　　　　　　)といい，その単位には(ウ　　　　　　)(記号 C)が用いられる。電荷には正電荷と負電荷の 2 種類があり，(エ　　　　)種の電荷の間には斥力がはたらき，(オ　　　　)種の電荷の間には引力がはたらく。

②帯電と電気量の保存

帯電は，一方の物体から他方の物体に電子が移動することによっておこる。たとえば，塩化ビニル管と毛皮をこすりあわせると，毛皮から塩化ビニル管に電子が移動し，塩化ビニル管は(カ　　　　)，毛皮は(キ　　　　)に帯電する。このとき，物体間で電荷のやりとりがあっても，電気量の(ク　　　　)は変わらない。これを(ケ　　　　　　)の法則という。

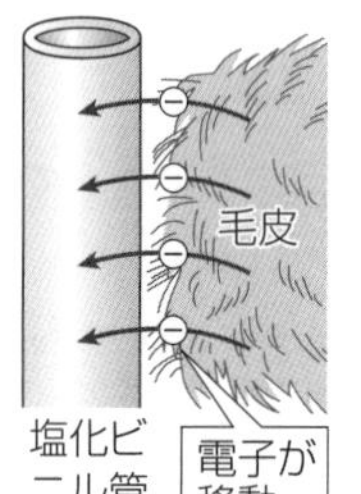

◀陽子と電子の電気量の大きさは等しく，これを電気素量といい，記号 e で表される。

$e = 1.6\times10^{-19}$C

◀電荷を検出する装置には，箔検電器がある。

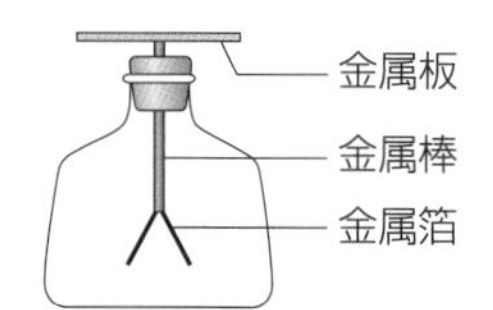

③静電誘導

帯電体を導体に近づけると，帯電体に近い側の導体の表面には帯電体と(コ　　　　)種の電荷が現れ，遠い側の表面には(サ　　　　)種の電荷が現れる。この現象は(シ　　　　　　)とよばれる。

④誘電分極

紙片は不導体であるが，帯電体を近づけると引き寄せられる。これは，不導体を構成する原子や分子の内部で，電荷の分布がずれることによって，帯電体に近い側の不導体の表面には，帯電体と(ス　　　　)種の電荷が現れ，遠い側の表面には(セ　　　　)種の電荷が現れるためである。この現象は不導体における静電誘導であり，特に(ソ　　　　　　)とよばれる。そのため，不導体は(タ　　　　　　)ともよばれている。

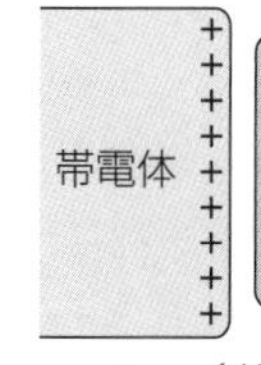

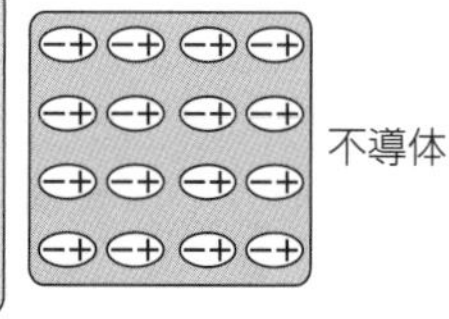

⑤静電気力に関するクーロンの法則

2 つの点電荷の間にはたらく静電気力の大きさ F〔N〕は，それぞれの電気量の大きさ q_1〔C〕，q_2〔C〕の積に比例し，電荷間の距離 r〔m〕の 2 乗に反比例する。これは，静電気力に関する(チ　　　　　　)の法則とよばれ，比例定数を k とすると，

$F=$ (ツ　　　　　　　　)

◀静電気力は，
電荷が同符号…斥力
電荷が異符号…引力
となる。

◀真空中での比例定数を k_0 とすると，
$k_0 = 9.0\times10^{9}\,\text{N}\cdot\text{m}^2/\text{C}^2$
空気中における比例定数 k の値は，k_0 にほぼ等しい。

■ 確認問題 ■

182 塩化ビニル管を毛皮でこすると，塩化ビニル管に -3.2×10^{-7}C の電気量が生じた。電気素量を 1.6×10^{-19}C とする。電子はどちらからどちらへ，何個移動したか。　知識

答

183 ある導体に帯電体を近づけると，帯電体に近い側の導体の表面には負電荷が集まった。このとき，次の各問に答えよ。　知識

(1) 帯電体の電荷は，正，負のどちらか。

(2) 帯電体から遠い側の導体表面に集まる電荷は，正，負のどちらか。

答 (1)　　　(2)

■ 練習問題 ■

知識

184 箔検電器　箔検電器を用いて，次のような操作を行った。各操作時において，金属箔の電荷は，正，負，0のいずれであるか。ただし，箔検電器は，はじめ電気的に中性であったとする。

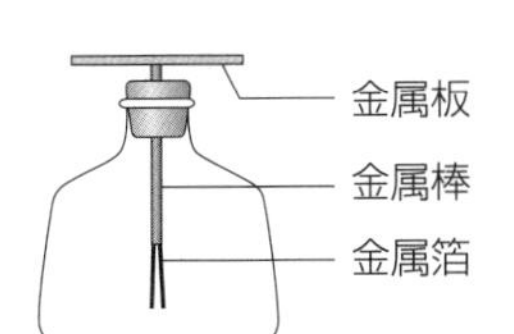

(1) 正に帯電したガラス棒を金属板に近づける。

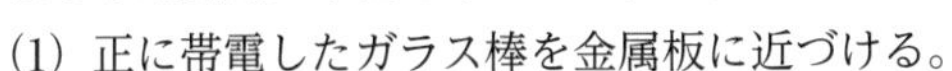

答 ＿＿＿＿＿＿

(2) 近づけたガラス棒はそのままにして，金属板に指で触れる。

答 ＿＿＿＿＿＿

(3) さらに，ガラス棒はそのままにして指をはなす。

答 ＿＿＿＿＿＿

(4) その後，ガラス棒を金属板から遠ざける。

答 ＿＿＿＿＿＿

知識

185 クーロンの法則　小さな金属球A，Bが，0.40 mの距離を隔てて固定されており，それぞれ 4.0×10^{-7} C，2.4×10^{-7} Cの電荷をもっている。次の各問に答えよ。ただし，クーロンの法則の比例定数を $9.0\times10^{9}\,\mathrm{N\cdot m^2/C^2}$ とする。

(1) A，B間にはたらく静電気力の大きさは何Nか。

答 ＿＿＿＿＿＿

(2) A，B間にはたらく静電気力の大きさを4倍にするためには，A，B間の距離を何mにすればよいか。

答 ＿＿＿＿＿＿

知識

186 電気振り子　図のように，正電荷 Q をもつ小さな金属球Aを糸でつるし，負電荷 $-Q$ をもつ小さな金属球Bを近づけると，糸は鉛直方向から30°傾いて静止した。このとき，両者は水平に距離 r はなれていた。Aの質量を m，重力加速度の大きさを g とする。

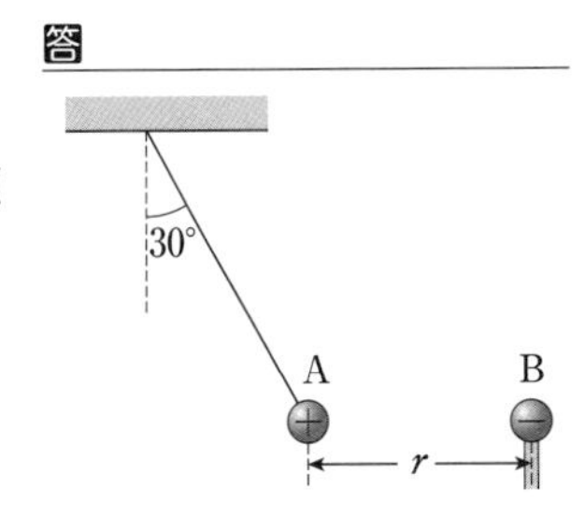

(1) A，B間にはたらく静電気力の大きさを，m，g を用いて表せ。

答 ＿＿＿＿＿＿

(2) Q を，m，g，r，およびクーロンの法則の比例定数 k を用いて表せ。

答 ＿＿＿＿＿＿

31 電場と電気力線

第Ⅲ章　電気と磁気　　◆学習日　　月　　日　◆学習時間　　　分

➡解答編 p.33～34

学習のまとめ

①電場

電荷が静電気力を受ける空間には，(ア　　　　)が広がっているという。この空間中のある位置に単位電荷(+1C)を置いたとき，この電荷が受ける(イ　　　　　)の向きを電場の向き，(イ)の大きさを電場の強さとする。電場 $\vec{E}$〔N/C〕の中にある q〔C〕の電荷が受ける静電気力 $\vec{F}$〔N〕は，$\vec{F}=$(ウ　　　　　)

◀電場はベクトル量であり，$\vec{E}$ で示される。これを電場ベクトルという。

大きさ Q〔C〕の点電荷から r〔m〕はなれた点の電場の強さ E〔N/C〕は，クーロンの法則の比例定数を k として，次式で示される。

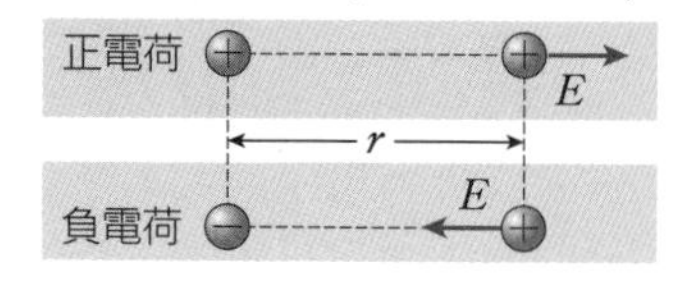

$E=$(エ　　　　　　)

◀複数の点電荷がつくる電場は，各電荷がつくる電場ベクトルを合成したものになる(電場の重ねあわせの原理)。

②電気力線の性質

電場の中に置かれた正電荷を，電場から受ける力の向きに少しずつ移動させると，１本の線が得られる。この線に，電場の向きの矢印をつけたものを(オ　　　　　)といい，次のような性質がある。

- 正電荷から出て(カ　　　)電荷に入る。あるいは，正電荷から出て(キ　　　　　　)に，(ク　　　　　　)から出て負電荷に入る。
- 接線の方向は，その点における(ケ　　　　　)の方向と一致する。
- 途中で交わったり，折れ曲がったり，枝分かれしたりしない。
- 電場が(コ　　　　)ところでは密，(サ　　　　　)ところでは疎となる。

◀正，負の各点電荷による電気力線のようすは，図のようになる。

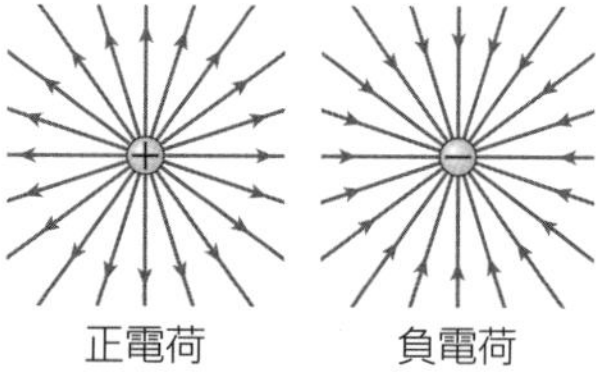

正電荷　　負電荷

③電気力線と電場

電場の強さが E〔N/C〕のところでは，電場に垂直な単位面積を(シ　　　　)本の電気力線が貫くと定める。図のような，正の点電荷 Q〔C〕を中心とする半径 r〔m〕の球面を考えたとき，クーロンの法則の比例定数を k〔N･m²/C²〕とすると，球面上の各点における電場の強さ E〔N/C〕は，

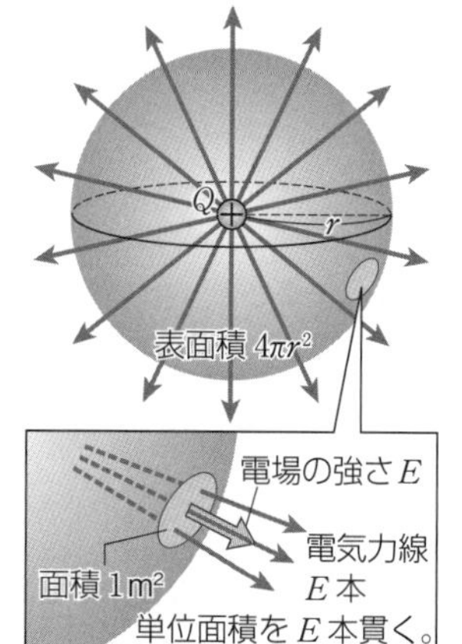

$E=$(ス　　　　　)

球の表面積は $4\pi r^2$〔m²〕なので，球面全体を貫く電気力線の本数 N は，　$N=$(セ　　　　　)

◀正電荷 Q〔C〕からは $4\pi kQ$ 本の電気力線が出て，負電荷 $-Q$〔C〕には $4\pi kQ$ 本の電気力線が入る。一般に，任意の閉じた曲面(閉曲面)を貫く電気力線の本数は，閉曲面内部の電荷の和を Q〔C〕とするとき，$4\pi kQ$ 本である。これをガウスの法則という。

■ 確認問題 ■

187 強さ 2.0×10^3 N/C の電場中に，1.6×10^{-19} C の電荷をもつ粒子を置いた。粒子が電場から受ける力の大きさは何 N か。　知識

答 ＿＿＿＿＿＿

188 2つの点電荷A，Bのまわりを調べ，電気力線を描くと，図のようになった。A，Bはそれぞれ，正電荷，負電荷のどちらであるか。　思考

答 A ＿＿＿＿＿＿

B ＿＿＿＿＿＿

■ 練習問題 ■

知識

189 点電荷がつくる電場 x 軸上の原点Oに，3.0×10^{-7}C の正電荷をもつ小球Aが固定されている。クーロンの法則の比例定数を 9.0×10^{9}N·m^2/C^2 とする。

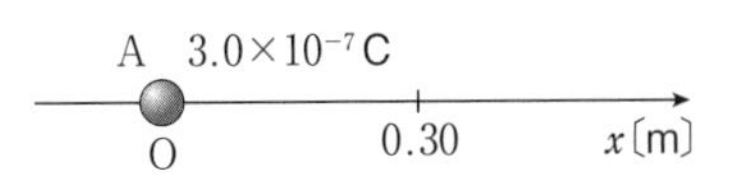

(1) Aの電荷が $x=0.30$m の位置につくる電場の強さは何 N/C か。

答

(2) 小球Aはそのままにして，Aの4倍の大きさの正電荷をもつ小球Bを x 軸上に新たに固定し，$x=0.30$m の位置につくる電場を0にしたい。小球Bをどの位置に固定すればよいか。

答

思考

190 電気力線の概形 次のように点電荷が置かれているとする。電気力線の概形を示せ。

(1) 等量の正電荷

(2) 等量で符号の異なる2つの点電荷

思考

191 電気力線の性質 図は，電気量の大きさが異なる2つの点電荷による電気力線のようすである。ア，イ，ウのうち，最も電場が強い点はどれか。

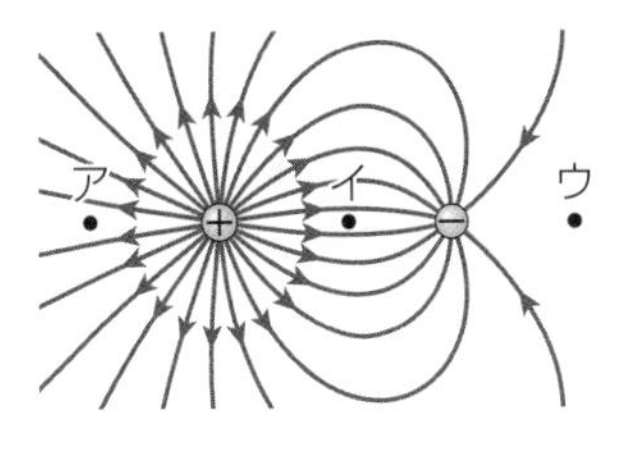

答

知識

192 球面に分布した電荷と電気力線 半径 R〔m〕の金属球の表面に，Q〔C〕の正電荷が一様に分布している。クーロンの法則の比例定数を k〔N·m^2/C^2〕とする。

(1) Q〔C〕の正電荷から出る電気力線の本数は何本か。

答

(2) 金属球の中心から距離 r〔m〕($r>R$)の位置にできる電場の強さは何 N/C か。

答

◆学習日　　月　　日 ◆学習時間　　　分

電位

➡解答編 p.34〜35

学習のまとめ

①電位と電位差

電場中のある点に置かれた電荷がもつ静電気力による位置エネルギーは，その点から基準点まで電荷が移動するときに，(ア　　　　　)が電荷にする仕事に等しい。単位電荷($+1$C)がもつ静電気力による位置エネルギーを(イ　　　　　)といい，その単位には(ウ　　　　　)(記号V)が用いられる。電荷 q〔C〕がもつ静電気力による位置エネルギー U〔J〕は，電位 V〔V〕を用いて，$U=$(エ　　　　　)

電場の中の2点間における電位の差を(オ　　　　　)という。2点A，Bの電位をそれぞれ V_A〔V〕，V_B〔V〕とする。点AからBまで電荷 q〔C〕を移動させるとき，静電気力がする仕事 W〔J〕は，$W=$(カ　　　　　)と表される。

●**一様な電場と電位差**　強さ E〔N/C〕の一様な電場中で，d〔m〕はなれた2点間の電位差が V〔V〕であるとき，$E=$(キ　　　　　)

電場の強さの単位N/Cは，(ク　　　　　)とも表される。

◀帯電体が，静電気力や重力のような保存力だけを受けて運動するとき，そのエネルギーは保存される。

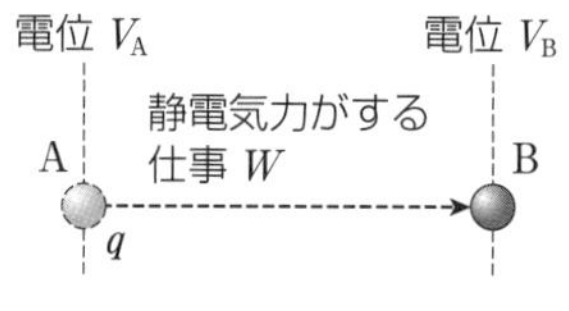

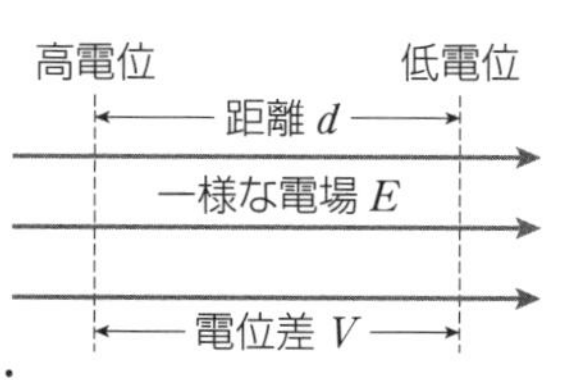

②点電荷のまわりの電位

Q〔C〕の点電荷から距離 r〔m〕はなれた点での電位 V〔V〕は，クーロンの法則の比例定数を k〔N·m²/C²〕，無限遠を基準(0V)として，

$V=$(ケ　　　　　)

また，その点で，電荷 q〔C〕がもつ静電気力による位置エネルギー U〔J〕は，

$U=$(コ　　　　　)

◀複数の点電荷による電位は，各電荷による電位のスカラー和である。

③等電位面

電位の等しい点を連ねた面を等電位面といい，その断面を示した線を(サ　　　　　)という。等電位面は，(シ　　　　　)と垂直になる。また，等電位面上で電荷を運ぶときの仕事は(ス　　　　　)である。

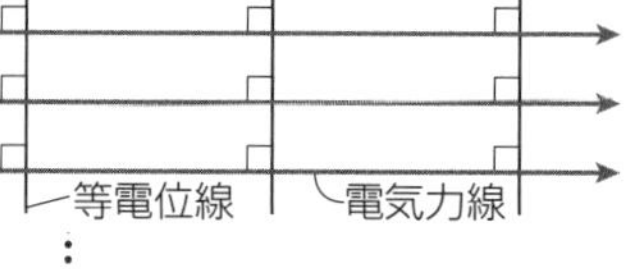

④電場中の導体と不導体

電場の中に導体を置くと，導体内部には，外部の電場と(セ　　　　)向きの電場が生じ，導体内部の電場は(ソ　　　　)となる。また，導体全体が等電位となり，導体表面には(タ　　　　　)が垂直に出入りする。

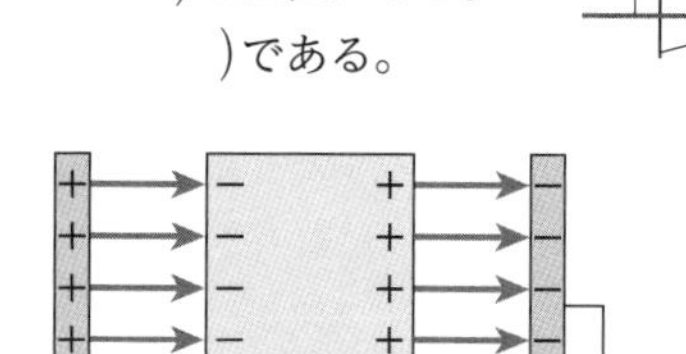

金属板間の一様な電場の中に誘電体を置くと，誘電分極が生じ，誘電体の内部に，外部の電場と(チ　　　　)向きの電場が生じる。このとき，誘電体の内部の電場は(ツ　　　　)なり，金属板間の電位差も(テ　　　　)なる。

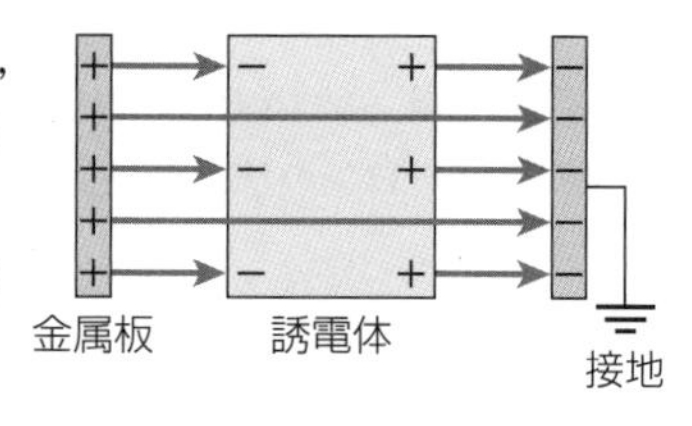

◀電気器具などを導線で地球に接続し，地球と同じ電位に保つことを接地(アース)という。

◀空洞のある金属を電場の中に置くと，空洞部分の電場は0であり，外部の電場の影響を受けない。このように，物体を導体で囲むことで外部の電場をさえぎることを静電遮蔽という。

■ 確認問題 ■

193 ある点Aから基準点まで正電荷を運ぶとき，静電気力が30Jの仕事をした。Aでの静電気力による位置エネルギーは何Jか。　知識

答

194 ある点電荷のまわりの電位を調べると，負の値であった。点電荷は正，負のいずれか。ただし，電位の基準を無限遠とする。　知識

答

■ 練習問題 ■

知識

195 一様な電場と電位差 一様な電場中において，電場の方向に沿って0.50mはなれた2点A，Bがある。BからAに向かって3.0×10^{-5}Cの正電荷をゆっくりと運ぶとき，外力がした仕事は6.0×10^{-3}Jであった。

(1) AB間の電位差は何Vか。

答

(2) 電場の強さは何V/mか。

答

知識

196 点電荷のまわりの電位 x軸上の原点Oに，2.0×10^{-8}Cの正電荷をもつ小球Aが固定されている。クーロンの法則の比例定数を9.0×10^{9} N·m²/C²とする。電位の基準を無限遠として，次の各問に答えよ。

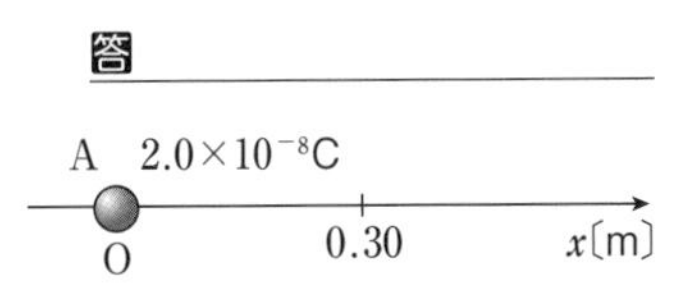

(1) $x=0.30$mの位置の電位は何Vか。

答

(2) Aの2倍の大きさの負電荷をもつ小球Bをx軸上に固定し，$x=0.30$mの位置につくる電位を0にしたい。Bをどの位置に固定すればよいか。すべて答えよ。

答

知識

197 等電位線 図は，電気量の大きさが等しい正，負の点電荷のまわりの電位を，10V間隔の等電位線で示している。1Cの正電荷をA→B→C→Aと移動させる。

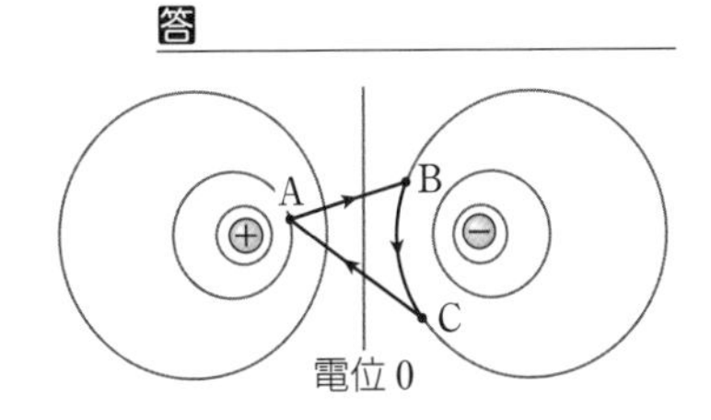

(1) A→B，B→C，C→Aの各区間において，静電気力が正電荷にする仕事は何Jか。

答 A→B　　B→C　　C→A

(2) A→B→C→Aと移動したとき，正電荷がもつ静電気力による位置エネルギーの変化は何Jか。

答

思考

198 電場中の導体 金属板間の一様な電場の中に，導体を置き，金属板間の電位を調べる。導体を入れない場合，金属板間の電位と位置の関係を示すグラフは，図のようになる。これを参考にして，導体を入れた場合について，金属板間の電位と位置の関係を示すグラフの概形を描け。

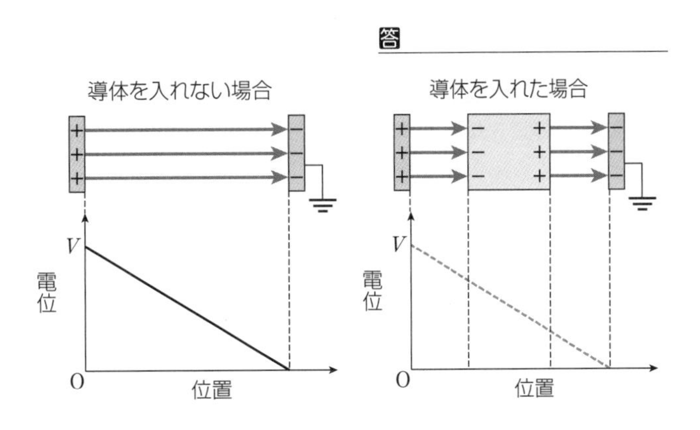

33 第Ⅲ章 電気と磁気 ◆学習日 月 日 ◆学習時間 分

コンデンサーの原理と電気容量

➡解答編 p.35〜36

学習のまとめ

①コンデンサー

一対の導体を用いて電荷をたくわえる装置をコンデンサーといい，導体に平行な金属板を用いたものを(ア　　　　)コンデンサーという。また，コンデンサーに電荷をたくわえることを(イ　　　　)，たくわえられた電荷が電流として流れることを(ウ　　　　)という。

◀コンデンサーに用いられる一対の導体を極板(電極)という。

②電気容量

コンデンサーにたくわえられる電気量 Q〔C〕は，極板間の電位差 V〔V〕に比例し，比例定数を C として，　$Q=$(エ　　　　)

この C を(オ　　　　)といい，単位はファラド(記号 F)である。

◀ 1F は，極板間の電位差が 1V のときに 1C の電気量をたくわえる電気容量である。実用上はマイクロファラド(μF)，ピコファラド(pF)も用いられる。
1μF$=10^{-6}$F
1pF$=10^{-12}$F

●平行板コンデンサー　平行板コンデンサーの電気容量は，極板の面積 S〔$\mathrm{m^2}$〕に比例し，極板の間隔 d〔m〕に(カ　　　　)する。極板間が真空のとき，電気容量 C_0〔F〕は，比例定数 ε_0 を用いて，

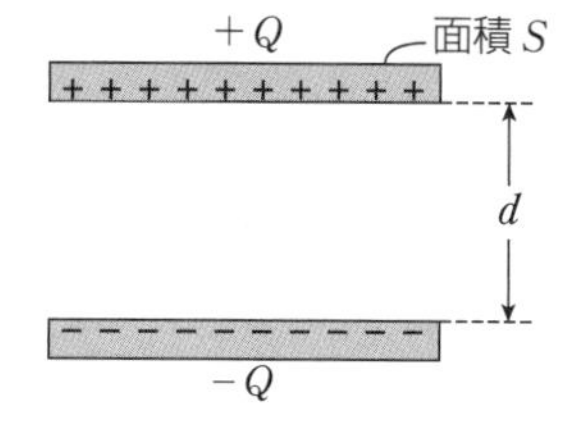

$C_0=$(キ　　　　)

ε_0 を真空の(ク　　　　)という。真空中でのクーロンの法則の比例定数を k_0〔N·m²/C²〕として，　$\varepsilon_0=$(ケ　　　　)

◀ ε_0 はおよそ次の値である。
$\varepsilon_0=8.85\times10^{-12}$F/m

③電気容量と誘電体

平行板コンデンサーの電気容量 C は，一般に，極板の面積 S，極板の間隔 d，比例定数 ε を用いて，　$C=$(コ　　　　)

ε の値は，極板間に満たした誘電体によって決まり，(サ　　　　)とよばれる。

●比誘電率　極板間が真空で，電気容量が C_0 のコンデンサーに，誘電率 ε の誘電体を極板間にすき間なく挿入したとき，電気容量が C に増加したとする。増加の割合を ε_r とすると，　$\varepsilon_r=$(シ　　　　)$=\dfrac{\varepsilon}{\varepsilon_0}$

の関係が成り立ち，この ε_r は(ス　　　　)とよばれる。

●耐電圧　コンデンサーにある限度よりも大きい電圧が加わると，極板間の絶縁が破れて電流が流れ，コンデンサーとしての機能を失う。コンデンサーに加えることのできる最大の電圧を(セ　　　　)という。

◀一般に，ε は真空の誘電率 ε_0 よりも大きく，極板間に誘電体を挿入すると，コンデンサーの電気容量が増加する。

◀コンデンサーの極板間に誘電体を挿入するとき，電源との接続の有無による違いは次のようになる。
接続あり…極板間の電位差が一定。
接続なし…極板の電気量は一定。

■ 確認問題 ■

199 電気容量 5.0μF のコンデンサーに，3.0V の電圧を加えたとき，何 C の電気量がたくわえられるか。　知識

答

200 極板間が真空で，電気容量 5.0μF の平行板コンデンサーがある。この極板間に比誘電率 7.0 の物質を満たした。電気容量は何 μF か。　知識

答

■ 練習問題 ■

知識

201 コンデンサー　次の文の(　　)に入る適切な記号，数値を答えよ。

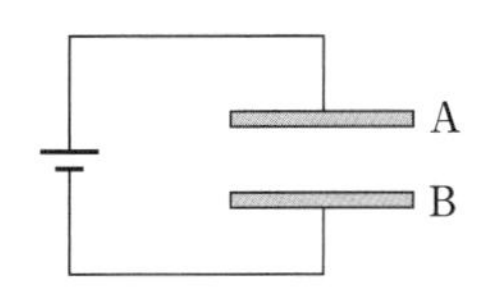

図のように，コンデンサーの極板A，Bに電池を接続する。極板Aに$+Q$〔C〕の電気量がたくわえられたとき，極板Bには(　ア　)〔C〕の電気量がたくわえられる。このとき，コンデンサーにたくわえられた電気量は(　イ　)〔C〕であるという。電池の電圧が20V，コンデンサーの電気容量が3.0μFであるとき，$Q=$(　ウ　)Cとなる。

答 (ア)　　　　(イ)　　　　(ウ)

知識

202 電気容量　極板間が真空の平行板コンデンサーがある。次の(1)～(3)の操作をそれぞれ行ったとき，コンデンサーの電気容量は，はじめの電気容量の何倍になるか。

(1) 極板の面積を2倍にする。

答

(2) 極板間の距離を$\frac{1}{2}$倍にする。

答

(3) 極板の面積を2倍，さらに極板間の距離を$\frac{1}{2}$倍にする。

答

203 電気量と電位差　電気容量2.0μFのコンデンサーを電圧100Vの電池で充電し，次の操作をそれぞれ行った。以下の各問に答えよ。

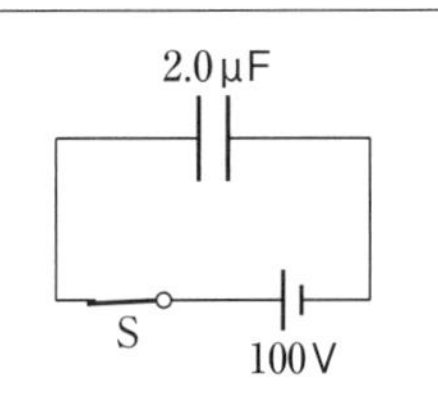

(1) スイッチSを閉じたまま，極板間の距離を2倍にした。コンデンサーにたくわえられた電気量は何Cになるか。

答

(2) スイッチSを開いてから，極板間の距離を2倍にした。コンデンサーの極板間の電位差は何Vになるか。

答

知識

204 比誘電率　一辺が0.10mの正方形の金属板2枚を5.0×10^{-4}mはなして向かいあわせ，極板間が真空の平行板コンデンサーをつくる。比誘電率1.5×10^{3}の誘電体を極板間に満たしたとき，電気容量は何Fか。ただし，真空の誘電率を8.9×10^{-12}F/mとする。

答

知識

205 比誘電率　極板間が真空で，電気容量3.0μFの平行板コンデンサーがある。これに電圧15Vの電池をつないで充電する。その後，電池をつないだまま，比誘電率2.2の誘電体を極板間に満たす。次の各問に答えよ。

(1) コンデンサーにたくわえられている電気量は何Cか。

答

(2) 電池を外したのち，誘電体を取り除いた。極板間の電位差は何Vになるか。

答

34 コンデンサーの接続と静電エネルギー

➡解答編 p.36〜37

学習のまとめ

①コンデンサーの接続

◀複数のコンデンサーを接続して1つのコンデンサーとみなしたとき，その電気容量を合成容量という。

●並列接続　電気容量 C_1〔F〕，C_2〔F〕のコンデンサーを並列に接続したときの，それらの合成容量 C〔F〕を求めよう。

図の AB 間の電位差を V〔V〕としたとき，各コンデンサーにたくわえられた電気量が Q_1〔C〕，Q_2〔C〕であったとする。このとき，全体にたくわえられる電気量 Q〔C〕は，$Q=$(ア　　　　)と表される。また，各コンデンサーの極板間の電位差は等しく，いずれも V〔V〕である。V を用いて，$Q=$(イ　　　　)，$Q_1=$(ウ　　　　)，$Q_2=$(エ　　　　)と表され，これら3式と(イ)の式から，次式が導かれる。

$C=$(オ　　　　)　…(A)

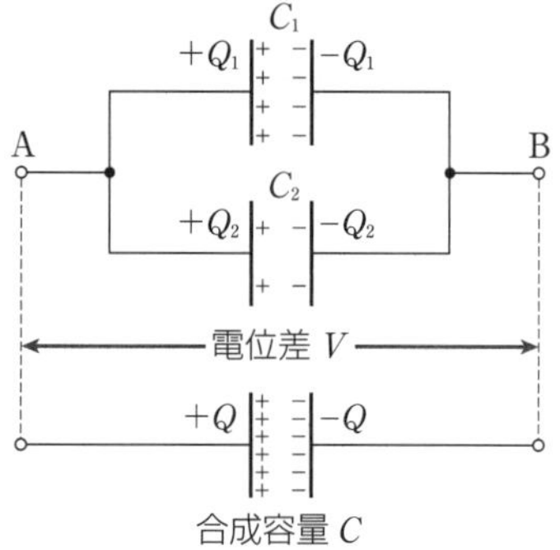

合成容量 C

●直列接続　電気容量 C_1〔F〕，C_2〔F〕のコンデンサーを直列に接続したときの，それらの合成容量 C〔F〕を求めよう。

はじめに図の各コンデンサーの電荷は0であり，AB 間の電位差を V〔V〕としたとき，各コンデンサーの電気量が Q_1〔C〕，Q_2〔C〕になったとする。図の破線で囲まれた部分では，電気量保存の法則から，$-Q_1+Q_2=$(カ　　　　)の関係が成り立つ。すなわち，$Q_1=$(キ　　　　)である。そこで，Q_1，Q_2 を Q とすると，$Q=CV$，$Q=C_1V_1$，$Q=C_2V_2$ と表される。このとき，V_1，V_2，V の間には，$V=$(ク　　　　)の関係があり，この式と Q を表す3式とから，次式が導かれる。

$\frac{1}{C}=$(ケ　　　　　　　　)　…(B)

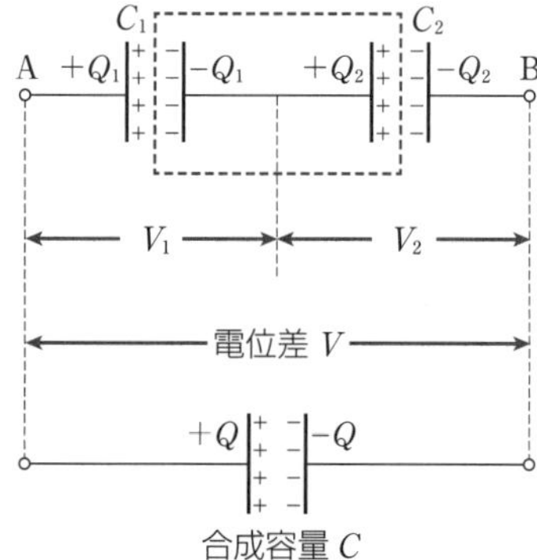

合成容量 C

②静電エネルギー

充電されたコンデンサーにはエネルギーがたくわえられており，それを(コ　　　　)エネルギーという。電気容量 C〔F〕のコンデンサーに電圧 V〔V〕の電池を接続し，Q〔C〕の電気量がたくわえられたとき，コンデンサーの静電エネルギー U〔J〕は，次式で表される。

$U=$(サ　　　　　　　　)$=\frac{1}{2}CV^2=\frac{Q^2}{2C}$

◀電池が電荷を運ぶ仕事と，コンデンサーの静電エネルギーは等しくならない。これは，電池の内部抵抗や導線のわずかな抵抗などによって，ジュール熱が発生するためである。

■ 確認問題 ■

206 電気容量 3.0μF の2個のコンデンサーを並列，および直列に接続したとき，それぞれの合成容量は何 μF か。　知識

答　並列 ______

直列 ______

207 電気容量 4.0μF のコンデンサーに，10V の電池を接続して充電する。たくわえられる静電エネルギーは何 J か。　知識

答 ______

■ 練習問題 ■

知識

208 コンデンサーの接続　図のようにコンデンサー，電池を接続する。はじめ，各コンデンサーの電気量は 0 であったとする。

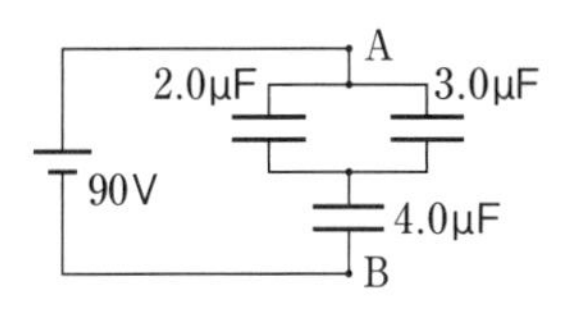

(1) AB 間のコンデンサーの合成容量は何 μF か。

答

(2) 4.0 μF のコンデンサーの両端の電位差は何 V か。

答

思考

209 コンデンサーの接続　電気容量がそれぞれ 2 μF，5 μF の 2 つのコンデンサー C_1，C_2 と電源を用いて回路をつくる。次の各問に答えよ。

(1) コンデンサー C_1，C_2 を並列に接続して電源につないだとき，それぞれにたくわえられる電気量 Q_1〔C〕，Q_2〔C〕の比 $Q_1 : Q_2$ を求めよ。

答

(2) コンデンサー C_1，C_2 を直列に接続して電源につないだとき，それぞれに加わる電圧 V_1〔V〕，V_2〔V〕の比 $V_1 : V_2$ を求めよ。ただし，C_1，C_2 にはじめ電荷はないものとする。

答

知識

210 コンデンサーと誘電体　極板間が真空のコンデンサーがあり，その電気容量は 100 pF である。図のように，比誘電率 $\varepsilon_r = 2.0$ の誘電体を，コンデンサーの極板間の右半分に満たす。

$\varepsilon_r = 2.0$

(1) コンデンサーの電気容量は何 pF か。

答

(2) 100 V の電圧を加えたとき，コンデンサーがたくわえる電気量は何 C か。

答

知識

211 電気量の保存　図のように，電池とコンデンサーを接続した回路がある。各コンデンサーには，はじめ電荷がないものとする。

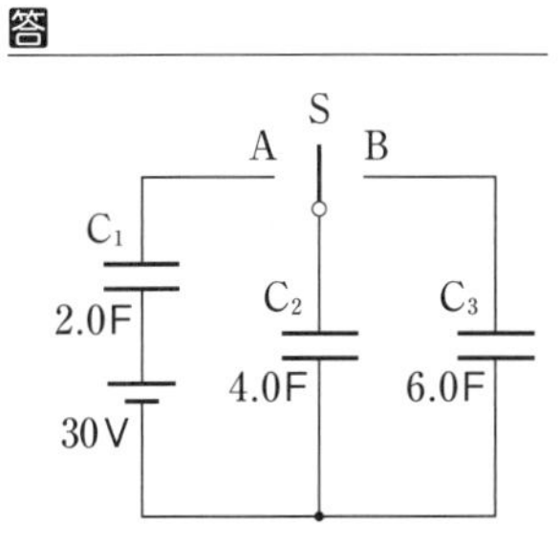

(1) スイッチ S を A 側に閉じた。コンデンサー C_2 にたくわえられる電気量は何 C か。

答

(2) 次に，スイッチ S を B 側に閉じた。コンデンサー C_2 にたくわえられる電気量は何 C か。

答

(3) (2)のとき，コンデンサー C_3 にたくわえられる静電エネルギーは何 J か。

答

電流と抵抗

➡解答編 p.37〜38

学習のまとめ

①電荷と電流

断面積 S〔m²〕の導線において，電気量 $-e$〔C〕の自由電子が 1m³ あたりに n 個あり，いずれの電子も一定の速さ v〔m/s〕で移動しているとする。このとき，導線のある断面を t〔s〕間に通過する電子の数は(ア　　　　)個である。単位時間に断面を通過する電気量，すなわち，電流の大きさ I は，$I=$(イ　　　　)となる。

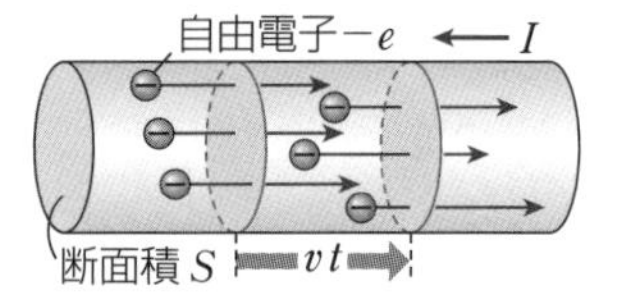

◀導線を流れる電流は，導線中の電荷の流れである。導線の任意の断面を t〔s〕間に q〔C〕の電気量が通過するとき，電流の大きさ I〔A〕は，$I=q/t$ と表される。

②オームの法則と電気抵抗

抵抗 R〔Ω〕の導体の両端に，電圧 V〔V〕を加えるとき，導体を流れる電流 I〔A〕は，$I=$(ウ　　　　)と表される。この関係を(エ　　　　)の法則という。電流 I〔A〕が抵抗 R〔Ω〕を流れると，電位が RI〔V〕だけ下がる。これを抵抗による(オ　　　　)という。

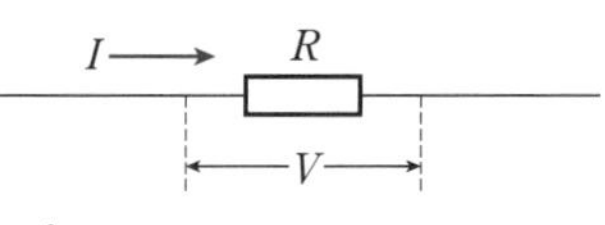

◀ R_1〔Ω〕，R_2〔Ω〕の２つの抵抗を直列または並列に接続したとき，合成抵抗 R〔Ω〕は次のようになる。
直列：$R=R_1+R_2$
並列：$\dfrac{1}{R}=\dfrac{1}{R_1}+\dfrac{1}{R_2}$

③抵抗率の温度変化

豆電球を用いて，電球の両端の電圧と流れる電流の関係を調べると，電流は電圧に比例しないことがわかる。これは，電流が流れて，豆電球のフィラメントの(カ　　　　)が上昇し，原子の(キ　　　　)が激しくなって自由電子の移動が妨げられたためであり，このとき，抵抗率が大きくなっている。

温度が t〔℃〕のときの導体の抵抗率 ρ〔Ω·m〕は，温度が 0℃のときの抵抗率を ρ_0〔Ω·m〕としたとき，抵抗率の温度係数を α として，次式で表される。

$\rho=$(ク　　　　)

◀導体の長さを L，断面積を S とすると，抵抗 R は次式で表される。

$$R=\rho\frac{L}{S}$$

④ジュール熱

抵抗 R〔Ω〕に電圧 V〔V〕を加え，電流 I〔A〕を t〔s〕間流したとき，この抵抗で発生する熱量 Q〔J〕は，次式で表される。

$Q=$(ケ　　　　)$=RI^2t=\dfrac{V^2}{R}t$

この関係を(コ　　　　)の法則といい，このとき発生する熱を(サ　　　　)という。

◀導体に一定の電流が流れるとき，電場が電子にした仕事は熱エネルギーに変わっている。

■ 確認問題 ■

212 抵抗 3.0Ω に 0.40A の電流が流れたときの電圧降下は何 V か。 知識

答

213 20℃の銅の抵抗率は何 Ω·m か。銅の 0℃の抵抗率を 1.6×10^{-8}Ω·m，抵抗率の温度係数を 4.4×10^{-3}/K とする。 知識

答

214 抵抗 20Ω の両端に 10V の電圧を 1 分間加えたとき，生じるジュール熱は何 J か。 知識

答

■ 練習問題 ■

知識

215 オームの法則と自由電子　自由電子の運動に着目して，オームの法則を考える。次の文の(　　)に入る適切な式を答えよ。

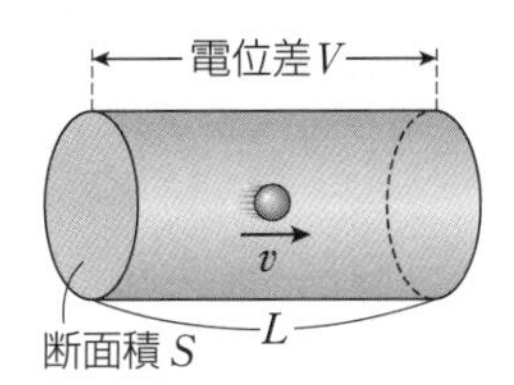

自由電子が断面積 S，長さ L の導体の中を一定の速さ v で移動し，速さに比例した抵抗力 kv(k は比例定数)を原子から受けるとする。電子の電気量を $-e$，電場の強さを E とすると，電場による力と原子からの抵抗力はつりあっており，(　ア　)$=kv$ である。また，導体の両端の電位差を V とすると，$E=$(　イ　)と表されるので，これら2式から，$v=$(　ウ　)と表される。この v を $I=envS$ (n は単位体積あたりの自由電子の数)に代入すると，$I=$(　エ　)V が得られる。この式は，オームの法則を表しており，(　オ　)が抵抗 R に相当することがわかる。

答 (ア)　　(イ)　　(ウ)　　(エ)　　(オ)

思考

216 白熱電球　白熱電球を用いて，その両端に加える電圧と流れる電流の関係を調べると，図のようになった。

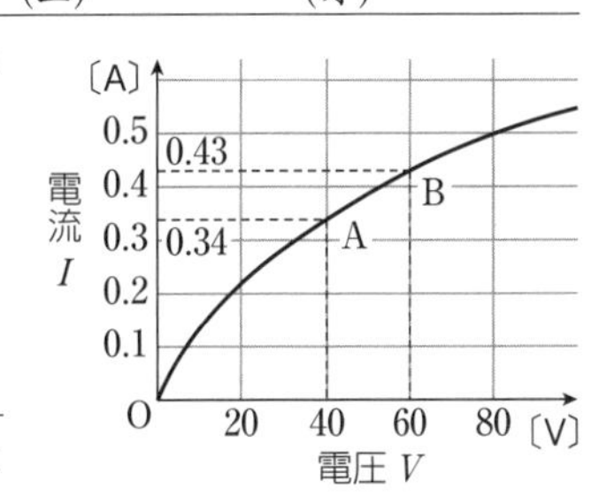

(1) 点A，Bでの電球の抵抗はそれぞれ何Ωか。

答 A　　B

(2) 白熱電球のフィラメントの温度は，点A，Bのどちらの状態のときがより高くなると考えられるか。

答

知識

217 抵抗率の温度変化　断面積2.0mm²，長さ20mの銅線の30℃における抵抗は何Ωか。ただし，銅の0℃の抵抗率を 1.6×10^{-8} Ω·m，抵抗率の温度係数を 4.4×10^{-3}/K とする。

答

知識

218 電場が電荷にする仕事　次の文の(　　)に入る適切な式を答えよ。

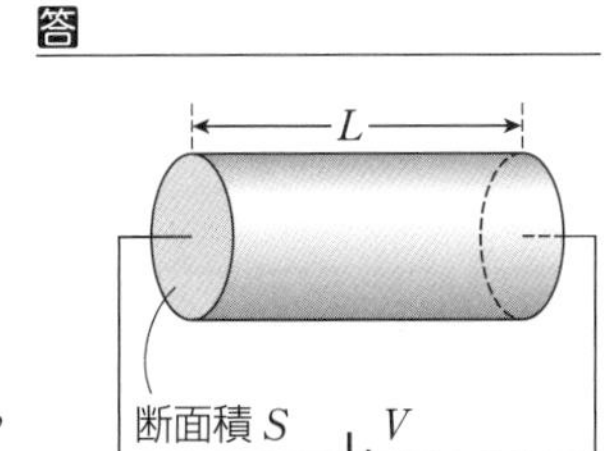

長さ L，断面積 S の導体の両端に電圧 V をかけると，内部の電場の強さは(　ア　)である。電気量 $-e$ の自由電子が，速さ v で導体中を移動しているとする。1個の電子が時間 t の間に移動する距離は(　イ　)であり，その間に電場からされる仕事は(　ウ　)である。単位体積あたりの電子の数を n とすると，導体中の電子の個数は(　エ　)であり，すべての電子が時間 t の間に電場からされる仕事 W は，$W=$(　オ　)となる。この(オ)は，$I=envS$ の関係から，V，I，t を用いて，$W=$(　カ　)と表される。

答 (ア)　　(イ)　　(ウ)

(エ)　　(オ)　　(カ)

◆学習日　　月　　日◆学習時間　　　分

直流回路① —各計器の内部抵抗とキルヒホッフの法則—

学習のまとめ

➡解答編 p.38〜39

①電流計と電圧計

●電流計　電流計は，測定する回路に(ア　　　　)に接続する。電流計には内部抵抗があり，回路が受ける影響を小さくするため，内部抵抗は非常に(イ　　　　)してある。内部抵抗がr_A〔Ω〕の電流計の測定範囲をn倍にするには，(ウ　　　　　)〔Ω〕の抵抗を並列に接続すればよい。その抵抗を(エ　　　　)という。

●電圧計　電圧計は，測定する2点間に(オ　　　　)に接続する。電圧計には内部抵抗があり，回路が受ける影響を小さくするため，内部抵抗は非常に(カ　　　　)してある。内部抵抗がr_V〔Ω〕の電圧計の測定範囲をn倍にするには，(キ　　　　)〔Ω〕の抵抗を直列に接続すればよい。その抵抗を(ク　　　　)という。

電圧計　電流計　電池

②電池の起電力と内部抵抗

図の回路に流れる電流をI〔A〕，電池の端子間の電位差(端子電圧)をV〔V〕とすると，IとVの関係はグラフのようになる。$I=0$のときのVの値をE〔V〕，グラフの傾きの大きさをrとして，Vは，$V=$(ケ　　　　)と表される。Eは電池の(コ　　　　)とよばれる。電流が流れるとrI〔V〕の電圧降下が生じ，VがEよりも小さくなる。これは，電池が内部抵抗をもつためであり，(ケ)の(サ　　　　)がこれに相当する。

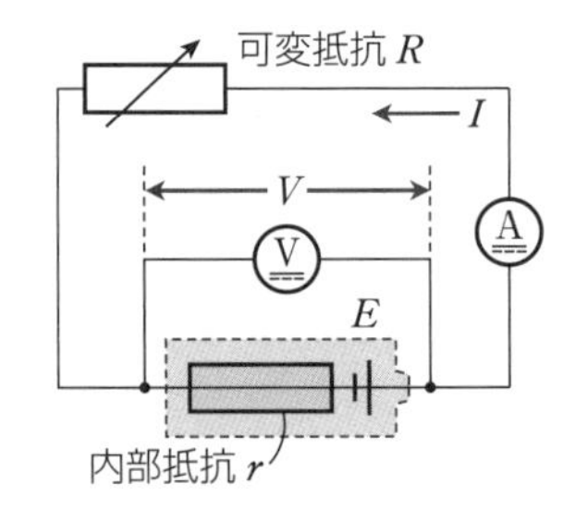

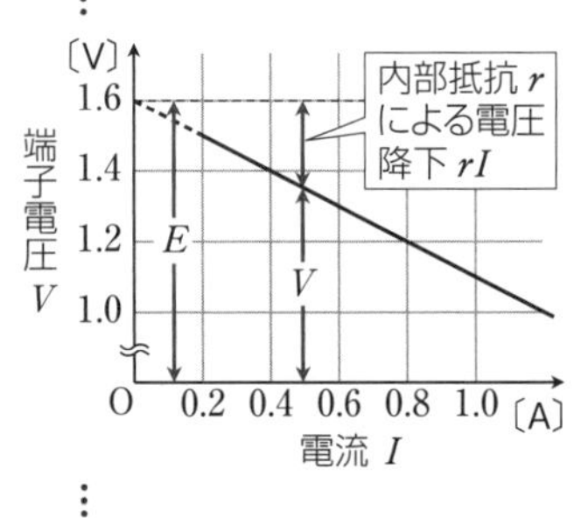

③キルヒホッフの法則

●第1法則　回路中の任意の分岐点に流れこむ電流の総和と，流れ出る電流の総和は等しい。図において，$I_1+I_2=$(シ　　　　)である。

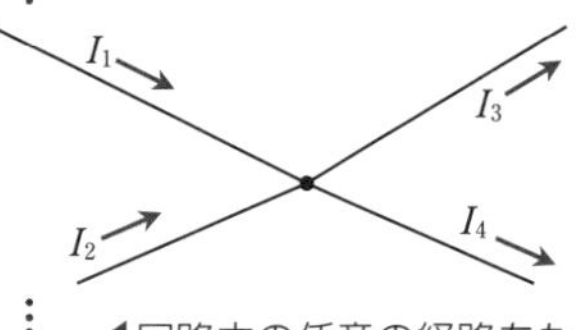

●第2法則　回路中の任意の閉じた経路に沿って1周するとき，電池の(ス　　　　)の総和は，抵抗による(セ　　　　)の総和に等しい。

◀回路中の任意の経路をたどるとき，最初の点にもどると，電位はもとの値と同じになる。

■ 確認問題 ■

219　起電力1.6V，内部抵抗0.20Ωの電池に，1.0Aの電流が流れている。電池の端子電圧は何Vか。　知識

答

220　図1の回路において，Iは何Aか。　知識

答

221　図2の閉回路abcdaにおいて，キルヒホッフの第2法則の式を立てよ。電池の内部抵抗は無視する。　知識

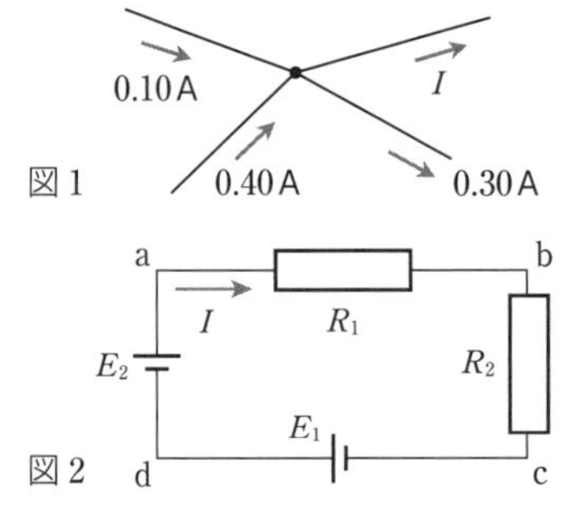

答

■ 練習問題 ■

知識

222 電流計と分流器　電流を 5.0A まで測定できる内部抵抗 0.090Ω の電流計がある。

(1) 電流計の指針が 5.0A を示したとき，電流計の両端の電圧は何 V か。

答

(2) 電流計に並列に 0.010Ω の分流器を接続した。最大何 A の電流を測定できるか。

答

知識

223 電圧計と倍率器　電流を 100mA まで測定できる内部抵抗 60Ω の電流計を使って，100V 用の電圧計を製作したい。

内部抵抗 60Ω
倍率器
電流計

(1) 電流計の指針が 100mA を示したとき，全体に加わる電圧が 100V となるようにするには，何 Ω の倍率器が必要か。

答

(2) 製作した電圧計が 80V を示すとき，倍率器に流れる電流は何 A か。

答

思考

224 電池の起電力と内部抵抗　図1の回路で，可変抵抗 R〔Ω〕の値を変えて流れる電流 I〔A〕と端子電圧 V〔V〕を測定したところ，図2の結果が得られた。電池の起電力は何 V か。また，内部抵抗は何 Ω か。

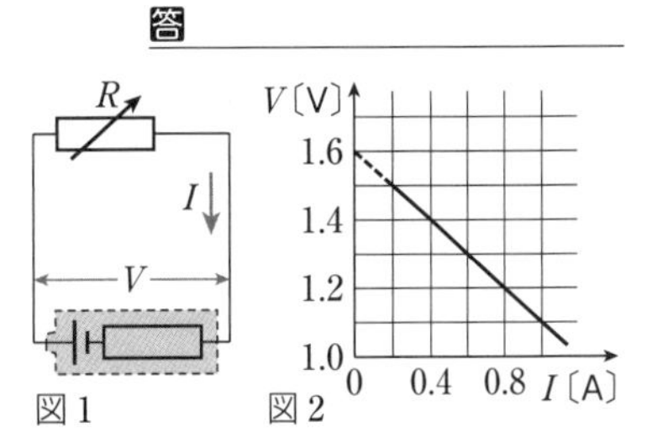

図1　図2

答　起電力　　　内部抵抗

知識

225 キルヒホッフの法則　図の回路について，次の各問に答えよ。ただし，電池の内部抵抗は無視できるとする。

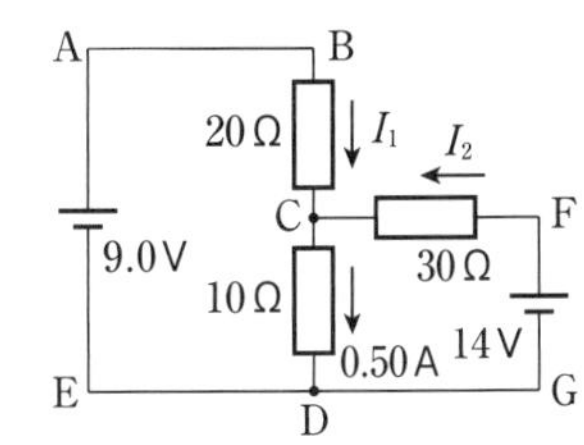

(1) 図の向きに，20Ω，30Ω の抵抗に流れる電流を I_1，I_2 とする。10Ω の抵抗に流れる電流は下向きに 0.50A であった。キルヒホッフの第1法則の式，閉回路 ABCDEA での第2法則の式を示せ。

答　第1法則　　　第2法則

(2) 20Ω，30Ω の各抵抗に流れる電流は，どちら向きに何 A か。

答　20Ω　　　30Ω

知識

226 回路の電位　図の回路について，次の各問に答えよ。電池の内部抵抗は無視できるとする。

9.0A　B
1.0Ω　3.0Ω
2.0Ω　1.0A
A　P　C
11V　22V

(1) 3.0Ω の抵抗に流れる電流の大きさは何 A か。

答

(2) 点A～Cの電位はそれぞれ何 V か。P の電位を 0 とする。

答　A　　　B　　　C

直流回路② —ホイートストンブリッジ・電位差計—

学習のまとめ

➡解答編 p.39

①未知抵抗の測定

抵抗器の抵抗値は，図のような，(ア　　　　　　　　)とよばれる回路によって高い精度で測定できる。R_1，R_2 は標準抵抗の抵抗値，R_3 は可変抵抗の値，R_x は未知の抵抗値である。

◀標準抵抗は抵抗値が正確にわかっている抵抗のことである。

スイッチ S_1 を閉じ，次に S_2 を閉じたとき，検流計Gに電流が流れないように可変抵抗の値 R_3 を調節する。このとき，点Dと点(イ　　　)の間に電流が流れないので，R_1 と R_x を流れる電流，R_2 と R_3 を流れる電流はそれぞれ等しく，これを I_1，I_2 とする。点Dと点Bは等電位であり，AD間とAB間，DC間とBC間のそれぞれの電位差も等しく，次の関係が成り立つ。

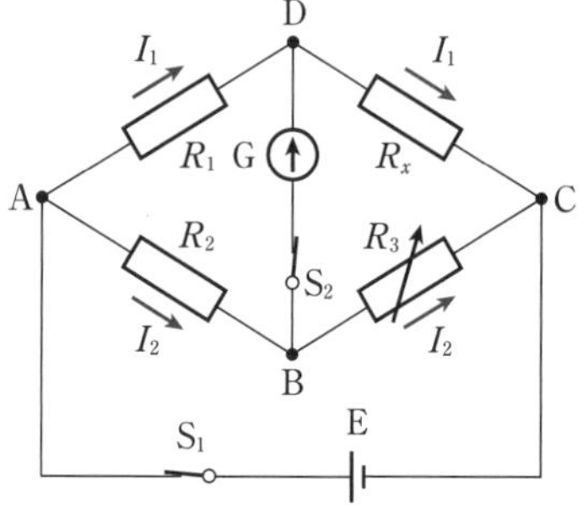

$R_1I_1=$(ウ　　　　)　　$R_xI_1=$(エ　　　　)

これらの式から，I_1 と I_2 を消去して，次式が成り立つ。

$\dfrac{R_1}{R_2}=$(オ　　　　　　)

②電池の起電力の測定

図の回路は，(カ　　　　　　)とよばれ，電池の起電力を測定できる。ABは太さが一様な抵抗線，E_0 は標準電池の起電力，E_x は未知の起電力である。スイッチSをP側へ接続し，検流計Gに電流が流れない点Cを探す(操作①)。このときのAC間の長さ L_0 を測定する。同様に，SをQ側へ接続し，Gに電流が流れない点Dを探す(操作②)。このときのAD間の長さ L_x を測定する。

◀標準電池は起電力が正確にわかっている電池のことである。

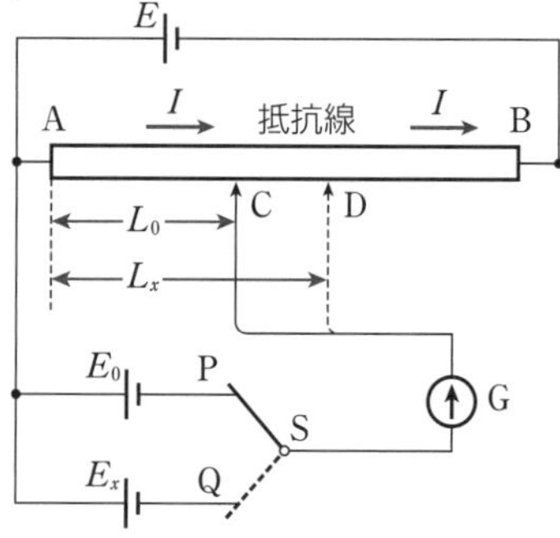

操作①において，起電力 E_0 の標準電池に電流は流れないので，電池の内部抵抗による電圧降下は(キ　　　)であり，キルヒホッフの第2法則から，AC間の電圧降下 V_{AC} は，電池の起電力(ク　　　)に等しい。同様に，操作②において，AD間の電圧降下 V_{AD} は，電池の起電力(ケ　　　)に等しい。ここで，抵抗線ABの全体の長さを L，抵抗を R，流れる電流を I とすると，AC間の抵抗は $R_{AC}=$(コ　　　　)R，電圧降下は

$V_{AC}=R_{AC}I=$(サ　　　)RI となる。同様に，$V_{AD}=R_{AD}I=\dfrac{L_x}{L}RI$ と表され，

$\dfrac{E_x}{E_0}=\dfrac{V_{AD}}{V_{AC}}=$(シ　　　　　　)

◀操作①，②において，検流計に電流は流れないので，抵抗線ABを流れる電流の大きさ I は，いずれの場合も同じである。

■ 確認問題 ■

227 図の回路において，検流計Gに電流が流れていないとする。$R_1=20\,\Omega$，$R_2=30\,\Omega$，$R_3=60\,\Omega$ のとき，未知の抵抗 R_x は何Ωか。　知識

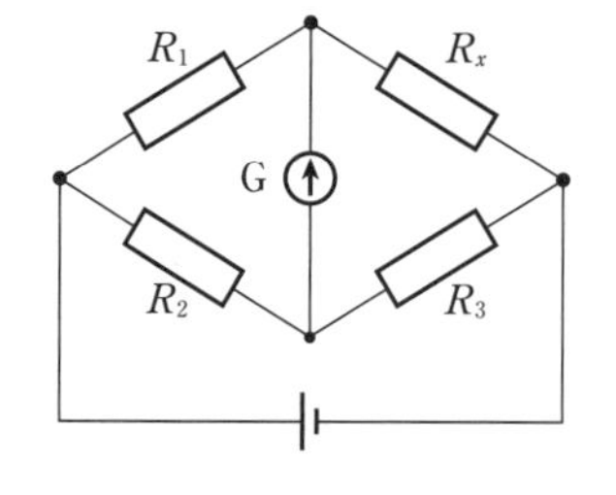

答

■ 練習問題 ■

知識

228 ホイートストンブリッジ　図の回路で，R_1，R_2 は標準抵抗，R_3 は可変抵抗，R_x は未知の抵抗である。スイッチSを閉じ，R_3 を調節して，検流計Gに流れる電流を0にする。

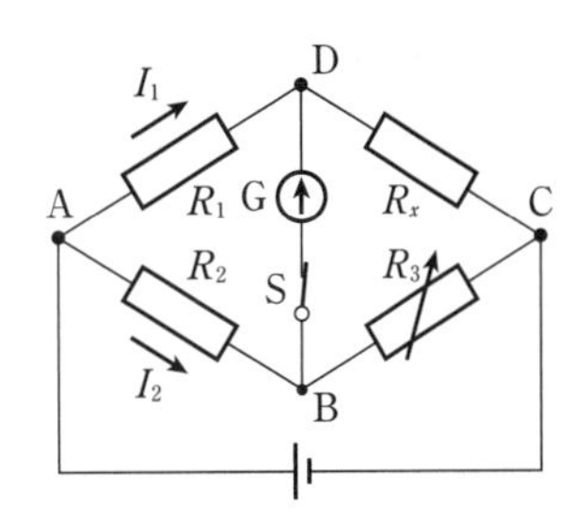

(1) 抵抗 R_1，R_2 を流れる電流を I_1，I_2 として，次の文の(　　)に入る適切な式，または記号を答えよ。

R_x を流れる電流は(　ア　)，R_3 を流れる電流は(　イ　)である。AD間と(　ウ　)間，DC間と(　エ　)間の電位差は等しい。

答 (ア)　　(イ)　　(ウ)　　(エ)

(2) R_x を R_1，R_2，R_3 を用いて表せ。

答

(3) $R_1 = 100\,\Omega$，$R_2 = 400\,\Omega$，$R_3 = 560\,\Omega$ のとき，R_x は何Ωか。

答

思考

229 メートルブリッジ　図の回路で，ABは太さが一様な長さ1.00mの抵抗線である。接点を図のXの位置にすると，検流計Gを流れる電流が0になる。

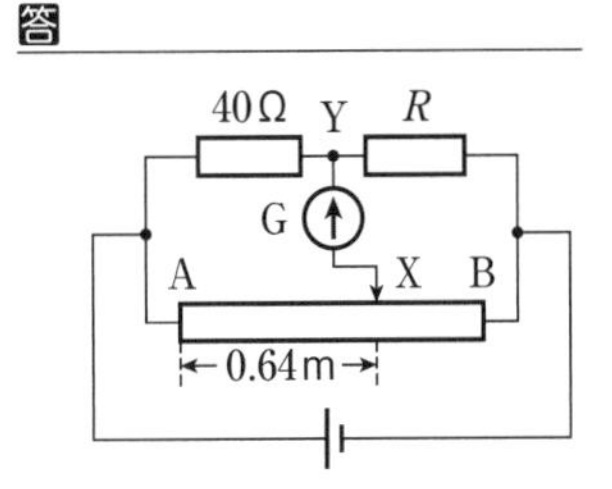

(1) 未知抵抗 R の値は何Ωか。

答

(2) 接点をXからA側にずらしたとき，検流計Gを流れる電流の向きを答えよ。

答

知識

230 電位差計　図の回路で，ABは太さが一様な抵抗線であり，その単位長さあたりの抵抗値は r である。スイッチSが開いているとき，ABを流れる電流を I とする。Sを起電力 E_0 の電池の側に入れ，$AP_0 = L_0$ のとき，検流計Gが0を指した。次の各問に答えよ。

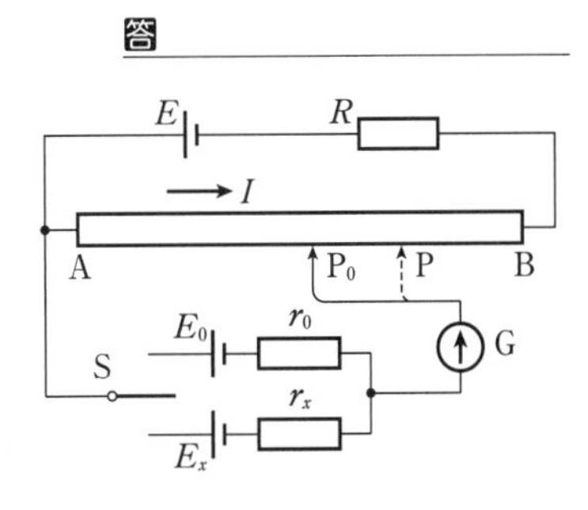

(1) このとき，ABを流れる電流はいくらか。

答

次に，Sを起電力 E_x の電池の側に入れると，$AP = L$ のとき，検流計Gは再び0を指した。

(2) E_x と E_0 の比 $\dfrac{E_x}{E_0}$ はいくらか。

答

(3) $E_0 = 1.05\,\text{V}$，$L_0 = 42.0\,\text{cm}$，$L = 56.0\,\text{cm}$ のとき，E_x は何Vか。

答

38 直流回路③ ―非直線抵抗・コンデンサーを含む回路―

学習のまとめ

➡解答編 p.39〜40

①非直線抵抗を含む回路

電球の両端に電圧を加えると，電球のフィラメントの温度が上昇し，電球の抵抗が(ア　　　　)なる。そのため，流れる電流は電圧に比例せず，図のようなグラフになる。このように，流れる電流と電圧の関係を示すグラフが直線にならない抵抗を，(イ　　　　)抵抗という。

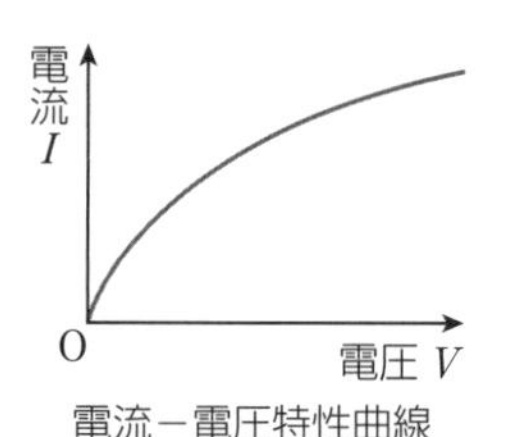

電流－電圧特性曲線

②コンデンサーを含む回路

電気容量 C〔F〕のコンデンサーと R〔Ω〕の抵抗を直列に接続し，内部抵抗を無視できる起電力 E〔V〕の電池，スイッチSをつなぐ。スイッチSをaに接続すると，コンデンサーには，徐々に電荷がたくわえられるため，回路を流れる電流は(ウ　　　　)し，時間の経過に伴う電流の変化は，図のようなグラフとなる。

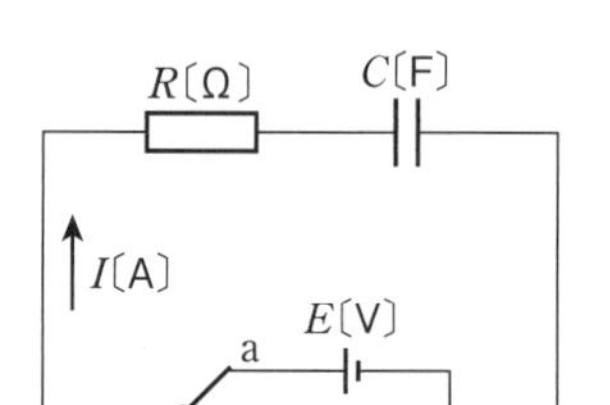

●充電の開始時　スイッチSをaに接続した直後，コンデンサーには，電荷がたくわえられていないので，コンデンサーの極板間の電位差は(エ　　　　)である。このとき，抵抗に電池の電圧 E〔V〕が加わり，回路を流れる電流 I〔A〕は，オームの法則から，$I=$(オ　　　　)となる。

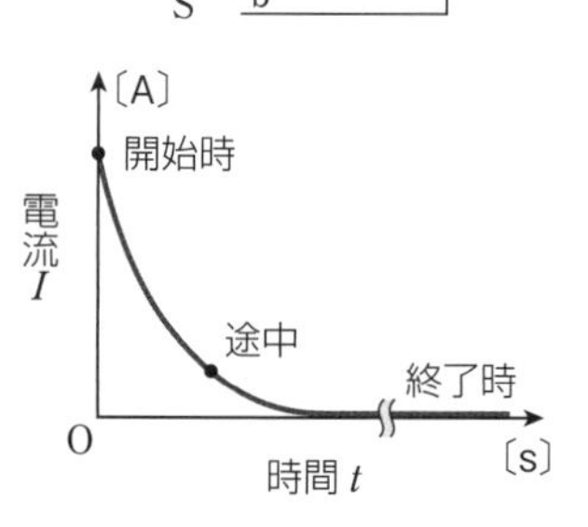

●充電の途中　しばらく時間が経過すると，コンデンサーには徐々に電荷がたくわえられる。極板間の電位差が V〔V〕になったとき，R〔Ω〕の抵抗に加わる電圧は，(カ　　　　)〔V〕となる。このとき，回路を流れる電流 I〔A〕は，

$I=$(キ　　　　)となる。

●充電の終了時　十分に時間が経過すると，コンデンサーの極板間の電位差は，電池の電圧 E〔V〕に等しくなり，抵抗に加わる電圧は(ク　　　　)となる。このとき，回路を流れる電流 I〔A〕は，$I=$(ケ　　　　)となる。

●放電　充電の終了後，スイッチSをbに切り換えると，放電がおこり，コンデンサーにたくわえられた(コ　　　　)が移動して，回路に電流が流れる。時間が経過すると，流れる電流の大きさは小さくなり，やがて(サ　　　　)となる。

◀コンデンサーは，スイッチSを閉じた直後は抵抗値が0の導線，十分な時間が経過したときは抵抗値が無限大の抵抗とみなせる。

■ 確認問題 ■

231 図のような特性をもつ電球に，内部抵抗の無視できる起電力40Vの電池を接続する。このとき，電球に流れる電流は何Aか。 思考

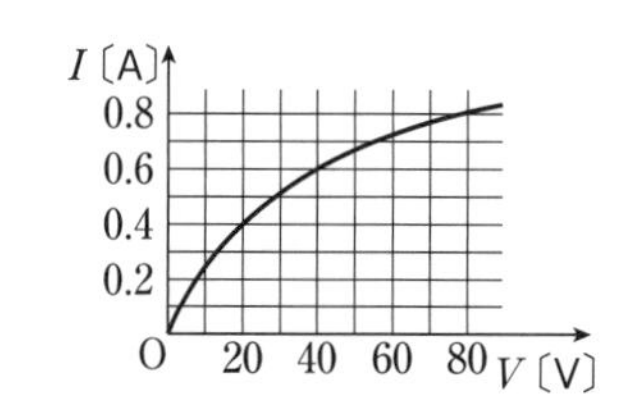

答

232 図のように，電池，スイッチ，抵抗，コンデンサーを接続する。スイッチを閉じて十分に時間が経過したとき，電池を流れる電流は何Aか。 知識

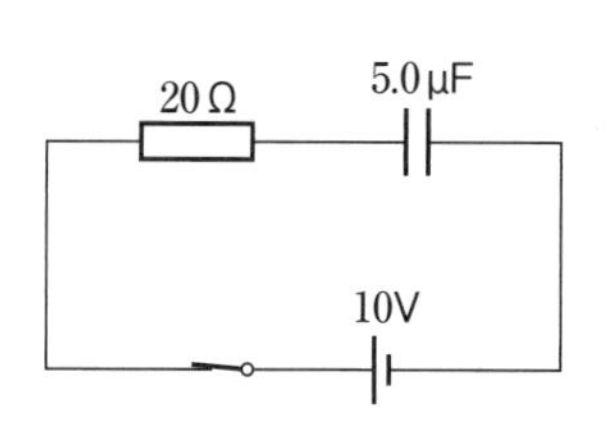

答

■ 練習問題 ■

思考

233 電球を含む回路　図1のような電流－電圧特性をもつ電球Lと，100Ω の抵抗を直列に接続し，60V の電源につないだ(図2)。次の各問に答えよ。

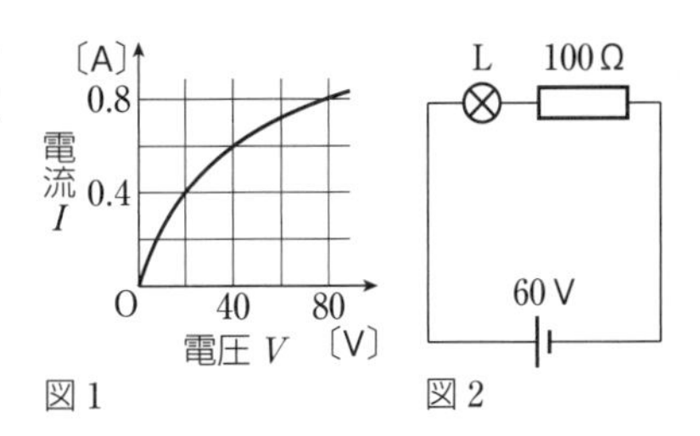

図1　図2

(1) 電球Lに流れる電流 I〔A〕と加わる電圧 V〔V〕の関係を式で示せ。

答

(2) V〔V〕と I〔A〕をそれぞれ求めよ。

答 V　　I

思考

234 電球を含む回路　図1のような電流－電圧特性をもつ電球Lと，50Ω の抵抗を並列接続した(図2)。このとき，電源から流れる電流は 1.0A であった。次の各問に答えよ。

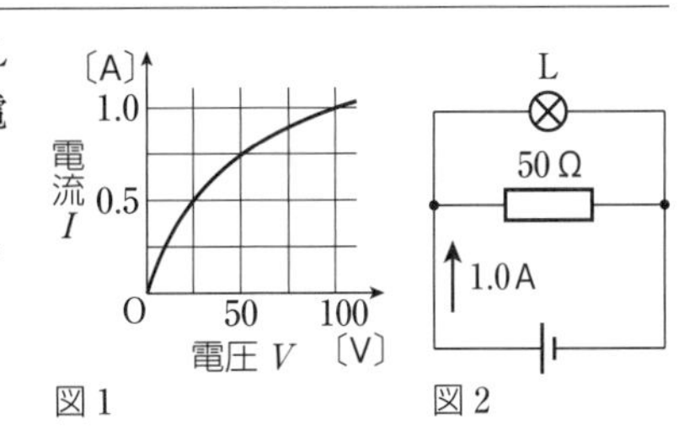

図1　図2

(1) 電球Lに流れる電流 I〔A〕と加わる電圧 V〔V〕の関係を式で示せ。

答

(2) V〔V〕と I〔A〕をそれぞれ求めよ。

答 V　　I

知識

235 抵抗とコンデンサー　次の文の(　　)に入る適切な語句，数値を答えよ。ただし，電子の電荷を -1.6×10^{-19}C とする。

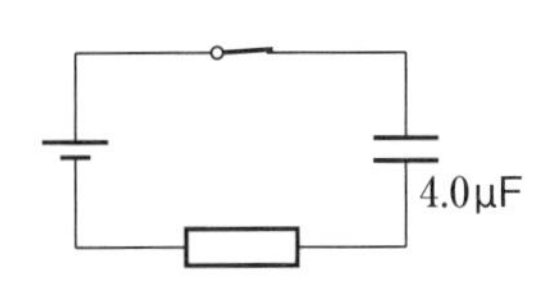

電気容量 4.0μF のコンデンサーを充電する。充電を始めてから 1.0 秒後に極板間の電圧が 5.40V，1.2 秒後に 5.70V となった。この 0.20 秒間にコンデンサーの電荷は(　ア　)C 増加し，コンデンサーの(　イ　)側の極板に(　ウ　)個の電子が流れこんだ。

答 (ア)　　(イ)　　(ウ)

知識

236 コンデンサーを含む回路　図のように，2つの抵抗，電池，コンデンサー，スイッチを接続する。電池の内部抵抗は無視できるとする。

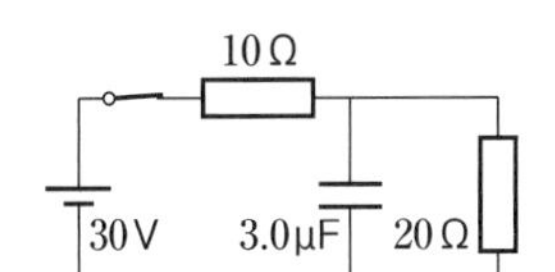

(1) スイッチを閉じた直後，10Ω の抵抗に流れる電流は何Aか。

答

(2) 十分に時間が経過したとき，10Ω の抵抗に流れる電流は何Aか。

答

第Ⅲ章 電気と磁気

39 半導体

➡解答編 p.40～41

学習のまとめ

①半導体の性質

物質には，導体と不導体の中間の抵抗率を示すものがあり，これを半導体という。半導体は，その温度が上昇すると，抵抗率が(ア　　　　　)なる。

◀金属の抵抗率は，温度が上昇すると大きくなる。

②半導体の種類

ケイ素などの単体からなる半導体を，(イ　　　　　)半導体という。一方，微量の不純物を含み，電気を通しやすくしたものを(ウ　　　　　)半導体という。この半導体には，n型とp型の2種類がある。

半導体の内部を自由に移動して電荷を運ぶものを(エ　　　　　)という。(オ　　　　　)がキャリアとしてはたらく半導体がn型半導体である。また，(カ　　　　　)がキャリアとしてはたらく半導体がp型半導体である。

◀n型半導体のnはnegative(負)，p型半導体のpはpositive(正)に由来し，キャリアがもつ電荷の符号に対応する。

③ダイオード

一方向にのみ電流を流すはたらきを(キ　　　　　)作用といい，この作用を示す素子をダイオードという。ダイオードは，1つの半導体の結晶内に，p型の部分とn型の部分をつくり，それぞれの部分に電極をとりつけたものである。p型とn型が接している部分を(ク　　　　　)という。

pn接合　電気用図記号　p　n　電極　p型　n型　電極

電流 I〔A〕　電圧 V〔V〕　O　逆方向　順方向

ダイオードを，p型の部分がn型の部分よりも(ケ　　　　　)電位となるように電池に接続すると，電流が流れる。この接続の方向を順方向という。逆に，n型の部分を(コ　　　　　)電位にすると，電流はほとんど流れない。この接続の方向を逆方向という。ダイオードに加える電圧と流れる電流の関係は，図のようなグラフで表される。

◀微弱な電流の変化を大きな電流の変化に変えることができる素子には，トランジスタがあり，不純物半導体を組みあわせてつくられる。

④太陽電池

太陽電池は，p型とn型の半導体からなり，発光ダイオードとは逆に，太陽光などの光エネルギーを，(サ　　　　　)エネルギーに変換する装置である。

■ 確認問題 ■

237 4個の価電子をもつケイ素の結晶に，5個の価電子をもつヒ素を微量混合したものは，n型半導体，p型半導体のどちらか。　知識

答

238 図(a)～(c)において，回路に電流が流れるのはどれか。　思考

(a)

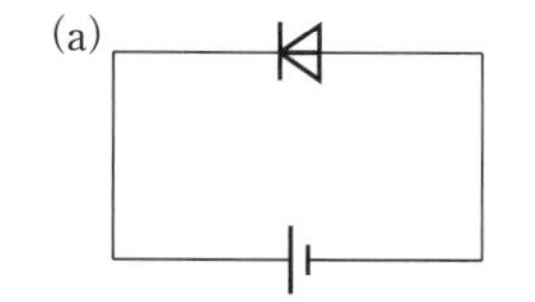

(b)

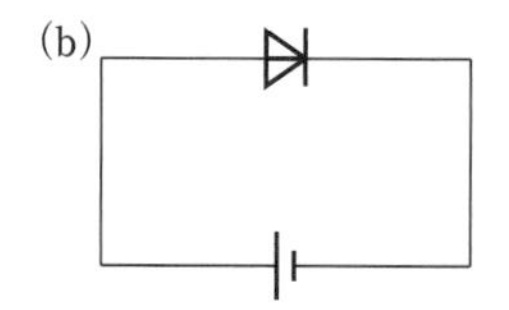

(c)

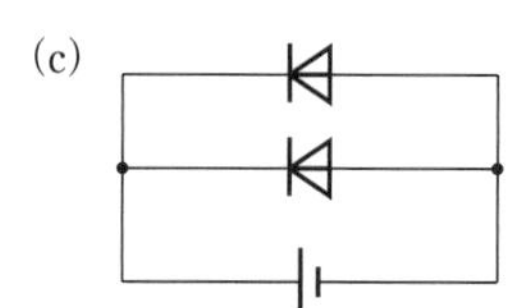

答

■ 練習問題 ■

知識

239 半導体　次の文の(　　)に入る適切な語句，記号を答えよ。

導体の抵抗率は温度の上昇とともに(　ア　)くなり，半導体の抵抗率は温度の上昇とともに(　イ　)くなる。半導体の内部を自由に移動して電荷を運ぶものを(　ウ　)という。ケイ素などの単体からなる半導体を(　エ　)半導体といい，微量の不純物を含む半導体を(　オ　)半導体という。(オ)半導体には，(ウ)の符号が負の(　カ　)型半導体と，(ウ)の符号が正の(　キ　)型半導体がある。

答 (ア)　　(イ)　　(ウ)

(エ)　　(オ)　　(カ)

(キ)

知識

240 ダイオード　次の文の(　　)に入る適切な語句，記号を答えよ。

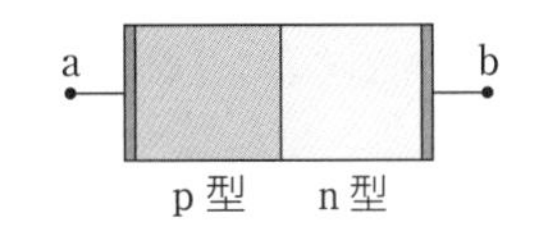

一般に，ダイオードは，(　ア　)作用をもつ素子であり，1つの半導体の結晶内にp型とn型の部分をつくったものである。p型とn型が接している部分を(　イ　)接合という。図の端子a，bのうち，(　ウ　)の電位を高くすると電流が流れる。このとき，p型部分の(　エ　)と，n型部分の(　オ　)が接合面に移動して(　カ　)し，キャリアが消滅するが，ホールは正極から，電子は負極から供給され，電流が流れ続ける。逆に，(　キ　)の電位を高くすると，接合面付近に(　ク　)ができ，電流はほとんど流れない。

答 (ア)　　(イ)　　(ウ)

(エ)　　(オ)　　(カ)

(キ)　　(ク)

思考

241 ダイオードを含む回路　図のような電流－電圧特性をもつダイオードと，150Ω の抵抗を直列に接続し，内部抵抗の無視できる起電力4.5Vの電池に接続する。次の各問に答えよ。

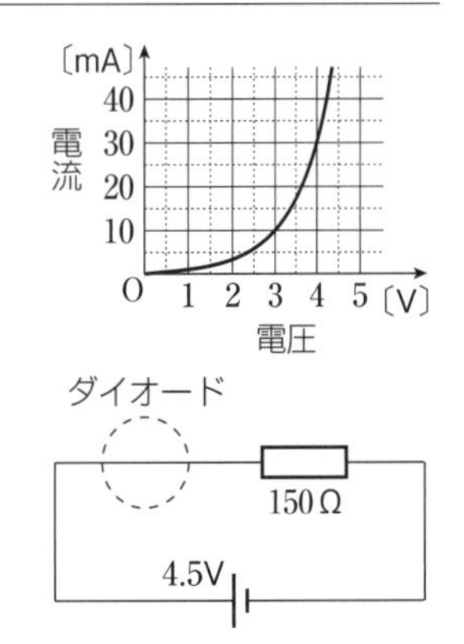

(1) 回路に電流を流すためには，ダイオードをどのように接続したらよいか。図の回路にダイオードの記号を示せ。

(2) ダイオードに流れる電流 I〔A〕とその両端の電圧 V〔V〕をそれぞれ求めよ。

答 I　　V

 ◆学習日 月 日 ◆学習時間 分

磁場と磁力線

➡解答編 p.41〜42

学習のまとめ

①磁気力

磁石の両端には，鉄片を特に強く引き寄せる(ア　　　)があり，N極とS極がある。磁極間には磁気力がはたらき，(イ　　)種の極の間では斥力，(ウ　　)種の極の間では引力となる。磁極の強さを表す量は，(エ　　　)とよばれる。

2つの磁極の間にはたらく磁気力の大きさFは，それぞれの磁気量の大きさをm_1，m_2，磁極の間の距離をr，比例定数をk_mとすると，

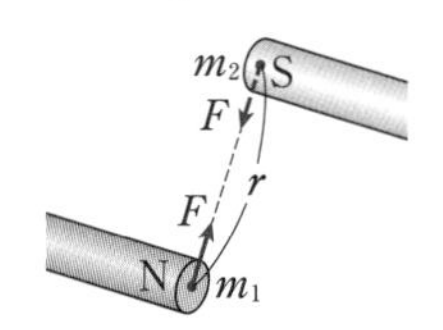

$F=$(オ　　　　　)

これを磁気力に関する(カ　　　　)の法則という。真空中に1mはなして置かれた，強さが等しい2つの磁極の間にはたらく力の大きさが，$10^7/(4\pi)^2$Nであるとき，その磁極の強さ(磁気量)を1(キ　　　　)(記号Wb)とする。

◀磁気力は2つの磁極を結ぶ直線方向にはたらく。N極の磁気量は正，S極は負で表される。

◀真空中での比例定数k_mの値は，

$$k_m=\frac{10^7}{(4\pi)^2}\text{N·m}^2/\text{Wb}^2$$
$$\fallingdotseq 6.33\times10^4\text{N·m}^2/\text{Wb}^2$$

②磁場

電場と同様に，磁極が磁気力を受ける空間には，(ク　　　)が広がっているという。磁場中のある位置に1Wbの(ケ　　　)極を置いたとき，この磁極が受ける力の向きを磁場の向き，磁気力の大きさを磁場の強さとする。磁場$\vec{H}$〔N/Wb〕の中に磁気量m〔Wb〕の磁極を置いたとき，磁極が受ける力$\vec{F}$〔N〕は，

$\vec{F}=$(コ　　　)

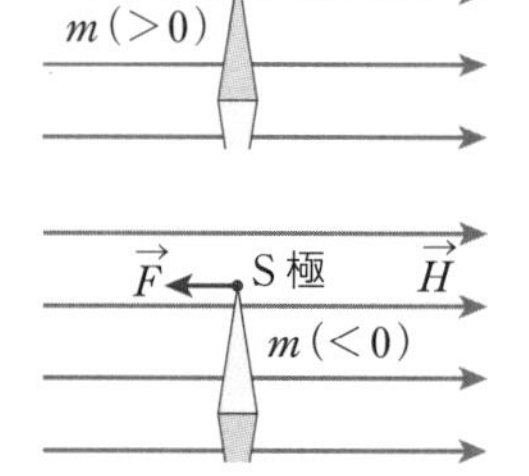

◀磁場は，向きと強さをもつベクトルであり，その強さの単位には，ニュートン毎ウェーバ(記号N/Wb)が用いられる。

③磁力線

磁力線を用いると，磁場のようすを表すことができ，次の性質がある。

・N極から出てS極に向かう。
・磁力線の(サ　　　)の方向は，その点での磁場の方向を示す。
・途中で交わったり，折れ曲がったり，枝分かれしたりしない。
・磁場の強いところでは密，磁場の弱いところでは疎となる。

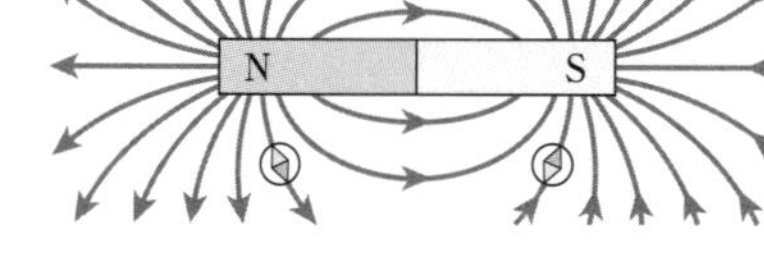

◀日本付近では，地球の磁場(地磁気)の向きは，地図の真北から西にずれ，水平面から下方に傾いている。

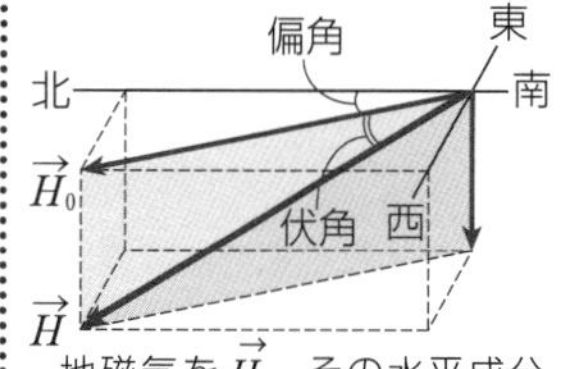

地磁気を$\vec{H}$，その水平成分(水平分力)を$\vec{H_0}$で表している。

④磁化

物質が外部の磁場によって磁石の性質をもつことを，(シ　　　)という。(ス　　　)磁性体では磁場の向きに強く磁化され，(セ　　　)磁性体では磁場の向きにわずかに磁化される。一方，反磁性体では磁場の向きとは逆向きにわずかに磁化される。

◀強磁性体…鉄，コバルト
常磁性体…空気，アルミニウム
反磁性体…水，銅

■ 確認問題 ■

242 2つの磁極が互いに磁気力をおよぼしあっている。磁極間の距離を2倍にすると，磁気力の大きさは何倍になるか。 知識

答

243 図は磁力線のようすである。ア，イは，それぞれN極，S極のどちらか。 思考

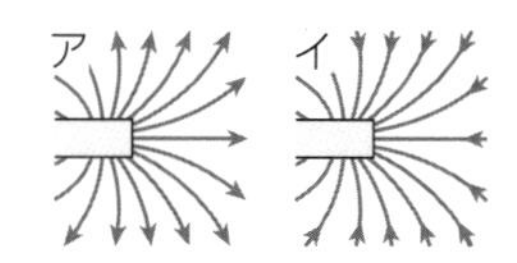

答 ア

イ

■ 練習問題 ■

知識
244 磁気力　磁気量の大きさが 1.0×10^{-4}Wb のＮ極，2.0×10^{-4}Wb のＳ極を，0.10m はなして置く。磁極間にはたらく磁気力の大きさは何Ｎか。ただし，磁気力に関するクーロンの法則の比例定数を 6.3×10^{4}N·m²/Wb² とする。

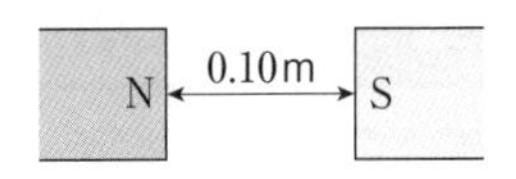

答

知識
245 磁気力　磁気量の大きさがともに 1.0×10^{-5}Wb であるＳ極どうしが，3.0×10^{-2}m はなれて置かれている。磁気力に関するクーロンの法則の比例定数を 6.3×10^{4}N·m²/Wb² とする。

S　3.0×10^{-2}m　S

(1) 磁極間にはたらく磁気力の大きさは何Ｎか。

答

(2) 各磁極が受ける磁気力を，図に矢印で示せ。

知識
246 磁場　磁場中に磁気量 2.0×10^{-4}Wb のＮ極があり，Ｎ極は右向きに 4.0×10^{-3}N の磁気力を受けている。

(1) Ｎ極がある点での磁場は，どちら向きに何 N/Wb か。

答

(2) Ｎ極の代わりに，磁気量の大きさが 3.0×10^{-4}Wb のＳ極を置いた。Ｓ極が磁場から受ける磁気力は，どちら向きに何Ｎか。

答

思考
247 磁力線の概形　次のように棒磁石が置かれている。各磁石がもつ磁極の強さはすべて等しいとして，磁力線の概形を示せ。

(1) 1本の棒磁石

N　S

(2) Ｎ極どうし

N　N

(3) Ｓ極どうし

S　S

(4) Ｎ極とＳ極

N　S

第Ⅲ章　電気と磁気

41 電流がつくる磁場

➡解答編 p.42

学習のまとめ

①直線電流がつくる磁場

十分に長い直線状の導線に電流を流すと，磁場が生じる。このとき，磁場は，(ア　　　　)を中心とする同心円状に生じ，電流と磁場の向きとの間には次のような関係がある。

磁場の向きは，(イ　　　　)の向きに右ねじの進む向きをあわせるとき，右ねじのまわる向きである。この関係を(ウ　　　　)の法則という。

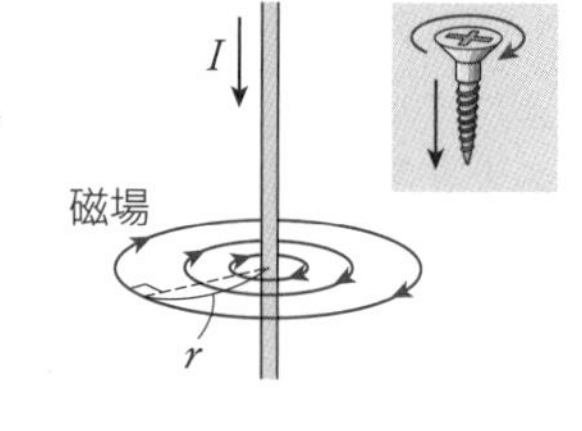

I〔A〕の電流から，距離 r〔m〕はなれた点における磁場の強さ H〔A/m〕は，

$H=$(エ　　　　)

◀磁場や電流などの向きを示す記号には，図のようなものが用いられる。
紙面に垂直に裏から表
⊙
⊗
紙面に垂直に表から裏

◀磁場の強さの単位は，アンペア毎メートル(記号 A/m)とも表される。
1A/m＝1N/Wb

②円形電流がつくる磁場

円形の導線に電流を流すと，磁場が生じる。このとき，円の(オ　　　　)における磁場の向きは，円の面に垂直である。

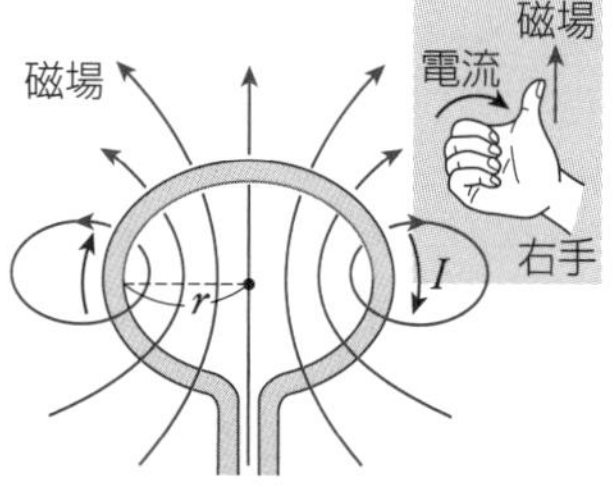

半径 r〔m〕の円形の導線に，I〔A〕の電流を流すとき，その中心の磁場の強さ H〔A/m〕は，

$H=$(カ　　　　)

円の中心での磁場の向きは，右手の親指を立て，(キ　　　　)の向きに沿って残りの指で導線を握ったときの親指の向きで示される。

③ソレノイドを流れる電流がつくる磁場

ソレノイドに電流を流すと，磁場が生じる。ソレノイド内部における磁場の強さは，どの位置においても等しく，両端付近を除いて，ほぼ一様である。

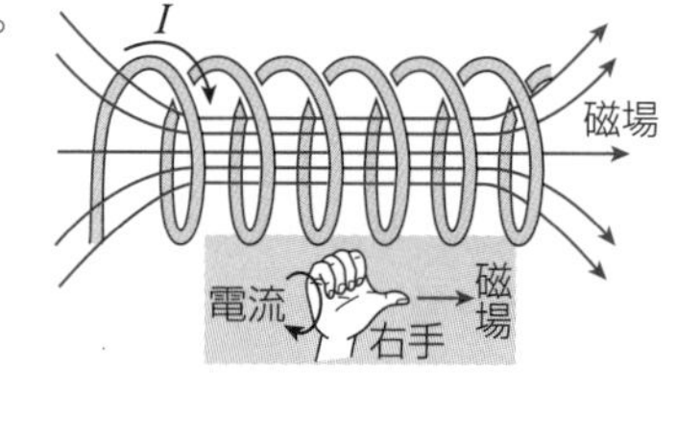

1m あたり n 回の割合で巻いたソレノイドに，I〔A〕の電流を流したとき，内部の磁場の強さ H〔A/m〕は，

$H=$(ク　　　　)

内部の磁場の向きは，右手の親指を立て，(ケ　　　　)の向きに沿って残りの指でソレノイドを握ったときの親指の向きで示される。

◀導線をらせん状に巻き，十分に長い円筒状にしたコイルをソレノイドという。ソレノイドの内部における磁場の向きは，コイルの中心軸に平行である。

■ 確認問題 ■

248 各図において，電流の向きは，ア，イのどちらか。✎知識

(1)
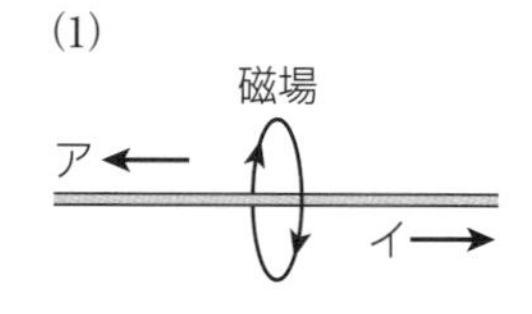

(2)
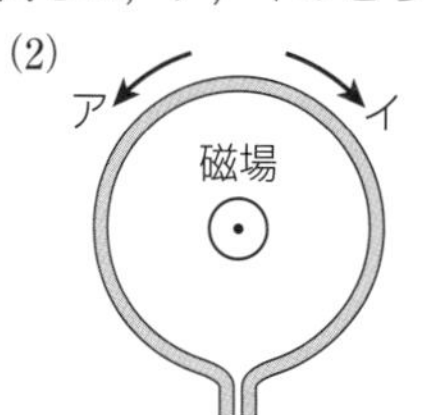

(3)
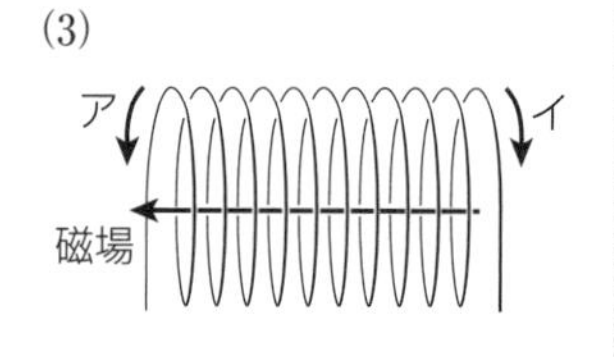

答 (1)

(2)

(3)

■ 練習問題 ■

知識

249 直線電流がつくる磁場　図のように，十分に長い直線状の導線に，3.1Aの電流を鉛直上向きに流す。直線電流から右側へ1.0mはなれた点Pに生じる磁場について，次の各問に答えよ。円周率を$\pi=3.1$とする。

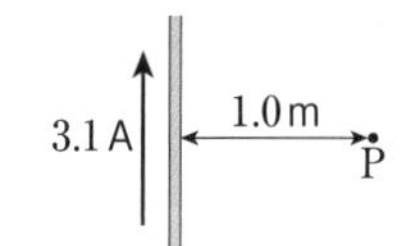

(1) 磁場はどちら向きか。

答

(2) 磁場の強さは何A/mか。

答

知識

250 円形電流がつくる磁場　半径0.20mの円形導線に電流を流したところ，円の中心での磁場の強さが0.40A/mであった。円形導線に流した電流の大きさは何Aか。

答

知識

251 ソレノイドを流れる電流がつくる磁場　長さ0.10mの円筒に，導線を2.5×10^2回巻いたソレノイドがある。

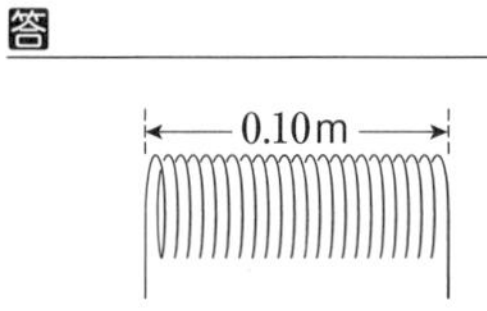

(1) 単位長さあたりのソレノイドの巻数はいくらか。

答

(2) ソレノイドに2.0×10^{-2}Aの電流を流すと，内部の磁場の強さは何A/mになるか。

答

知識

252 直線電流と円形電流　図のように，15.7Aの電流が流れている長い直線状の導線と，その導線から20.0cmはなれたところに中心がある，半径10.0cmの1回巻きの円形導線が同一平面内に置かれている。円周率を$\pi=3.14$として，次の各問に答えよ。

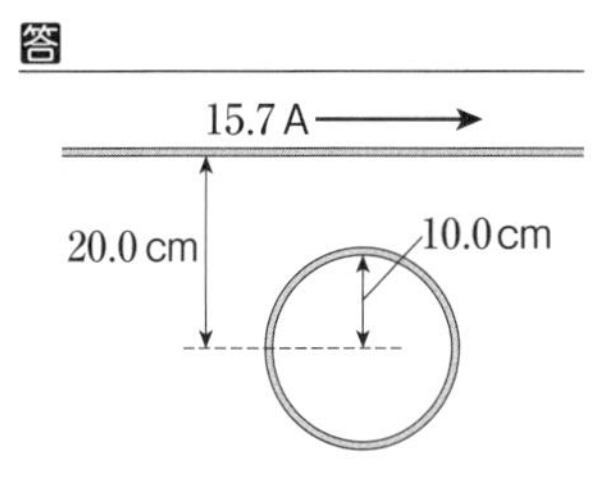

(1) 直線電流が円形導線の中心につくる磁場の強さは何A/mか。

答

(2) 円形導線の中心での磁場を0にしたい。円形導線にどちら向きに何Aの電流を流せばよいか。

答

知識

253 磁場の重ねあわせ　細い筒に，導線を1mあたり2.5×10^3回巻いたコイルがある。その軸が地磁気の水平成分の方向と一致するように置く。ある大きさの電流をコイルに流すことで，コイル内部の磁場の水平成分を0にしたい。地磁気の水平成分を25A/mとすると，何Aの電流を流せばよいか。

答

電流が磁場から受ける力

➡解答編 p.42〜43

学習のまとめ

①磁場中で電流が受ける力

磁場中に導線を入れて電流を流すと，導線は力を受ける。この力の向きは，電流と磁場の両方に垂直である。図のように左手の指を開き，中指を(ア　　　　)の向き，人さし指を(イ　　　　)の向きにあわせると，親指の向きが(ウ　　　　)の向きを示す。この関係を(エ　　　　　　　　)の法則という。

電流と磁場が垂直な場合

I〔A〕の電流が流れている長さ L〔m〕の導線を，強さ H〔A/m〕の磁場の中に，磁場に垂直に置いたとき，電流が受ける力の大きさ F〔N〕は，比例定数を μ として，

$F=$(オ　　　　　　　　)

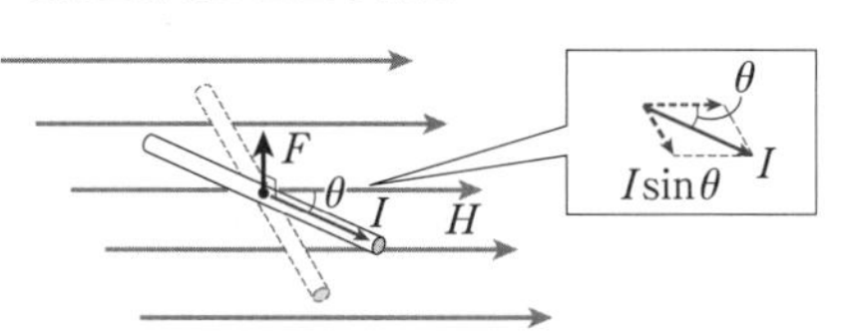

電流と磁場が垂直でない場合

一般に，電流と磁場のなす角が θ のとき，電流が受ける力 F は，

$F=$(カ　　　　　　　　　　)

比例定数 μ は，磁場が存在する空間を満たす物質の性質によって決まり，(キ　　　　　　)とよばれる。

◀真空(空気)中の透磁率 μ_0 は，$\mu_0=4\pi\times10^{-7}\,\mathrm{N/A^2}$ である。物質の透磁率 μ と μ_0 の比 μ/μ_0 を比透磁率という。

②磁束密度と磁場

物質の透磁率 μ〔N/A²〕と磁場 $\vec{H}$〔A/m〕との積 $\vec{B}$ を(ク　　　　　　　　)といい，単位には(ケ　　　　　)(記号 T)が用いられる。磁束密度の大きさ B〔T〕を用いると，式(オ)，(カ)の力 F は次のように表される。

(オ)：$F=$(コ　　　　　)，(カ)：$F=$(サ　　　　　　　　　　)

磁束密度のようすは，(シ　　　　　)を用いて表される。(シ)は，磁束密度の向きに引いた線である。

◀磁束密度 B の一様な磁場の中では，磁束密度に垂直な面の単位面積を，B 本の磁束線が貫く。

磁束密度 B〔T〕の一様な磁場の中で，磁場に対して垂直な面積 S〔m²〕の面を貫く磁束線の本数 Φ を(ス　　　　)といい，Φ は，　$\Phi=$(セ　　　　　)

磁束の単位はウェーバー(記号 Wb)となる。

③平行電流間にはたらく力

十分に長い2本の直線状の導線を真空中に距離 r〔m〕はなして平行に張り，I_1〔A〕，I_2〔A〕の電流を同じ向きに流す。このとき，導線 L〔m〕あたりにはたらく力の大きさ F〔N〕は，真空の透磁率を μ_0〔N/A²〕として，

$F=$(ソ　　　　　　　)

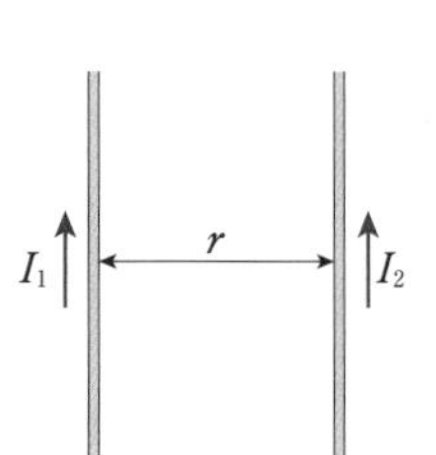

◀電流 I_1，I_2 が同じ向きのときは引力，逆向きのときは斥力となる。

■ 確認問題 ■

254 磁束密度2.0Tの一様な磁場中で，磁場と垂直に導線を置き，電流0.10Aを流す。　知識

(1) 電流が磁場から受ける力の向きは，図のア，イのどちらか。

(2) 磁場中の導線1.0mの部分が受ける力の大きさは何Nか。

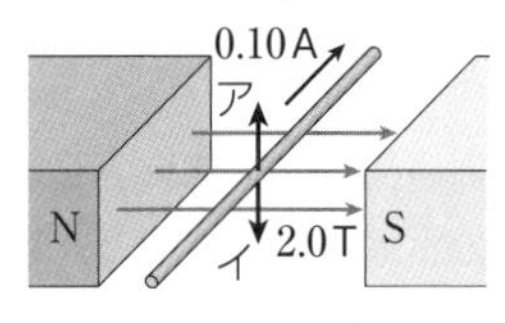

答 (1)

(2)

255 磁束密度0.30Tの磁場に垂直な断面(面積1.0m²)を貫く磁束は何Wbか。　知識

答

■ 練習問題 ■

知識

256 磁場中の電流が受ける力 図のように，右向きに2.0A/mの一様な磁場中で，磁場と垂直に導線を置き，0.10Aの電流を流す。空気中の透磁率を1.3×10^{-6}N/A^{2}とする。

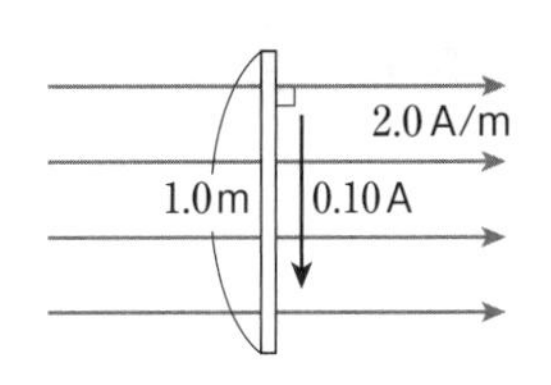

(1) 導線1.0mの部分が磁場から受ける力はどちら向きに何Nか。

答

(2) 磁場とのなす角が30°となるように導線の方向だけを変えたとき，導線1.0mの部分が受ける力はどちら向きに何Nとなるか。

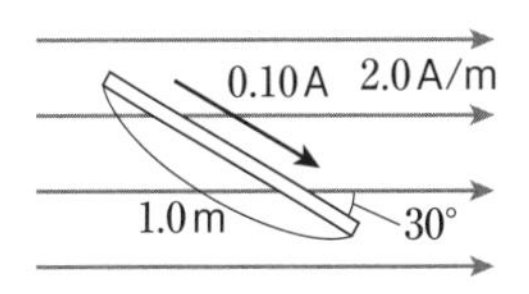

答

知識

257 磁場中の電流が受ける力 磁束密度が鉛直下向きに2.0Tの一様な磁場中で，長さ0.10mの金属棒ABをなめらかなレールに垂直に置く。金属棒に電流を流し，摩擦のない滑車を通して1.0×10^{-3}kgのおもりをつるすと，金属棒は静止した。重力加速度の大きさを9.8m/s^{2}とする。

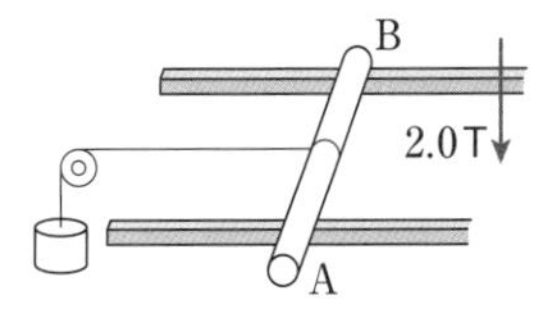

(1) 電流の向きはA→B，B→Aのどちらか。

答

(2) 電流の大きさは何Aか。

答

知識

258 電気ブランコ 磁束密度が鉛直上向きに1.0Tの一様な磁場中で，長さ5.0×10^{-2}m，質量1.0×10^{-3}kgの金属棒ABを導線で水平につるした。金属棒にAからBに向けて電流を流すと，導線と鉛直方向のなす角が45°となる位置で静止した。重力加速度の大きさを9.8m/s^{2}とする。

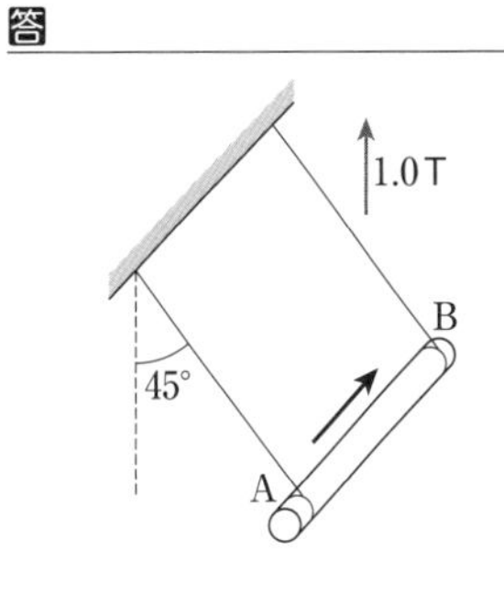

(1) 金属棒が磁場から受ける力の大きさは何Nか。

答

(2) 金属棒に流れる電流の大きさは何Aか。

答

知識

259 平行電流間にはたらく力 真空中で十分に長い直線状の導線A，Bを距離0.10mはなして平行に置き，紙面に垂直に裏から表の向きに2.0Aの電流を流した。真空中の透磁率を$4\pi\times10^{-7}$N/A^{2}とする。

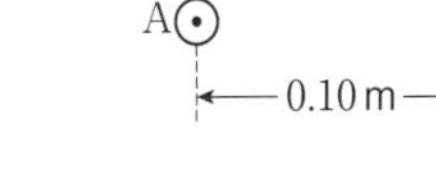

(1) 導線Aに流れる電流が，Bの位置につくる磁束密度の大きさは何Tか。

答

(2) 導線Bの1.0mあたりにはたらく力は，どちら向きに何Nか。

答

◆学習日　　月　　日 ◆学習時間　　　　分

ローレンツ力

➡解答編 p.43～44

学習のまとめ

①荷電粒子が磁場から受ける力

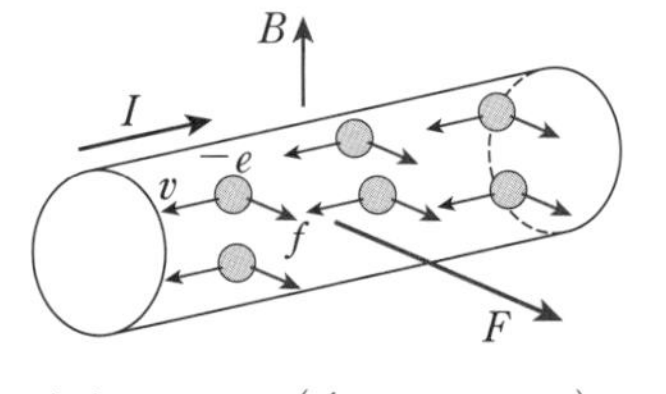

電荷をもつ粒子(荷電粒子)が磁場中を動くと，磁場から力を受ける。このような力を(ア　　　　　　)という。磁束密度 B〔T〕の磁場に垂直に導線を置き，電流を流す。導線中を移動する電子の電荷を $-e$〔C〕，速さを v〔m/s〕とすると，電子1個が磁場から受ける力の大きさ f〔N〕は，$f=$(イ　　　　　　)

一般に，電荷の大きさ q〔C〕の荷電粒子が，磁束密度 B〔T〕の磁場に垂直に速さ v〔m/s〕で運動するとき，粒子が磁場から受ける力の大きさ f〔N〕は，$f=$(ウ　　　　　　)

力の向きは，電荷が(エ　　　)のときは粒子の運動の向きを電流の向き，(オ　　　)のときは粒子の運動と逆向きを電流の向きと考え，フレミングの左手の法則から求められる。

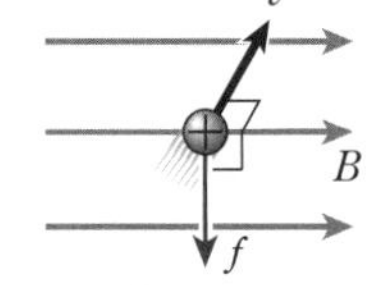

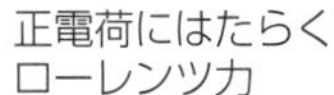
正電荷にはたらくローレンツ力

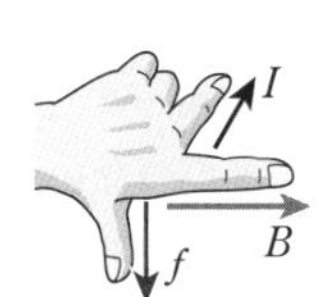

フレミングの左手の法則

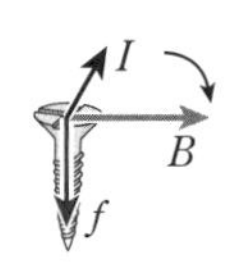

右ねじの法則

◀電流が磁場から受ける力は，個々の電子が磁場から受ける力の総和と考えることができる。

◀粒子の速度と磁場のなす角が θ のとき，力の大きさ f〔N〕は，$f=qvB\sin\theta$

②磁場中における荷電粒子の運動

磁束密度 B〔T〕の一様な磁場中を，質量 m〔kg〕，電荷の大きさ q〔C〕(>0)の荷電粒子が，磁場に垂直に速さ v〔m/s〕で動くとする。粒子は，磁場から速度に(カ　　　　　　)な向きにローレンツ力を受け，等速円運動をする。その半径を r〔m〕とすると，半径方向の運動方程式は，

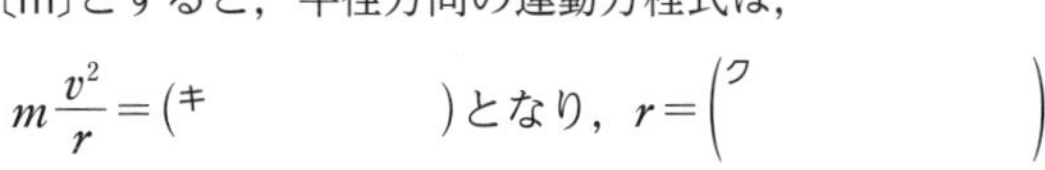

$m\dfrac{v^2}{r}=$(キ　　　　　　)となり，$r=$(ク　　　　　　)

等速円運動の周期 T〔s〕は，$T=\dfrac{2\pi r}{v}=$(ケ　　　　　　)

(ケ)から，周期は，粒子の(コ　　　　)に関係なく，一定であることがわかる。

◀ローレンツ力は仕事をしないので，粒子の速さは一定である。
◀荷電粒子が，磁場に斜めに入射する場合は，磁場に垂直な面内では等速円運動，磁場の方向には等速直線運動をする。これら2つの運動を合成すると，らせん運動となる。

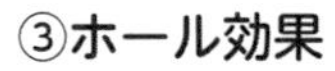

③ホール効果

金属などの中を流れる電流に対して，垂直に磁場をかけると，電流と磁場の両方に垂直な方向に起電力が生じる。この現象を(サ　　　　　　)効果という。また，この現象によって生じる電圧を(シ　　　　　　)電圧という。

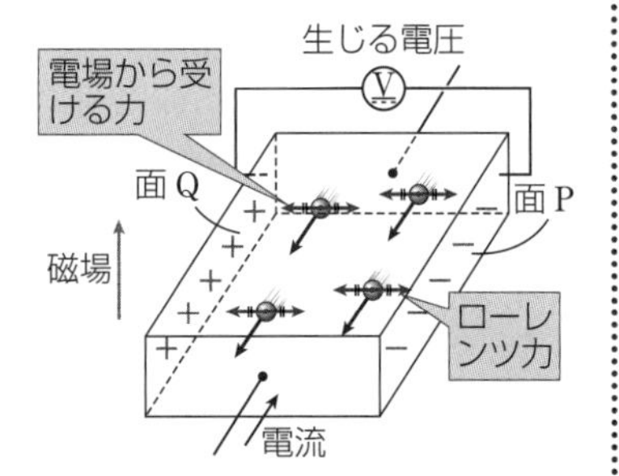

◀図は，キャリアが負電荷(電子)の場合を示す。キャリアが正電荷(ホール)の場合は，帯電の仕方が逆になり，面Pは正，面Qは負となる。

■ 確認問題 ■

260 一様な磁場中で，正電荷をもつ粒子が磁場と垂直に運動している。粒子が受けるローレンツ力の向きを答えよ。 知識

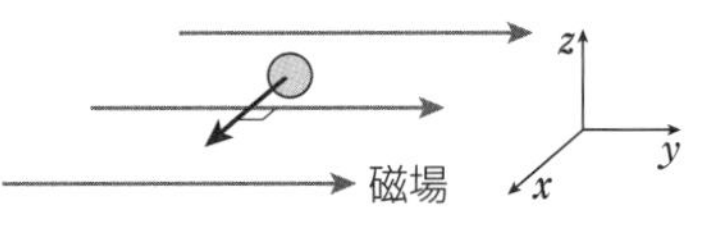

答

■ 練習問題 ■

知識

261 ローレンツ力　図のように，磁束密度 B〔T〕の一様な磁場が，紙面に垂直に表から裏の向きにかけられている。電気量 e〔C〕$(e>0)$の荷電粒子を，磁場と垂直に速さ v〔m/s〕で入射させた。

(1) 入射した直後，粒子が受けるローレンツ力はどちら向きに何 N か。

答

(2) (1)において，粒子の電気量が $-e$〔C〕のとき，ローレンツ力はどちら向きに何 N か。

答

知識

262 荷電粒子の運動　磁束密度 B〔T〕の一様な磁場が，紙面に垂直に裏から表の向きにかけられている。質量 m〔kg〕，電気量 q〔C〕$(q>0)$の荷電粒子が，図の点 P を上向きに速さ v〔m/s〕で動いている。

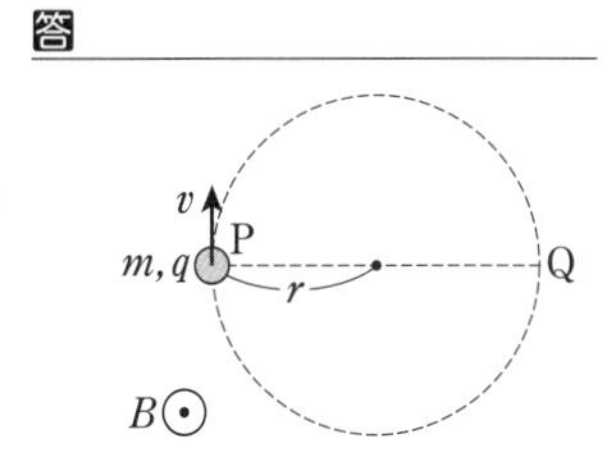

(1) 磁場中で粒子は等速円運動をする。円運動の半径を r〔m〕として，半径方向の運動方程式を示せ。

答

(2) 粒子は半円を描いて点 Q に達する。円弧 PQ の長さは何 m か。r を用いて答えよ。

答

(3) 点 P から Q に達するまでの時間は何 s か。m，q，B を用いて答えよ。

答

知識

263 らせん運動　右向きに磁束密度 B の一様な磁場がある。図のように，電気量 $q(>0)$，質量 m の荷電粒子を，磁場と $30°$ の角をなす向きに速さ v で入射させた。

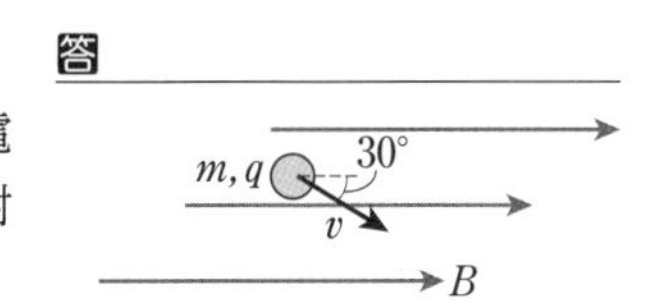

(1) 粒子が磁場から受けるローレンツ力の大きさはいくらか。

答

(2) 磁場に垂直な面内では，粒子は等速円運動をする。円運動の半径と周期は，それぞれいくらか。

答　半径　　　　　　周期

知識

264 ホール効果　次の文の(　　)に入る適切な語句を答えよ。

キャリアが電子の半導体(直方体)がある。図のように，z 軸の正の向きに一様な磁場をかけ，y 軸の正の向きに電流を流すと，各面が帯電する電荷の符号は，面Aが(　ア　)，面Bが(　イ　)であり，(　ウ　)の向きに電場が生じる。このとき，面(　エ　)が高電位となる。なお，キャリアが正電荷のときは，面(　オ　)が高電位となる。

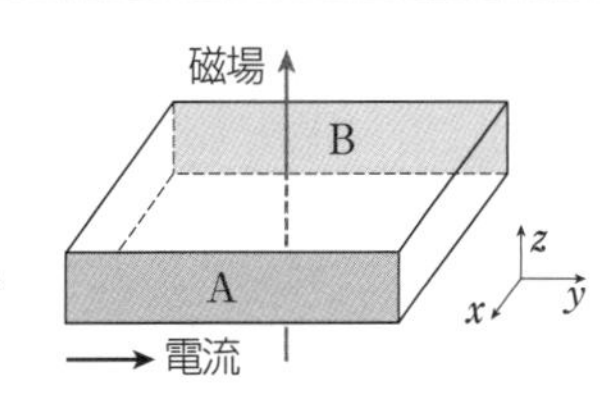

答　(ア)　　　　(イ)　　　　(ウ)　　　　(エ)　　　　(オ)

44 電磁誘導の法則

➡解答編 p.44～45

学習のまとめ

①電磁誘導

磁石を，検流計につないだコイルに近づけたり，コイルから遠ざけたりするとき，検流計に(ア　　　　)が流れる。このように，コイルを貫く磁場が時間とともに変化するとき，コイルに電流が流れ，起電力が生じる。この現象を(イ　　　　　　)といい，生じる起電力を(ウ　　　　　　　　)，流れる電流を(エ　　　　　　　　)という。この現象には，次のような特徴がある。

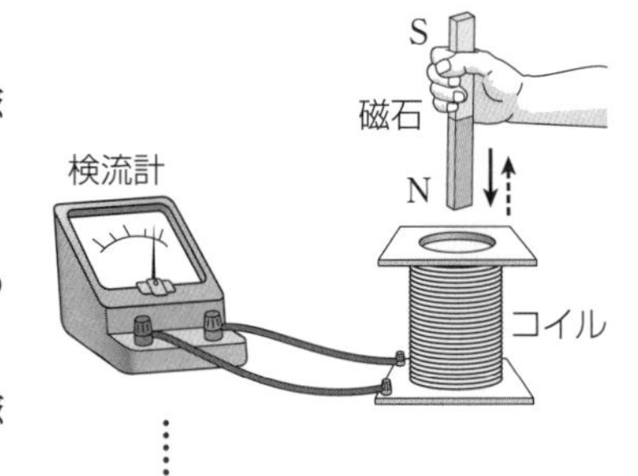

(1) 磁石が動いているときにだけ，検流計の針が振れる。針の振れは，磁石の強さが強いほど，また，動きが速いほど(オ　　　　　)。

(2) 磁石をコイルに近づけるときと，コイルから遠ざけるときとでは，電流の向きが(カ　　　　)になる。

(3) 近づける(遠ざける)磁石の磁極がN極かS極かで，電流の向きが(キ　　　　)になる。

②ファラデーの電磁誘導の法則

磁束を用いて，電磁誘導は，次のように説明される。

①誘導起電力は，誘導電流のつくる磁束が，コイルを貫く(ク　　　　　)の変化を妨げる向きに生じる(レンツの法則)。

②誘導起電力の大きさは，コイルを貫く磁束の単位時間あたりの変化量に比例する。

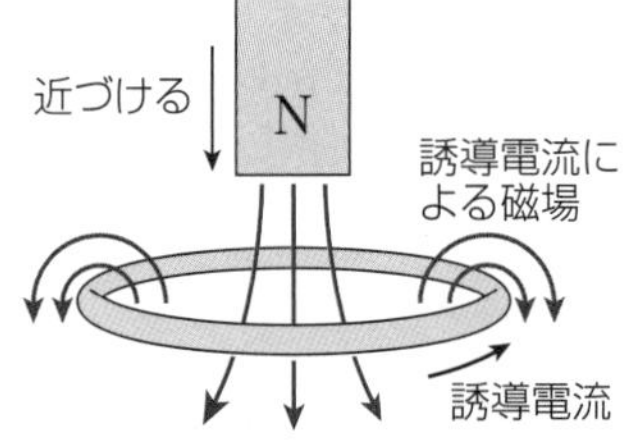

これら①，②をあわせて，ファラデーの電磁誘導の法則という。1回巻きのコイルを貫く磁束が，時間 Δt〔s〕の間に $\Delta\Phi$〔Wb〕だけ変化するとき，コイルに生じる誘導起電力 V〔V〕は，

$V=$(ケ　　　　　　)

◀ V の式の負の符号は，誘導起電力が磁束の変化を妨げる向きに生じること(レンツの法則)を示す。

N 回巻きのコイルでは，$V=$(コ　　　　　　)

磁束の正の向きを決めたとき，その向きに右ねじが進むように右ねじがまわる向きを，誘電起電力の(サ　　　　)の向きとする。

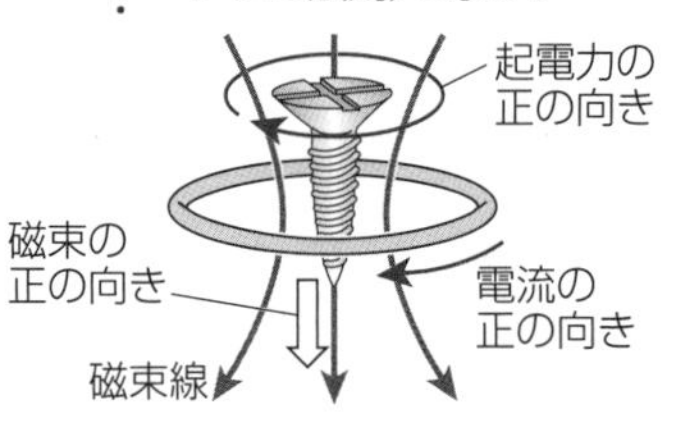

■ 確認問題 ■

265 (1)～(3)の各場合において，誘導電流の向きは，ア，イのどちらか。　知識

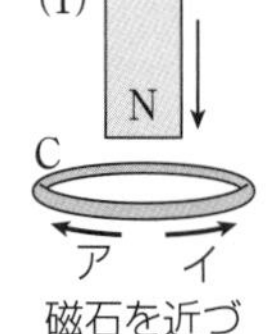

(2) N C ア イ コイルを変形させる。

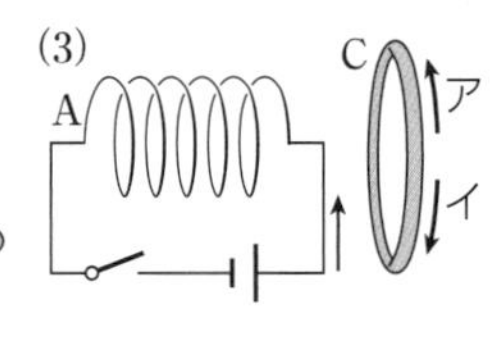

答 (1)

(2)

(3)

266 1巻きのコイルを貫く磁束が，0.20s 間に 0.40Wb 増加した。コイルに生じる誘導起電力の大きさは何Vか。　知識

答

■ 練習問題 ■

思考

267 レンツの法則　図のように，長い直線状の導線と円形導線が置かれている。次の(1)，(2)のように，直線状の導線に電流を流したとき，円形導線に流れる電流の向きを，時計まわり，反時計まわりで答えよ。流れない場合は流れないと答えよ。

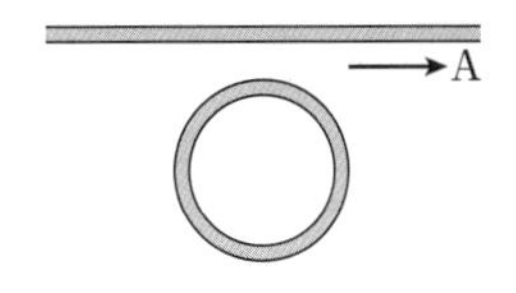

(1) 矢印Aの向きに流す電流を増加させる。

(2) 矢印Aの向きに一定の電流を流す。

答 (1)　　　　(2)

268 電磁誘導　紙面に垂直に裏から表へ向かう磁束密度 B の一様な磁場中に，図のような1巻きコイルがある。いま，磁束密度 B が3.0s間で0.20Tから0.80Tに増加したとする。このとき，次の各問に答えよ。

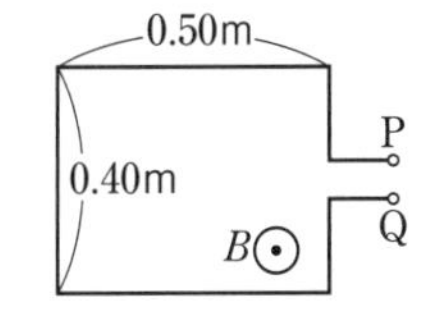

(1) コイルを貫く磁束の変化量の大きさは何Wbか。

答

(2) Pの電位はQよりも何V高いか。

答

知識

269 電磁誘導の法則　図のように，円形の5回巻きコイルに50Ωの抵抗Rをつなぎ，磁場に垂直な平面内に置いた。コイルを図の向きに貫く磁束が，0.40s間に0.80Wbの割合で一様に減少したとする。

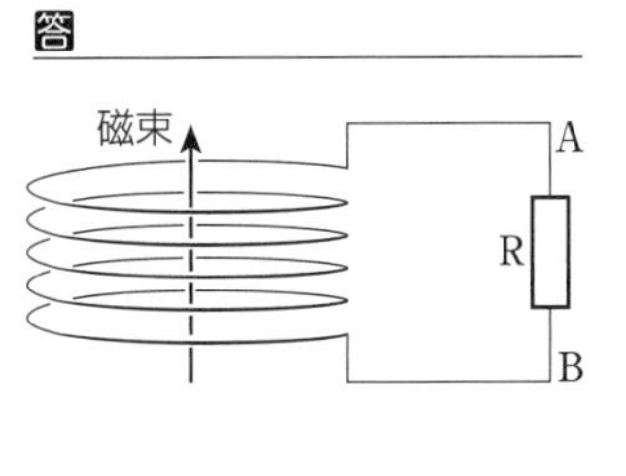

(1) Rを流れる電流はA→B，B→Aのどちら向きか。

答

(2) 誘導起電力の大きさは何Vか。また，誘導電流の大きさは何Aか。

答 起電力　　　　電流

(3) 点Bに対する点Aの電位は何Vか。

答

思考

270 磁場中を動くコイル　磁束密度 B〔T〕の一様な磁場が，紙面に垂直に表から裏の向きにかけられた領域がある。この領域を，図のように，一辺の長さ L〔m〕の正方形のコイルが，右向きに速さ v〔m/s〕で通過する。コイルが①～③の各位置にあるとき，コイルに生じる誘導起電力の大きさはそれぞれ何Vか。また，流れる誘導電流の向きについて，正しいものを次の(ア)～(ウ)の中からそれぞれ選べ。

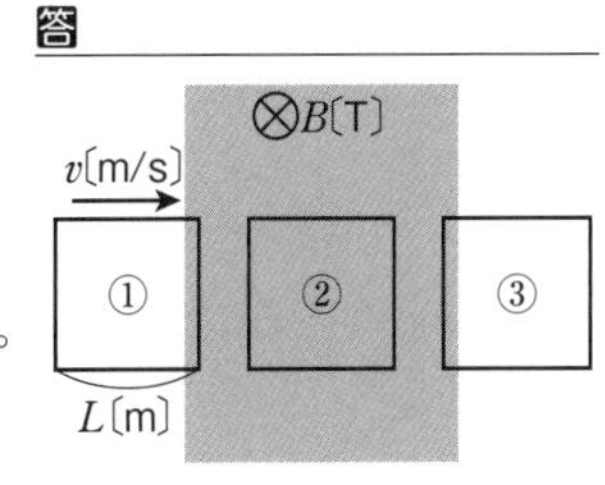

(ア) 時計まわり　(イ) 反時計まわり　(ウ) 流れない

答 ① 起電力　　　　電流　　　　② 起電力　　　　電流

③ 起電力　　　　電流

45 磁場中を動く導体

➡解答編 p.45〜46

学習のまとめ

①磁場中を動く導体棒に生じる誘導起電力

磁束密度 B〔T〕の鉛直上向きの一様な磁場中に，平行導線を距離 L〔m〕隔てて水平に置く。導体棒 PQ を平行導線の上に垂直に渡し，磁場に垂直な方向に速さ v〔m/s〕で動かす。時間 Δt〔s〕の間に，導体棒 PQ は（ア　　　　）〔m〕移動するため，回路 PQRS の面積の増加 ΔS〔m²〕は，$\Delta S=$（イ　　　　）と表される。この間，回路 PQRS を貫く磁束の変化 $\Delta\Phi$〔Wb〕は，$\Delta\Phi=B\Delta S=$（ウ　　　　）であり，誘導起電力の大きさ V〔V〕は，

$$V=\left|-\frac{\Delta\Phi}{\Delta t}\right|=(\text{エ}\qquad\qquad)$$

このとき，回路 PQRS を（オ　　　　）向きに貫く磁束が増加する。レンツの法則から，誘導起電力の向きは，（カ　　　　）向きの磁場が生じるように，P→S→R→Q→P に電流を流そうとする向きである。

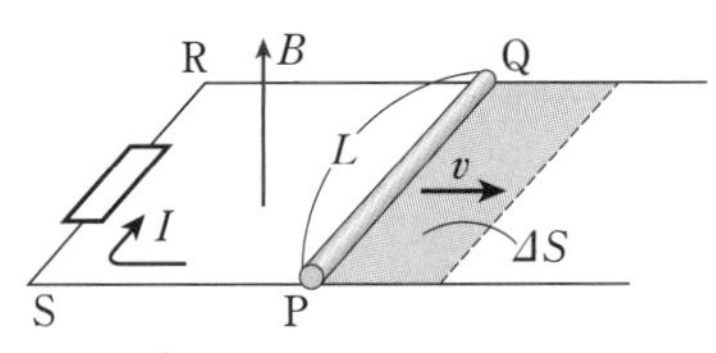

◀回路 PQRS に生じる誘導起電力は，磁場の中を運動する導体棒 PQ の内部の自由電子が，ローレンツ力を受けるとして考えることができる。

②誘導起電力とエネルギーの保存

磁束密度 B〔T〕で鉛直上向きの一様な磁場中で，平行導線を距離 L〔m〕隔てて磁場に垂直に置く。導体棒 PQ を平行導線の上で，磁場と垂直に動かすと，PQ に誘導電流が流れ，PQ は，磁場から速度と（キ　　　　）向きの力を受ける。その力の大きさ F〔N〕は，誘導電流の大きさを I〔A〕とすると，$F=$（ク　　　　）である。そのため，PQ を一定の速さ v〔m/s〕で引き続けるためには，速度と（ケ　　　　）向きに，一定の大きさの外力を加え続けなければならない。この外力がする仕事の仕事率 P〔W〕は，導体棒 PQ に生じる誘導起電力の大きさ「$V=vBL$」の関係から，V と I を用いて次式で表される。

$$P=Fv=(\text{コ}\qquad\qquad)$$

このように，P は RS 間の抵抗で消費される電力に等しい。すなわち，導体棒を引くために外からした仕事は，すべて抵抗で（サ　　　　）となって消費されており，エネルギーは保存されている。

③渦電流

金属板のような導体を貫く磁場が，時間とともに変化するとき，その変化を妨げる磁場が生じるように，導体に渦状の誘導電流が流れる。これを（シ　　　　）という。

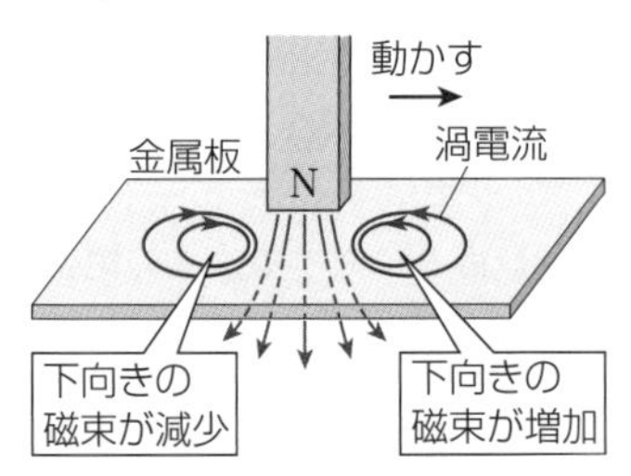

●誘導電場　電磁誘導は，変化する磁場によって，コイルや金属板などに電流が流れる現象である。このとき，電流が流れるのは，それぞれに電場が生じたためである。この電場は，コイルや金属板などがなくても，磁場が変化する空間に生じていると考えることができる。このように，磁場が変化する空間に生じる電場を（ス　　　　）という。

■ 確認問題 ■

271 図のように，鉛直上向きの一様な磁場中で，磁場と垂直に置かれた導体棒を水平左向きに動かす。

(1) 誘導電流の向きは，ア，イのどちらか。

(2) 導体棒を移動させるのに 80 J の仕事をしたとする。抵抗で生じるジュール熱は何 J か。 知識

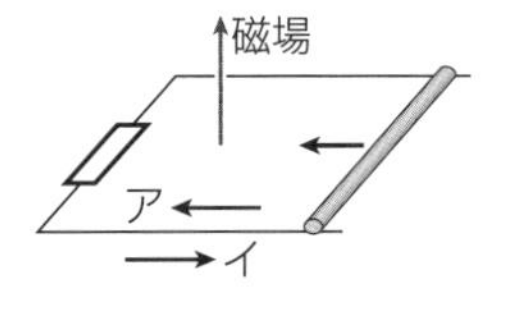

答 (1)

(2)

■ 練習問題 ■

知識

272 磁場中を動く導体棒 水平面内で距離 L を隔てて張られた，2本の平行導線が抵抗 R でつながれている。鉛直上向きに磁束密度 B の一様な磁場をかけ，平行導線に垂直に渡した長さ L の導体棒 ab を，一定の速さ v で右向きに引く。棒 ab の抵抗は無視できるとする。

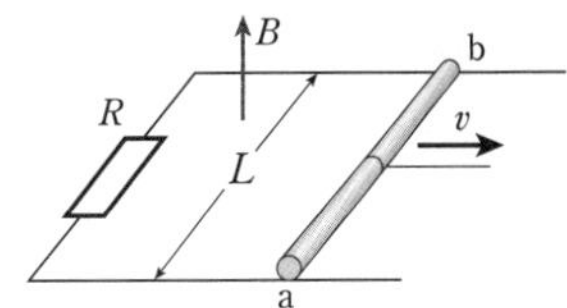

(1) 棒 ab に生じる誘導起電力の大きさを求めよ。

答

(2) a と b の電位はどちらが高いか。

答

(3) 棒 ab を一定の速さで引き続けるのに必要な外力の大きさを求めよ。

答

知識

273 ローレンツ力と起電力 次の文の(　　)に入る適切な語句，式を答えよ。

紙面に垂直に裏から表に向かう一様な磁束密度 B の磁場がある。図のように，この磁場中で，磁場と垂直に置かれた長さ L の導体棒 PQ を速さ v で右向きに動かす。このとき，導体棒中の自由電子(電荷 $-e$)は，磁場から大きさ(　ア　)のローレンツ力を受け，導体棒の(　イ　)側へ移動する。このため，(　ウ　)の向きの電場が導体棒中に生じる。自由電子は，この電場からも力を受けて運動し，やがて，ローレンツ力とつりあう状態になると移動が止まる。このときの電場の強さは(　エ　)であり，PQ 間の電位差は(　オ　)である。

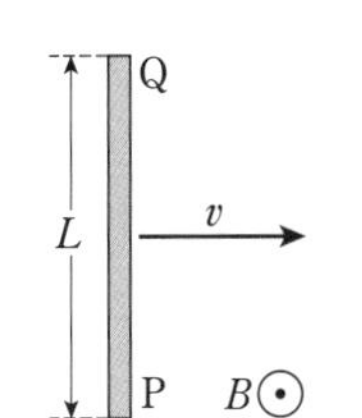

答 (ア)　　(イ)　　(ウ)　　(エ)　　(オ)

知識

274 磁場を斜めに横切る導体棒 鉛直上向きの磁束密度 B の一様な磁場中で，水平と θ の角をなす平行導線と垂直に長さ L の導体棒 PQ を渡す。棒が一定の速さ v で動いているとき，次の各問に答えよ。

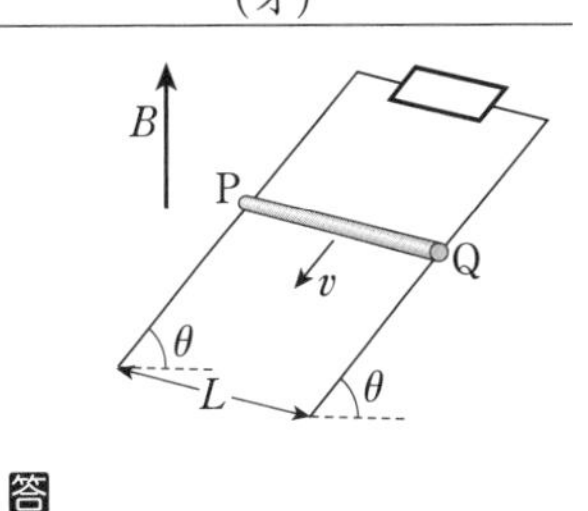

(1) 棒 PQ に生じる誘導起電力の大きさはいくらか。

答

(2) P と Q のどちらが高電位か。

答

知識

275 渦電流 次の文の(　　)に入る適切な語句を答えよ。

金属板の近くで磁石のＳ極を水平に動かすと，Ａの部分では(　ア　)向きの磁束が増加し，Ｂの部分では(　イ　)向きの磁束が減少する。そのため，各部分に渦電流が生じ，渦電流の向きを時計まわり，反時計まわりで表すと，Ａの部分では(　ウ　)，Ｂの部分では(　エ　)となる。

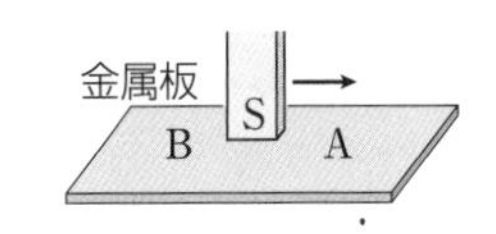

答 (ア)　　(イ)　　(ウ)　　(エ)

46 自己誘導と相互誘導

➡解答編 p.46～47

学習のまとめ

①自己誘導

図のような回路で，スイッチを切ると，豆電球が一瞬明るく光る。これは，コイル内の(ア　　　　)が急に消滅しようとするとき，コイルに，磁場の減少を妨げる向きに大きな(イ　　　　　　)が発生するためである。このように，コイルを流れる電流を変化させると，コイルには，電流の変化を妨げる向きに起電力(逆起電力)が発生する。この現象をコイルの(ウ　　　　　　)という。

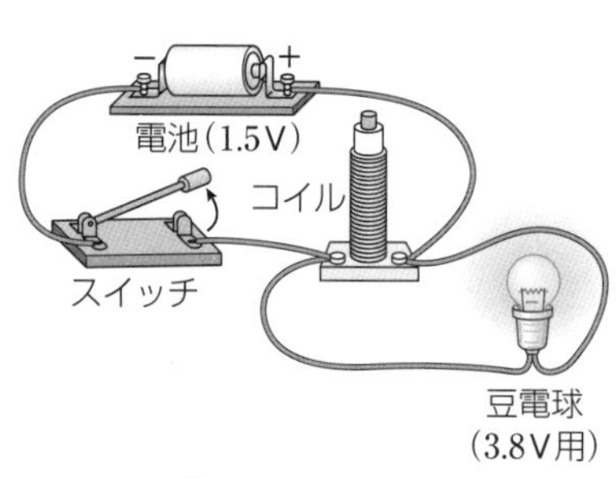

●自己インダクタンス　コイルに流れる電流が，Δt〔s〕の間に ΔI〔A〕変化するとき，コイルに生じる誘導起電力 V〔V〕は，比例定数 L を用いて，

$V=$(エ　　　　　　　)

この式の負の符号は，誘導起電力が(オ　　　　　)の変化を妨げる向きに生じることを表す。L を(カ　　　　　　　　)といい，単位には(キ　　　　　　)(記号 H)が用いられる。L は，コイルの形状，巻数などで決まる定数である。

◀ 1H は，電流が毎秒 1A の割合で増加するとき，1V の誘導起電力が生じるコイルの自己インダクタンスである。

②コイルがたくわえるエネルギー

自己インダクタンス L〔H〕のコイルに電流 I〔A〕が流れているとき，コイルにたくわえられているエネルギー U〔J〕は，$U=$(ク　　　　　　　)

③相互誘導

図において，コイル 1 を流れる電流を変化させると，コイル 2 を貫く(ケ　　　　)も変化し，コイル 2 に誘導起電力が生じる。また，コイル 2 の電流を変化させると，コイル 1 に誘導起電力が生じる。この現象を(コ　　　　　　)という。

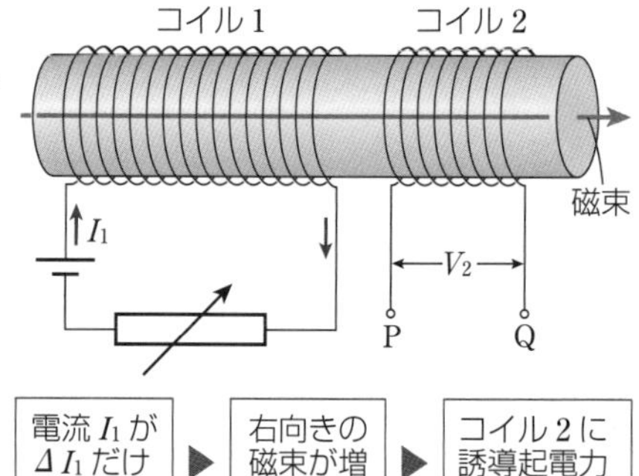

●相互インダクタンス　コイル 1 を流れる電流が，Δt〔s〕の間に ΔI_1〔A〕だけ変化するとき，コイル 2 に生じる誘導起電力 V_2〔V〕は，比例定数 M を用いて，$V_2=$(サ　　　　　　　)

この式の負の符号は，誘導起電力が(シ　　　　　)の変化を妨げる向きに生じることを表す。M を(ス　　　　　　　　　)といい，単位には(セ　　　　　　)(記号 H)が用いられる。M は，2 つのコイルの形状，巻数，位置関係などで決まる定数である。

■ 確認問題 ■

276 自己インダクタンス 0.20H のコイルを流れる電流が，0.20s 間に 3.0A 増加した。生じる誘導起電力の大きさは何 V か。　知識

答

277 自己インダクタンス 0.50H のコイルに，電流が 4.0A 流れている。コイルにたくわえられているエネルギーは何 J か。　知識

答

■ 練習問題 ■

知識

278 自己誘導とエネルギー　コイルを流れる電流が，1.0×10^{-2}s 間に10mA から 30mA に増加し，10V の自己誘導による起電力が生じた。

(1) コイルの自己インダクタンスは何 H か。

答

(2) この 1.0×10^{-2}s の間に，コイルにたくわえられるエネルギーは何 J 増加したか。

答

知識

279 自己誘導　図で，$E=6.0$V，$R=5.0\Omega$，$L=2.0$H である。スイッチ S を入れ，電流 I が 0.40A になった瞬間について，次の各問に答えよ。

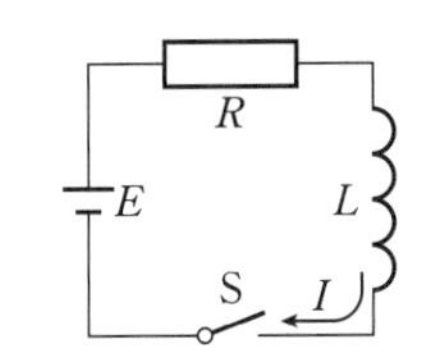

(1) コイルに生じる起電力は何 V か。E の起電力の向きを正とする。

答

(2) 電流の増加率 $\dfrac{\Delta I}{\Delta t}$ は何 A/s か。

答

知識

280 相互誘導　鉄心に巻かれたコイル L_1，L_2 があり，両者の間の相互インダクタンスを 5.0H とする。コイル L_1 を図の向きに流れる電流 I_1 が，0.10s 間に 40mA から 200mA に増加したとする。

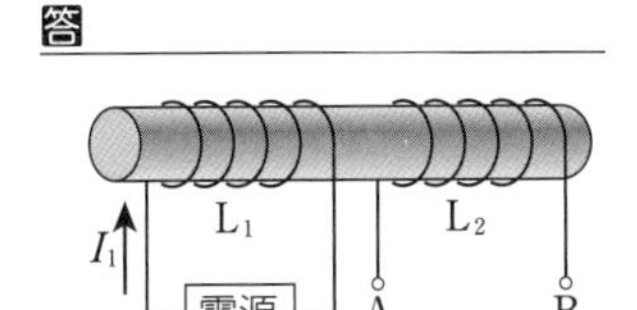

(1) L_2 に生じる誘導起電力の大きさは何 V か。

答

(2) 端子A，Bのうち，電位が高いのはどちらか。

答

思考

281 相互誘導とグラフ　図 1 の回路で，図の向きにコイル 1 を流れる電流 I_1 が図 2 のように変化した。相互インダクタンスを 0.50H とする。各問における誘導起電力は，点 a の電位を基準(0V)としたときの点 b の電位で表せ。

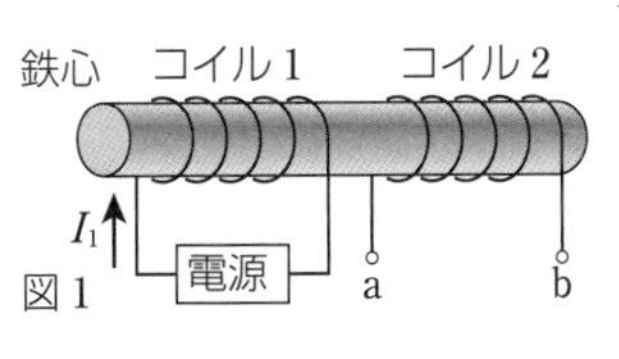

図 1

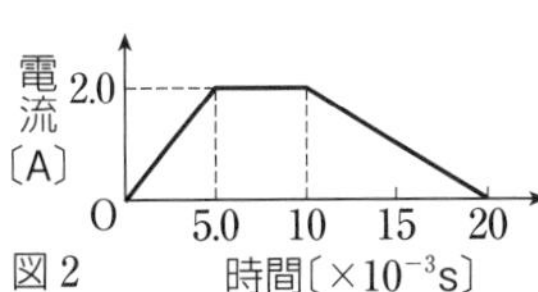

図 2

(1) 時間が $0\sim5.0\times10^{-3}$s の範囲で，コイル 2 に生じる誘導起電力は何 V か。

答

(2) 時間が $5.0\times10^{-3}\sim10\times10^{-3}$s の範囲で，コイル 2 に生じる誘導起電力は何 V か。

答

(3) 時間が $10\times10^{-3}\sim20\times10^{-3}$s の範囲で，コイル 2 に生じる誘導起電力は何 V か。

答

交流の発生

➡解答編 p.47〜48

学習のまとめ

①交流発生の原理

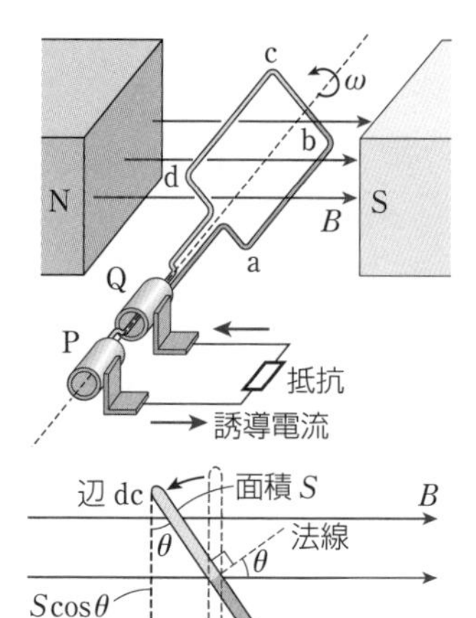

図1のように，磁束密度 B〔T〕の一様な磁場中で，これに直交する軸のまわりに，1回巻きのコイルを一定の角速度 ω〔rad/s〕で回転させる。コイルを貫く磁束 Φ〔Wb〕は周期的に変化し，コイルに(ア　　　　　)が生じる。

●コイルを貫く磁束と誘導起電力　コイルの面の面積を S〔m²〕，コイルの面の法線が磁場の方向となす角を θ とする。時刻0において，$\theta=0$ とすると，時刻 t〔s〕において $\theta=$(イ　　　　)である。コイルを貫く磁束 Φ は，$t=0$ の状態のコイルを貫く磁束の向きを正として，

$\Phi=$(ウ　　　　　　)

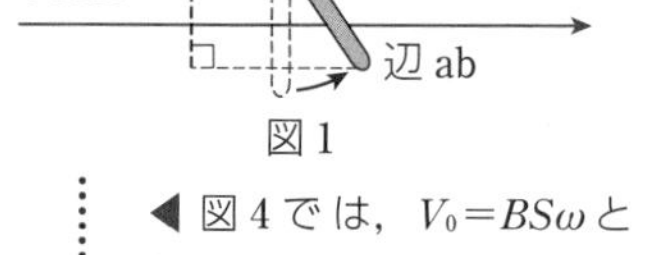

図1

コイルを貫く磁束 Φ の時間変化を表すグラフは，コイルが1回転する時間を T〔s〕とすると，図2のようになる。その変化率 $\Delta\Phi/\Delta t$ を表すグラフは，図3のようになる。図1のコイルに，a→b→c→d の向きに誘導電流を流そうとする誘導起電力の向きを正として，コイルに生じる誘導起電力 V〔V〕は，

$$V=-\frac{\Delta\Phi}{\Delta t}=\left(^{エ}\qquad\qquad\right)$$

◀図4では，$V_0=BS\omega$ としている。

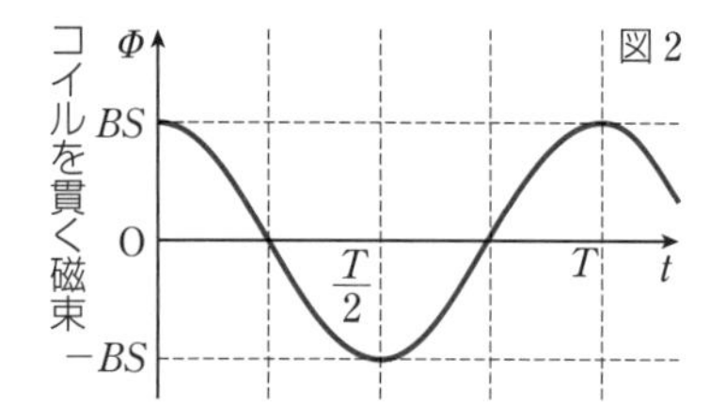

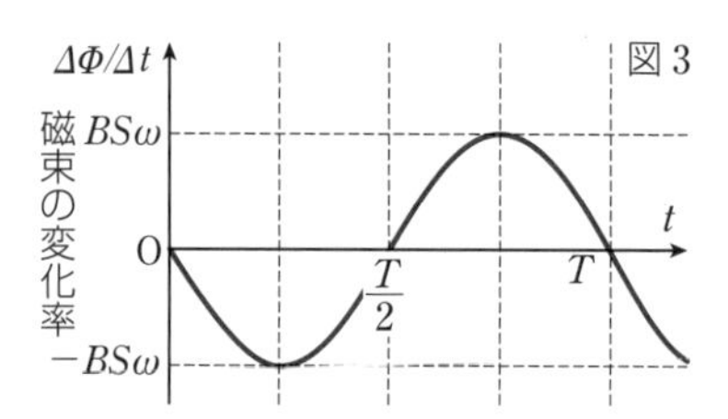

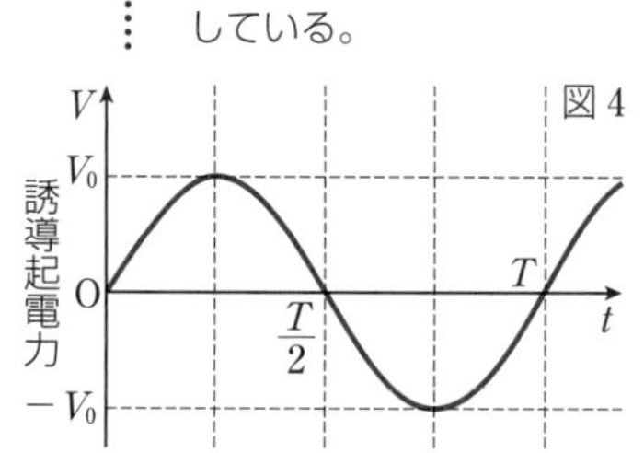

このように，周期的に向きが変化する電圧を(オ　　　　)電圧という。この電圧を抵抗などに加えると，向きが周期的に変わる電流，すなわち，(カ　　　　)電流が流れる。(オ)の ω を交流の(キ　　　　　)といい，三角関数の角度部分にあたる ωt を(ク　　　　)という。また，電圧(または電流)が変化し始めてから，もとの状態にもどるまでの時間 T〔s〕を交流の周期，1秒間あたりのこの変化の繰り返しの回数 f〔Hz〕を交流の(ケ　　　　　)という。

家庭に供給される交流の周波数は，東日本では50Hz，西日本では60Hzである。

◀T, f, ω には次の関係が成り立つ。

$$T=\frac{2\pi}{\omega},\ f=\frac{1}{T}=\frac{\omega}{2\pi}$$

■ 確認問題 ■

282 一様な磁場中で，磁場と直交する軸のまわりにコイルを回転させている。図の瞬間にコイルを流れる電流の向きは，ア，イのどちらか。　思考

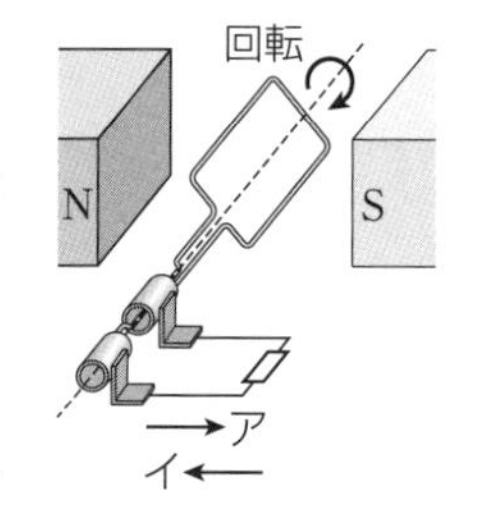

答

283 交流の周波数が50Hzであるとき，角周波数 ω は何rad/sか。また，周期 T は何sか。　知識

答 ω

T

■ 練習問題 ■

知識

284 磁場中で回転するコイル 図のように，磁束密度 B の一様な磁場中で，長方形コイルを磁場に直交する軸のまわりに，一定の角速度 ω で回転させる。コイルの面の面積を S，コイルの面の法線が磁場となす角を θ とし，時刻 0 において $\theta=0$ とする。

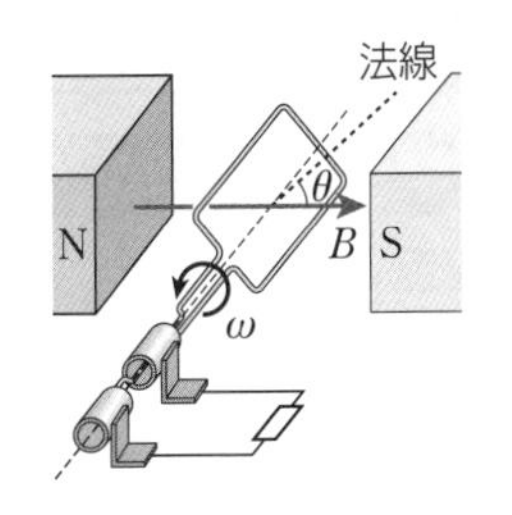

(1) 時刻 t のときにコイルを貫く磁束 Φ はいくらか。θ を用いずに答えよ。ただし，$t=0$ の状態のコイルを貫く磁束の向きを正とする。

答

(2) 磁束 Φ がはじめて負の最大値(絶対値が最大)となるとき，時刻はいくらか。

答

知識

285 交流電圧 図において，磁束密度 4.8×10^{-2} T の一様な磁場中で，磁場に垂直な軸のまわりを，1 回巻きのコイルが毎秒 60 回転している。コイルの面の面積を 1.0×10^{-2} m^2 とする。

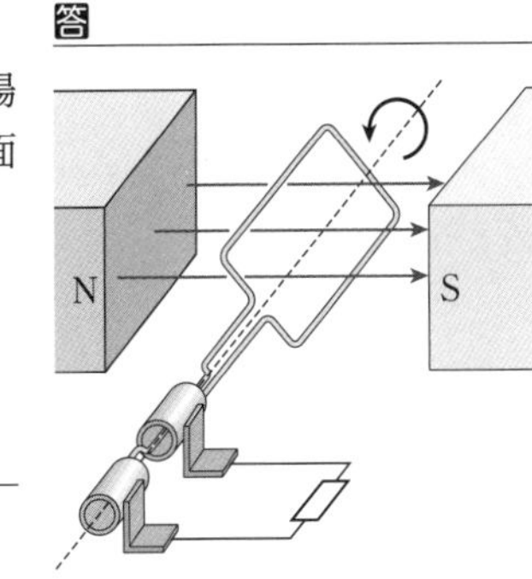

(1) 生じる交流の角周波数は何 rad/s か。

答

(2) 生じる交流電圧の最大値は何 V か。

答

知識

286 コイルに生じる起電力 次の文の(　)に入る適切な記号，式を答えよ。ただし，θ は用いないこと。

図 1 は交流発電機の一部を示している。磁束密度 B の一様な磁場中で，長方形コイルを磁場に直交する軸のまわりに，一定の角速度 ω で回転させる。コイルの辺(　ア　)，(　イ　)は，磁場を垂直に横切る速度の成分をもつため，各辺に誘導起電力が生じる。一方，辺(　ウ　)，(　エ　)は，自由電子にはたらくローレンツ力が回転軸に沿った方向となり，誘導起電力は生じない。回転軸からコイル ab，dc の各辺までの距離を r，コイルの面の法線が磁場の方向となす角を θ とし，時刻 0 において $\theta=0$ とする。ab，dc の速さは(　オ　)となる。時刻 t のとき，ab，dc が磁場を垂直に横切る速度の成分は，$r\omega\sin\theta=r\omega\sin\omega t$ である(図 2)。したがって，ab，dc の長さを L，a→b→c→d の向きに，誘導電流を流そうとする誘導起電力の向きを正として，ab，dc に生じる誘導起電力は(　カ　)と表される。コイル全体に生じる誘導起電力 V は，$V=$(　キ　)となる。

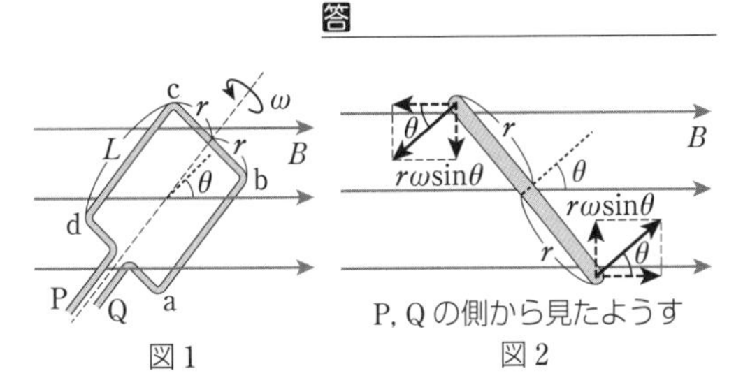

図 1　図 2

答 (ア)　(イ)　(ウ)　(エ)

(オ)　(カ)　(キ)

◆学習日　　月　　日 ◆学習時間　　　分

交流と抵抗

➡解答編 p.48〜49

学習のまとめ

①交流と抵抗

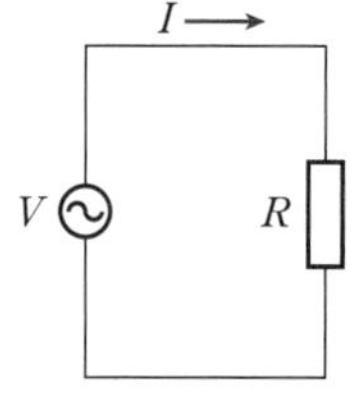

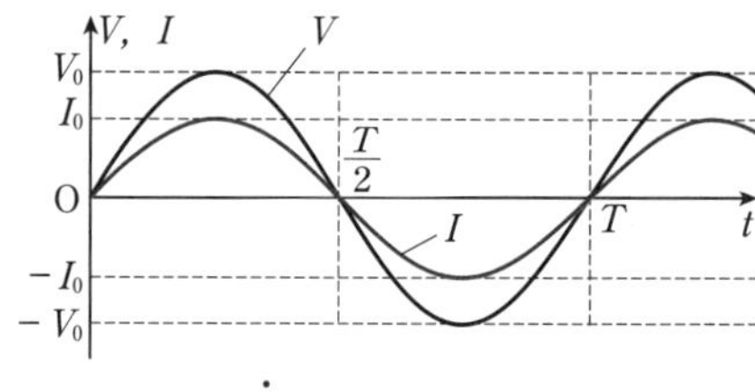

図のように，抵抗 R に $V=V_0\sin\omega t$ で表される交流電圧を加える。回路に示された矢印の向きを電流 I の正の向きとし，その向きに電流を流そうとする交流電圧を正とする。キルヒホッフの第2法則から，I を用いて，$V=$(ア　　　　)となる。電流 I は，電流の最大値を I_0 とし，$\sin\omega t$ を用いて，

$I=$(イ　　　　　　　　)

この式から，電圧と電流は(ウ　　　　)位相であることがわかる。

◀ $I_0=V_0/R$ である。

●消費電力と実効値　抵抗で消費される電力 P は，V，I を用いて，各瞬間で $P=$(エ　　　　　)である。電力 P と時刻 t の関係はグラフのようになり，その時間平均 $\overline{P}$ は，V_0，I_0 を用いて，次のように表される。

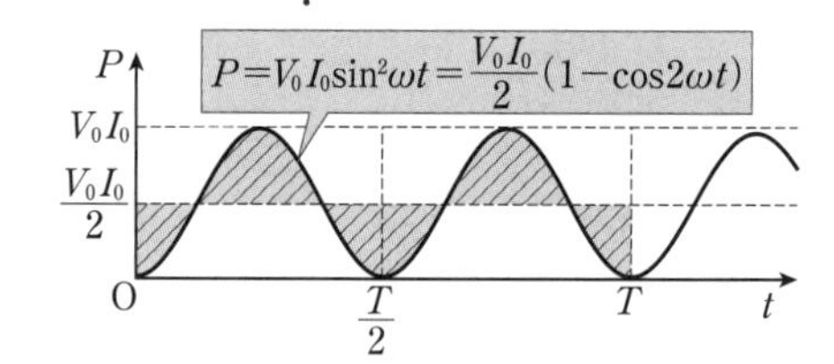

$\overline{P}=$(オ　　　　　　　　)

交流において実効値を用いると，消費電力の平均 $\overline{P}$ は，直流の場合と同じように表すことができる。交流電圧，交流電流の実効値をそれぞれ V_e，I_e とすると，

$V_e=$(カ　　　　　　　)　　$I_e=$(キ　　　　　　　)

これら2式を用いると，消費電力の平均 $\overline{P}$ は，次のようになる。

$$\overline{P}=V_eI_e=RI_e^2=\frac{V_e^2}{R}$$

◀実効値を用いた場合においても，オームの法則は成り立つ。

$I_e=\frac{V_e}{R}$

一般に，交流電圧，交流電流は，実効値を用いて表される。家庭用の交流電圧が100Vであるというとき，その値は，(ク　　　　　　)を意味している。これに対して，各時刻における値を(ケ　　　　　　)という。

■ 確認問題 ■

287 交流電圧 V〔V〕が，時刻 t〔s〕の関数として，$V=20\sin50\pi t$ と表されるとする。次の各問に答えよ。　知識

(1) 交流電圧の最大値は何Vか。

答

(2) 交流の周波数は何Hzか。

答

288 実効値100Vの交流電源がある。電圧の最大値は何Vか。　知識

答

289 あるニクロム線を流れる交流電流の実効値が2.0Aであった。電流の最大値は何Aか。　知識

答

■ 練習問題 ■

知識

290 交流回路　交流電源を1.0kΩの抵抗に接続する。時刻t〔s〕における電源電圧V〔V〕が，$V=141\sin 120\pi t$と表されるとき，抵抗に流れる電流I〔A〕を，tを用いて表せ。

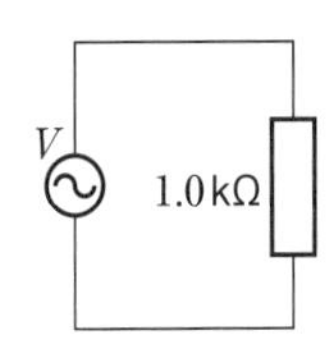

答

知識

291 交流の実効値　交流電圧V〔V〕が時刻t〔s〕の関数として，$V=100\sqrt{2}\sin 100\pi t$と示されるとき，次の各問に答えよ。

(1) 周波数は何Hzか。

答

(2) 電圧の実効値は何Vか。

答

(3) 交流電圧の瞬間値がはじめて実効値と等しくなるときの時刻は何sか。

答

思考

292 交流のグラフ　図は，実効値50Vの交流電源における電圧の時間変化を示している。次の各問に答えよ。

電圧〔V〕
V_0
0
$-V_0$
1　2　3
時間〔$\times 10^{-2}$s〕

(1) 交流電圧の最大値V_0は何Vか。

答

(2) 交流の周波数は何Hzか。

答

知識

293 抵抗の消費電力　50Ωの抵抗に交流電圧を加える。交流電圧V〔V〕は，時刻t〔s〕を用いて，$V=100\sqrt{2}\sin 100\pi t$と示される。次の各問に答えよ。

(1) 抵抗に流れる電流I〔A〕を，時刻tを用いて表せ。

答

(2) 抵抗で消費される電力P〔W〕を，時刻tを用いて表せ。

答

知識

294 平均消費電力　実効値100Vの交流電圧を20Ωの抵抗に加える。

(1) 抵抗を流れる電流の実効値は何Aか。

答

(2) 平均消費電力は何Wか。

答

交流とコイル

➡解答編 p.49〜50

学習のまとめ

①交流とコイル

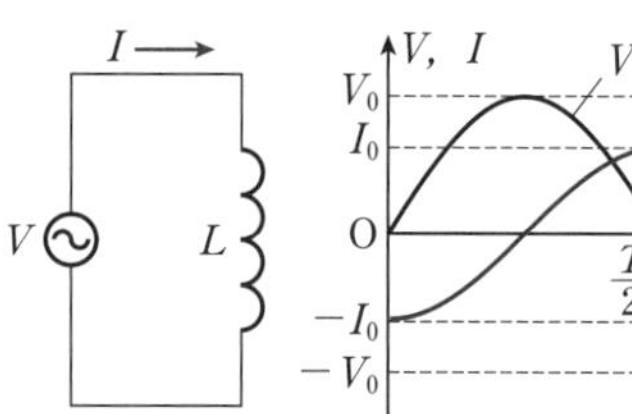

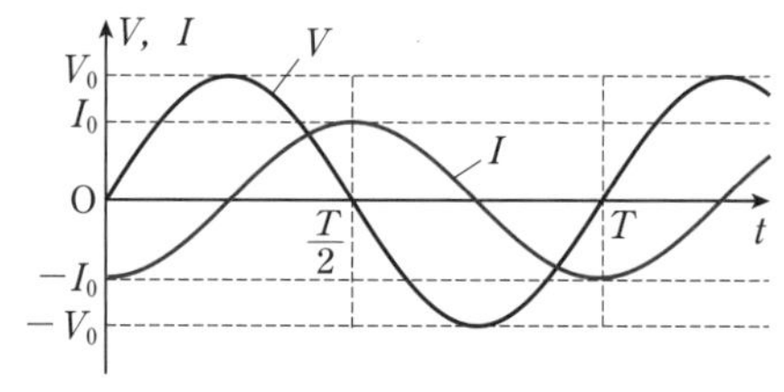

自己インダクタンスLのコイルに，交流電圧$V=V_0\sin\omega t$を加える。コイルには，(ア　　　　)の変化を妨げる向きに，自己誘導による起電力$-L\dfrac{\Delta I}{\Delta t}$が生じる。回路にはこの起電力のみが生じており，回路の抵抗は0である。したがって，キルヒホッフの第2法則から，

(イ　　　　　　)$=0$

が成り立つ。$\dfrac{\Delta I}{\Delta t}$について$\sin\omega t$を用いて整理すると，

$\dfrac{\Delta I}{\Delta t}=$(ウ　　　　　　　　　　)

と表される。この式を満たす電流Iは，$I=-\dfrac{V_0}{\omega L}\cos\omega t$となる。この式を，電流の最大値を$I_0$として，sinの形に整理すると，

$I=$(エ　　　　　　　　　　)

この式から，電流の位相は，電圧よりも(オ　　　　)遅れていることがわかる。

◀回路に示された矢印の向きを電流Iの正の向きとし，その向きに電流を流そうとする交流電圧Vを正とする。

◀$I_0=V_0/(\omega L)$である。

◀実効値I_e，V_eを用いると，次の関係が成り立つ。

$I_e=\dfrac{V_e}{\omega L}$

●リアクタンス　ωLをコイルの(カ　　　　　　　　)という。ωLは，交流に対して(キ　　　　)に相当するはたらきをする量であり，その単位には，オーム(記号Ω)が用いられる。この値は，交流の角周波数ωに比例するので，周波数が(ク　　　　)ほど大きくなり，電流は流れにくい。

●消費電力　コイルで消費される電力Pは，V，Iを用いて，各瞬間において，$P=$(ケ　　　　)である。電力Pと時刻tの関係はグラフのようになり，その時間平均$\overline{P}$は，(コ　　　　)である。

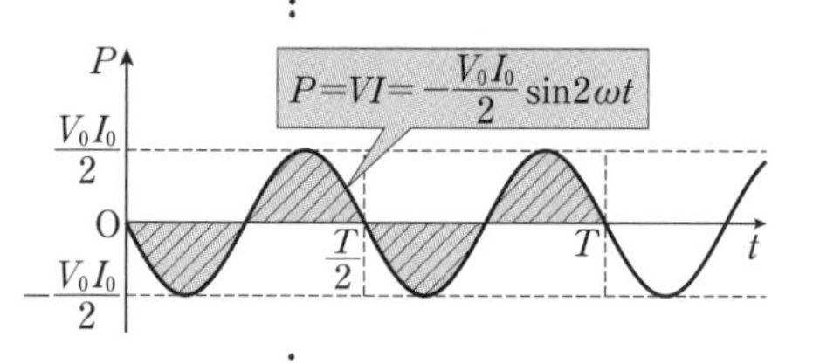

■ 確認問題 ■

295 コイルに交流電圧を加える。このとき，コイルに加わる交流電圧の位相は，交流電流の位相よりもどれだけ進んでいるか。　知識

答

296 周波数50Hzの交流電圧を20Hのコイルに加える。このとき，コイルのリアクタンスは何Ωか。　知識

答

297 実効値5.0Vの交流電圧をコイルに加えると，コイルのリアクタンスが10Ωを示した。コイルに流れる電流の実効値は何Aか。　知識

答

■ 練習問題 ■

知識

298 交流回路 周波数 50 Hz，実効値 100 V の交流電源を 2.0 H のコイルに接続する。次の各問に答えよ。

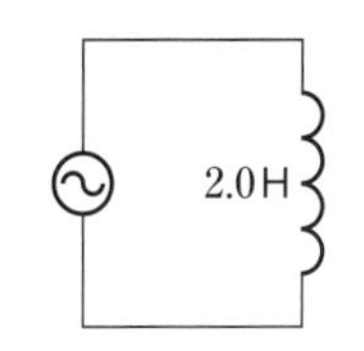

(1) コイルのリアクタンスは何 Ω か。

答

(2) 時刻 t〔s〕における電源電圧 V〔V〕が，$V=141\sin 100\pi t$ と表されるとする。位相のずれに注意して，コイルに流れる電流 I〔A〕を t を用いて表せ。

答

知識

299 コイルのリアクタンス 周波数 50 Hz，実効値 100 V の交流電源に，自己インダクタンス 10 H のコイルをつなぐ。次の各問に答えよ。

(1) コイルのリアクタンスは何 Ω か。

答

(2) 流れる電流の実効値は何 A か。

答

思考

300 交流とコイル 図のグラフで表される交流電源がある。縦軸は電源電圧 V〔V〕，横軸は時刻 t〔s〕である。この電源に，自己インダクタンス 0.20 H のコイルを接続した。

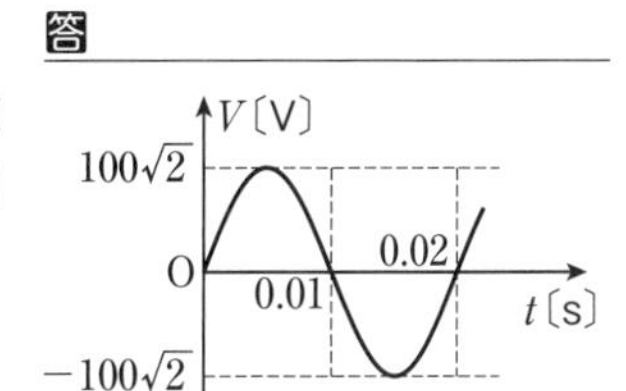

(1) コイルのリアクタンスは何 Ω か。

答

(2) 電源電圧の実効値は何 V か。

答

(3) コイルに流れる電流の実効値は何 A か。

答

知識

301 コイルの消費電力 交流電圧 $V=10\sin 50\pi t$〔V〕(t〔s〕は時刻) をコイルに加えると，コイルに交流電流 $I=-2.0\cos 50\pi t$〔A〕が流れた。

(1) 各瞬間でのコイルの消費電力は何 W か。t を用いて表せ。

答

(2) 消費電力の平均値は何 W か。

答

50 交流とコンデンサー

➡解答編 p.50〜51

学習のまとめ

①交流とコンデンサー

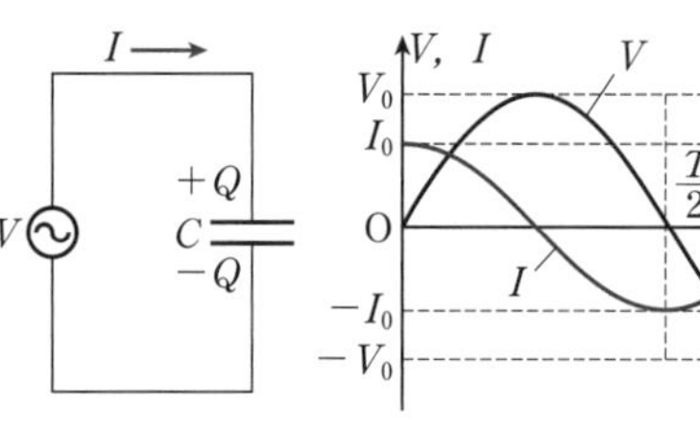

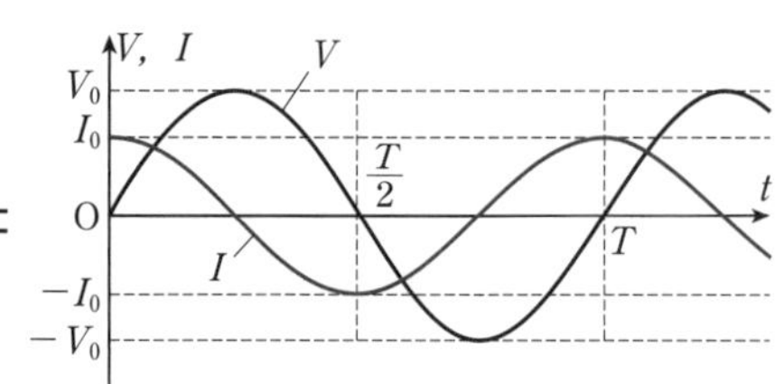

コンデンサーを交流電源に接続すると，充電，放電を繰り返して，回路に電流が流れ続ける。電気容量 C のコンデンサーに，$V=V_0\sin\omega t$ で表される交流電圧を加える。コンデンサーにたくわえられた電荷を Q とすると，極板間の電位差は，Q，C を用いて，(ア　　　)であり，キルヒホッフの第2法則から，

$V=$(イ　　　)となる。したがって，電荷 Q は，$\sin\omega t$ を用いて，

$Q=$(ウ　　　　　　)

と表される。電流 I は，$I=\frac{\Delta Q}{\Delta t}=C\frac{\Delta V}{\Delta t}$ である。この式を満たす電流 I は，

$I=\omega CV_0\cos\omega t$ となる。この式を，電流の最大値を I_0 として，sin の形に整理すると，

$I=$(エ　　　　　　)

この式から，電流の位相は，電圧よりも(オ　　　)進んでいることがわかる。

◀回路に示された矢印の向きを電流 I の正の向きとし，その向きに電流を流そうとする交流電圧 V を正とする。

◀$I_0=\omega CV_0$ である。

◀実効値 I_e，V_e を用いると，次の関係が成り立つ。
$I_e=\omega CV_e$

●リアクタンス　ωC の逆数 $1/(\omega C)$ を，コンデンサーの(カ　　　　　)という。$1/(\omega C)$ は，交流に対して(キ　　　)に相当するはたらきをする量であり，その単位には，オーム(記号 Ω)が用いられる。この値は，交流の角周波数 ω に反比例するので，周波数が(ク　　　)ほど大きくなり，電流は流れにくい。

●消費電力　コンデンサーで消費される電力 P は，V，I を用いて，各瞬間において，$P=$(ケ　　　)である。電力 P と時刻 t の関係はグラフのようになり，その時間平均 $\overline{P}$ は，(コ　　　)である。

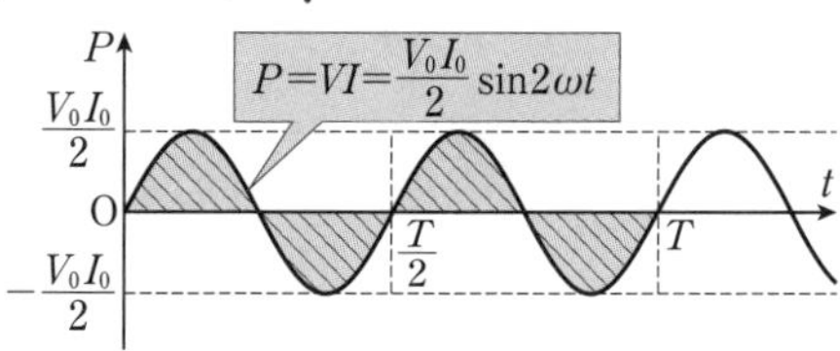

■ 確認問題 ■

302 コンデンサーに交流電圧を加えるとき，交流電圧の位相は，交流電流の位相よりもどれだけ遅れているか。　知識

答

303 周波数 50Hz の交流電圧を 20μF のコンデンサーに加える。このとき，コンデンサーのリアクタンスは何 Ω か。　知識

答

304 実効値 4.0V の交流電圧をコンデンサーに加えると，リアクタンスが 10Ω を示した。流れる電流の実効値は何 A か。　知識

答

■ 練習問題 ■

知識

305 交流回路 周波数 50 Hz，実効値 100 V の交流電源を電気容量 10 μF のコンデンサーに接続する。次の各問に答えよ。

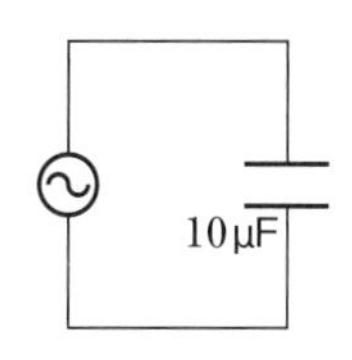

(1) コンデンサーのリアクタンスは何 Ω か。

答

(2) 時刻 t〔s〕における電源電圧 V〔V〕が，$V = 141\sin 100\pi t$ と表されるとする。位相のずれに注意して，回路に流れる電流 I〔A〕を t を用いて表せ。

答

知識

306 コンデンサーのリアクタンス 周波数 50 Hz，実効値 100 V の交流電源に，5.0 μF のコンデンサーをつなぐ。次の各問に答えよ。

(1) コンデンサーのリアクタンスは何 Ω か。

答

(2) 流れる電流の実効値は何 A か。

答

思考

307 交流とコンデンサー 図のグラフで表される交流電源がある。縦軸は電源電圧 V〔V〕，横軸は時刻 t〔s〕である。この電源に，電気容量 40 μF のコンデンサーを接続した。

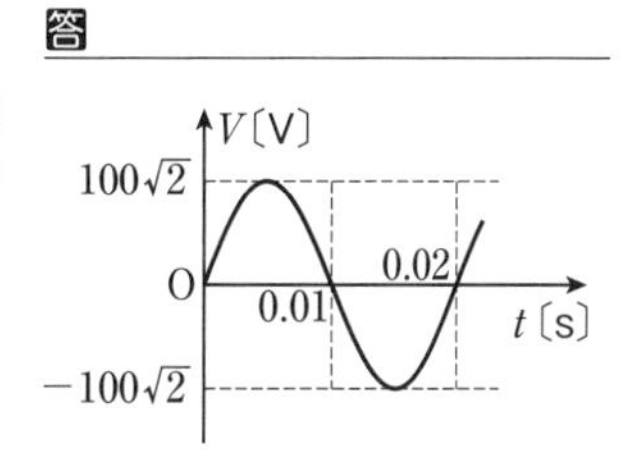

(1) コンデンサーのリアクタンスは何 Ω か。

答

(2) 電源電圧の実効値は何 V か。

答

(3) 電流の実効値は何 A か。

答

知識

308 コンデンサーの消費電力 交流電圧 $V = 20\sin 50\pi t$〔V〕(t〔s〕は時刻)をコンデンサーに加えると，交流電流 $I = 3.0\cos 50\pi t$〔A〕が流れた。次の各問に答えよ。

(1) 各瞬間でのコンデンサーの消費電力は何 W か。t を用いて表せ。

答

(2) 消費電力の平均値は何 W か。

答

第Ⅲ章 電気と磁気

RLC 直列回路と共振回路

➡解答編 p.51～52

学習のまとめ

① RLC 直列回路

抵抗値 R の抵抗，自己インダクタンス L のコイル，電気容量 C のコンデンサーを直列に接続して，その両端に交流電圧 V を加える。このとき流れる交流電流を $I=I_0\sin\omega t$ とし，抵抗，コイル，コンデンサーの各両端に加わる電圧を V_R，V_L，V_C とすると，

$V_R=($ア$\qquad\qquad)\sin\omega t$

$V_L=($イ$\qquad\qquad)\cos\omega t$

$V_C=\Bigl($ウ$\qquad\qquad\Bigr)\cos\omega t$

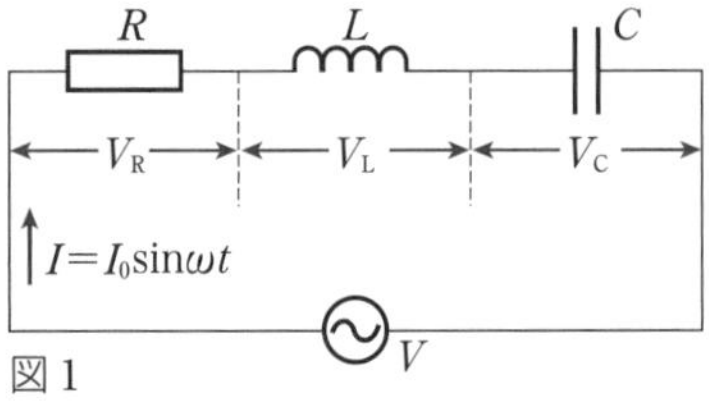

R　L　C　V_R　V_L　V_C　$I=I_0\sin\omega t$　V

図1

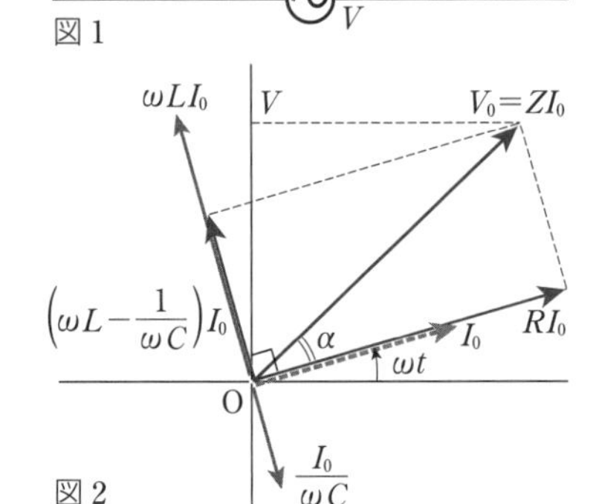

図2

回路全体の交流電圧 V は，キルヒホッフの第2法則から，V_R，V_L，V_C を用いて，$V=($エ$\qquad\qquad)$であり，

$V=\Bigl($オ$\qquad\qquad\qquad\Bigr)I_0\sin(\omega t+\alpha)\quad\cdots$(A)

ただし，$\tan\alpha=\dfrac{\omega L-1/(\omega C)}{R}$

(オ)は，抵抗に相当するはたらきをする量で，(カ$\qquad\qquad\qquad$)とよばれる。単位には，オーム(記号 Ω)が用いられる。これを Z とすると，式(A)は，$V=($キ$\qquad\qquad\qquad)$と表される。

●消費電力　図1の RLC 直列回路での電圧 V と電流 I の実効値をそれぞれ V_e，I_e とする。消費電力の平均 $\overline{P}$ は，式(A)の α を用いて，

$\overline{P}=($ク$\qquad\qquad)$　この式の $\cos\alpha$ を(ケ$\qquad\qquad$)という。

②共振回路

図1の RLC 直列回路において，電源電圧の最大値 V_0 を一定にし，角周波数 ω を変化させると，電流の最大値 I_0 が変化する。式(A)から，$\omega L-1/(\omega C)=($コ$\qquad)$のとき，インピーダンス Z が最小となり，I_0 は最も大きい値となる。この現象を(サ$\qquad\qquad$)といい，特に，RLC 直列回路では直列共振という。共振角周波数を ω_0 とすると，$\omega_0=1/\sqrt{LC}$ となり，共振周波数 f_0 は，次式で表される。

$f_0=\dfrac{\omega_0}{2\pi}=\Bigl($シ$\qquad\qquad\qquad\Bigr)$

◀電流 I を基準にすると，V_R の位相は電流と同じ，V_L の位相は $\pi/2$ 進んでおり，V_C の位相は $\pi/2$ 遅れている。

◀ α は，回路全体にかかる電圧 V と電流 I との位相差を示している。

◀実効値 V_e，I_e を用いると，次の関係が成り立つ。
$V_e=ZI_e$

◀力率は，V_e と I_e の積に対する $\overline{P}$ の割合である。

◀共振がおこっているときの角周波数を共振角周波数，周波数を共振周波数という。

◀周波数が共振周波数に一致すると，回路に大きな電流が流れる。このような回路を共振回路といい，電波の受信に利用される。

■ 確認問題 ■

309 コイル，コンデンサー，交流電源を直列に接続する。このとき，コイル，コンデンサーに加わる交流電圧のうち，交流電流よりも位相が $\pi/2$ 遅れるのはどちらか。　思考

答

■ 練習問題 ■

知識

310 抵抗とコイル　10 Ω の抵抗R，およびコイルLを直列に接続する。次の各問に答えよ。

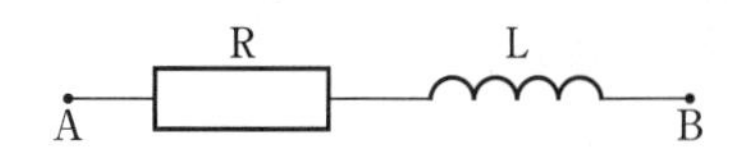

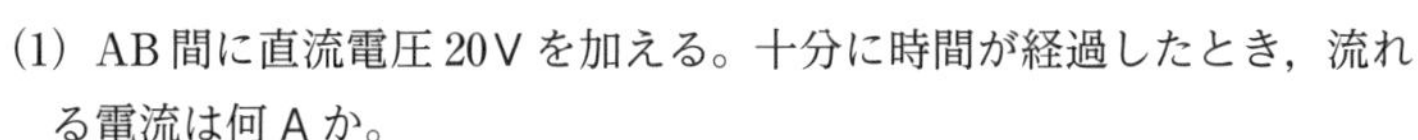

(1) AB 間に直流電圧 20V を加える。十分に時間が経過したとき，流れる電流は何 A か。

答

(2) AB 間に交流電圧を加えたとき，コイルのリアクタンスが 10 Ω を示した。回路のインピーダンスは何 Ω か。位相のずれに注意せよ。

答

知識

311 抵抗とコンデンサー　10 Ω の抵抗R，およびコンデンサーCを直列に接続する。次の各問に答えよ。

R　C
A　B

(1) AB 間に直流電圧 20V を加える。十分に時間が経過したとき，流れる電流は何 A か。

答

(2) AB 間に交流電圧を加えたとき，コンデンサーのリアクタンスが 20 Ω を示した。回路のインピーダンスは何 Ω か。位相のずれに注意せよ。

答

知識

312 抵抗とコイルの直列回路　2.0kΩ の抵抗RとコイルLを直列に接続し，周波数 50 Hz，実効値 20V の交流電圧を加える。抵抗に加わる電圧の実効値は 10V であった。次の各問に答えよ。

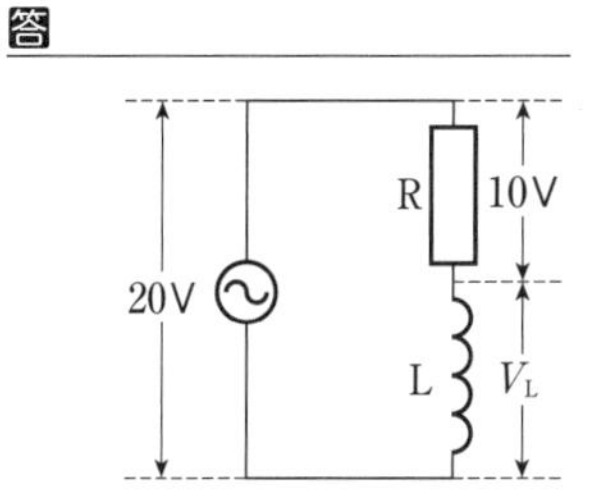

(1) 回路を流れる電流の実効値は何 A か。

答

(2) コイルに加わる電圧の実効値 V_L は何 V か。位相のずれに注意せよ。

答

(3) コイルの自己インダクタンスは何 H か。

答

知識

313 RLC 直列回路　図のように，40 Ω の抵抗R，3.2mH のコイルL，8.0 μF のコンデンサーC，実効値 10V の交流電源を接続する。

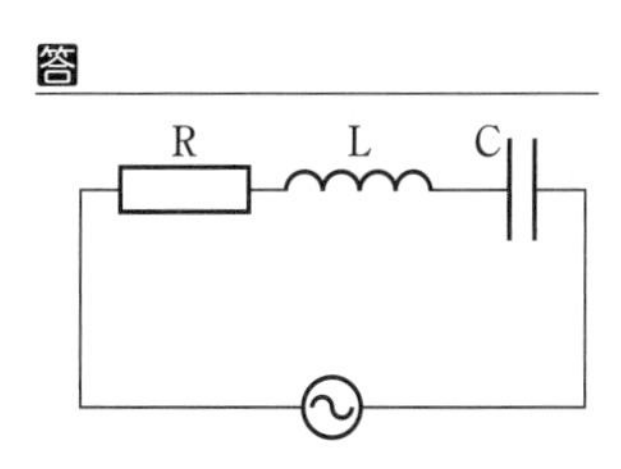

(1) 電流が最大になるのは周波数が何 Hz のときか。また，そのときの電流の実効値は何 A か。

答 周波数　　　　電流

(2) (1)のとき，R，L，C に加わる電圧の実効値はそれぞれ何 V か。

答 R　　　　L　　　　C

52 電気振動と変圧器

➡解答編 p.52〜53

学習のまとめ

①電気振動

充電したコンデンサーをコイルに接続すると(図①)，コイルに電流が流れ始める。しかし，コイルの(^{ア}　　　　　)のため，電流は急激には増加しない。やがて，電流が最大になったとき，電流の変化は0になり，自己誘導による起電力も0となる。このとき，コンデンサーの電荷が(^{イ}　　　　)となる(図②)。その後も，自己誘導によって，電流は同じ向きに流れ続け，コンデンサーの極板は，はじめと逆の符号の電荷をもち始める。電流がしだいに減少して，(^{ウ}　　　　)となるとき，極板の電荷は最大となり(図③)，この瞬間から逆向きの電流が流れ始める。このように，交互に向きの変わる電流が回路を流れる現象を(^{エ}　　　　　　)という。

◀交互に向きの変わる電流は，振動電流とよばれる。

電気振動の振動数を回路の(^{オ}　　　　　　　　)という。これをf_0〔Hz〕とすると，コイルの自己インダクタンスL〔H〕，コンデンサーの電気容量C〔F〕を用いて，

$f_0 =$ (^{カ}　　　　　)

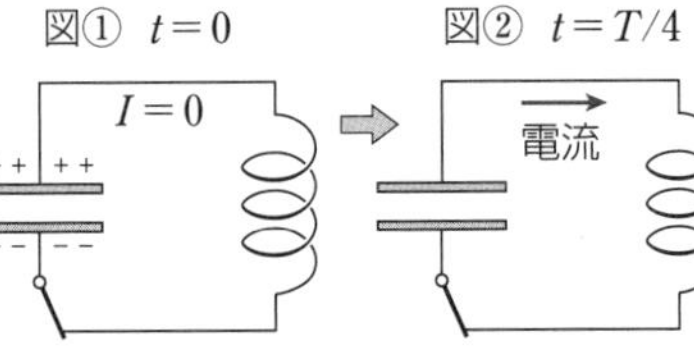

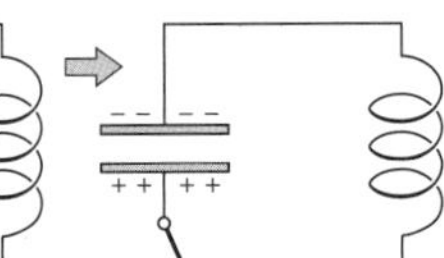

図④ $t=3T/4$
電流

●エネルギー　電気振動は，コンデンサーがたくわえる電場のエネルギーと，コイルがたくわえる(^{キ}　　　　)のエネルギーが，互いに移りあうことを繰り返す現象である。回路中の導線などの抵抗が0であれば，両者のエネルギーの和は保存される。電気容量Cのコンデンサーの極板間の電位差をV，自己インダクタンスLのコイルを流れる電流をIとすると，(^{ク}　　　　　　　　　　)＝一定

②変圧器

巻数N_1の一次コイルに交流電流を流すと，巻数N_2の二次コイルを貫く(^{ケ}　　　　)が変化し，二次コイルに誘導起電力が生じる。一次，二次の各コイルに生じる電圧の実効値をV_{1e}，V_{2e}とすると，

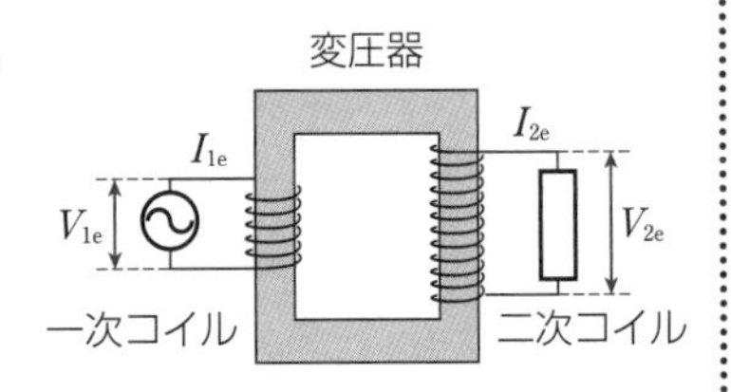

$\dfrac{V_{1e}}{V_{2e}} =$ (^{コ}　　　　　)

◀一次，二次の各コイルに流れる電流の実効値をI_{1e}，I_{2e}とすると，電力の損失がなければ，
$V_{1e}I_{1e} = V_{2e}I_{2e}$

■ 確認問題 ■

314 電気振動がおこっているコイル，コンデンサーの回路がある。コイルにたくわえられるエネルギーの最大値が2.0Jのとき，コンデンサーにたくわえられるエネルギーの最大値は何Jか。　知識

答

315 巻数100回の変圧器の一次コイルに実効値50Vの電圧を加える。巻数300回の二次コイルに生じる電圧の実効値は何Vか。　知識

答

■ 練習問題 ■

知識

316 電気振動 図のように，50 V の直流電圧で充電された電気容量 16 μF のコンデンサーと，自己インダクタンス 9.0 H のコイルを接続する。スイッチを閉じると，回路に振動電流が流れた。次の各問に答えよ。

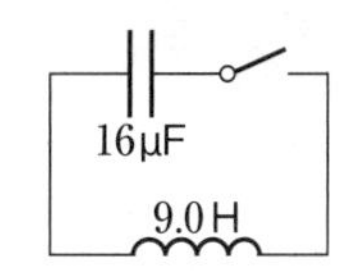

(1) 電気振動の周波数は何 Hz か。

答

(2) はじめにコンデンサーがたくわえているエネルギーは何 J か。

答

(3) 振動電流の最大値は何 A か。

答

思考

317 電気振動 図 1 のように，起電力 100 V の電池 E，電気容量 10 μF のコンデンサー C，コイル L，スイッチ S を接続した。S を P 側に接続したのち Q 側に接続すると，C の両端の電圧 V〔V〕は，時間とともに図 2 のように変化した。次の各問に答えよ。ただし，S を Q に接続した時刻を $t=0$ とする。

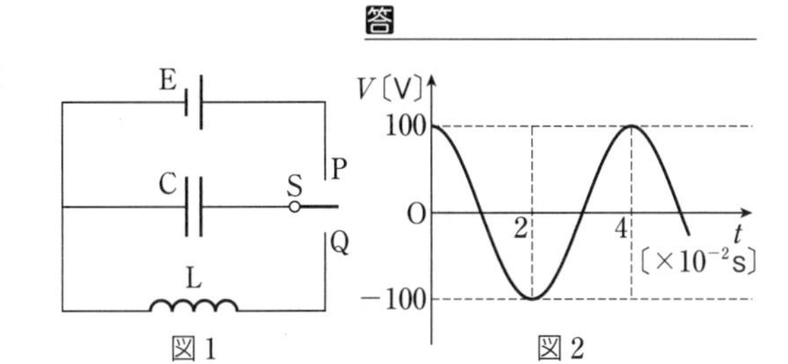

図 1　図 2

(1) 電気振動の周波数は何 Hz か。

答

(2) コイル L の自己インダクタンスは何 H か。ただし，$\pi^2=10$ として計算せよ。

答

(3) 振動電流 I の最大値は何 A か。$\sqrt{10}=3.16$ として計算せよ。

答

知識

318 変圧器 一次コイル，二次コイルの巻数がそれぞれ 500 回，100 回の変圧器がある。一次コイルに実効値 100 V の交流電源をつなぐ。変圧器で電力の損失はないとする。

(1) 二次コイルに生じる電圧の実効値は何 V か。

答

(2) 二次コイルに 25 Ω の抵抗をつなぐとき，二次コイル，および一次コイルに流れる電流の実効値はそれぞれ何 A か。

答 二次　　一次

電磁波

➡解答編 p.53

学習のまとめ

①電磁波の発見

マクスウェルは，1864 年，電気と磁気の理論的な研究から，電場と(ア　　　　　)が互いに変動しながら，光速と等しい速さで，横波として真空中でも伝わる電磁波の存在に気づいた。さらに，電磁波が伝わる速さの計算から，光も電磁波の一種であると考えた。

◀ヘルツは，1888 年，電磁波を発生させ，その存在を実験で確かめた。

②磁場と電場

●磁場の変化と電場の発生　コイルを貫く磁束が変化すると，コイルには誘導起電力が生じる。これは，コイルの各部分に，(イ　　　　　)が生じたためである。これは，図のようにコイルがない部分にも生じている。すなわち，変化する磁場のまわりには，(ウ　　　　　)が生じる。

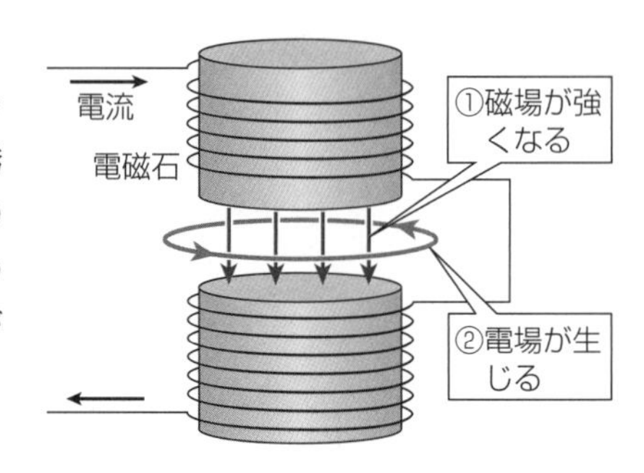

◀磁場が変化するとき，その変化を妨げる向きに電流を流そうとする誘導電場が生じる。

●電場の変化と磁場の発生　平行板コンデンサーを含む回路に，交流電流が流れるとき，導線のまわりには変化する(エ　　　　　)が生じる。このとき，コンデンサーの極板間には，電流は流れていないが，あたかも流れているかのように，導線のまわりに生じるのと同じ(オ　　　　　)が生じている。このとき，コンデンサーの極板間では，(カ　　　　　)が変化している。すなわち，変化する電場のまわりには，(キ　　　　　)が生じる。

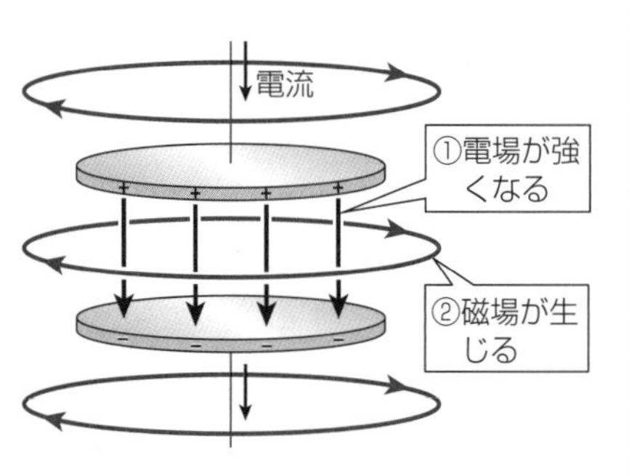

◀変化する電場は，電流と同じようにまわりに磁場をつくる。

③電磁波の発生

図の回路で電気振動がおこると，コンデンサーの極板間に振動する電場が生じる。これによって，周囲の空間に振動する(ク　　　　　)が生じ，これが振動することで新たに振動する(ケ　　　　　)が生じる。電磁波は，変化する電場と磁場が，互いに相手をつくりあって空間を伝わる。これが電磁波である。

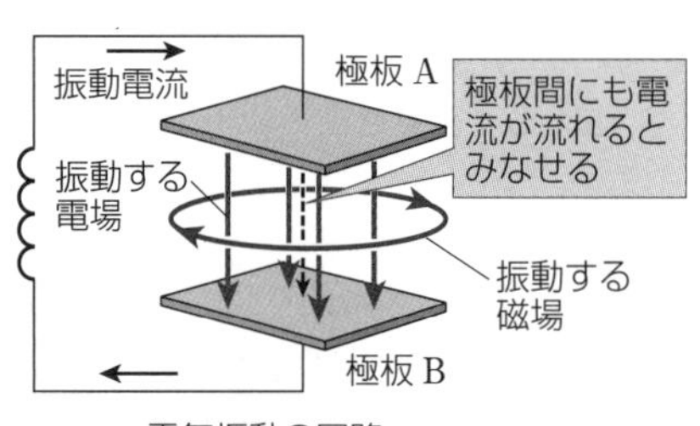

電気振動の回路

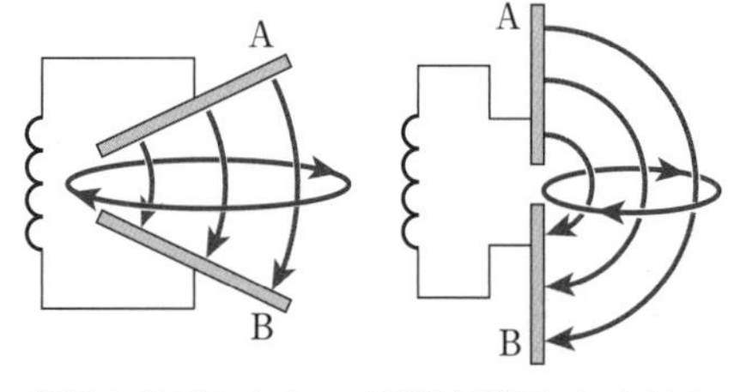

極板を広げたとき　電磁波が伝わるようす

●電磁波の伝わり方　空間を進む電磁波のようすは，図のように示される。電磁波は，(コ　　　　　)の向きから(サ　　　　　)の向きに右ねじをまわすとき，ねじが進む向きに進む。また，真空中における電磁波の速さは，有効数字 2 桁で表すと，(シ　　　　　　　)m/s である。

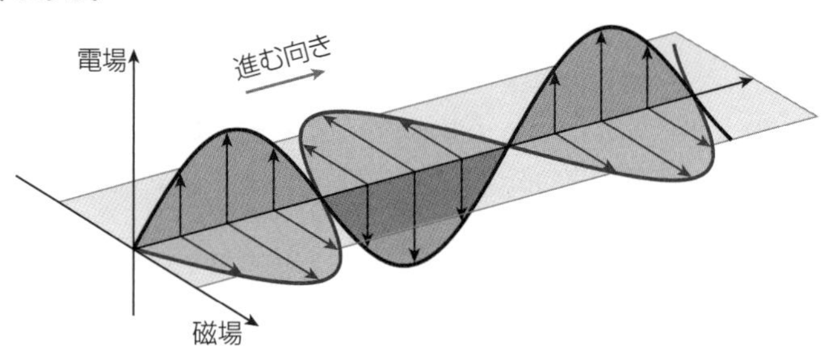

④電磁波の性質

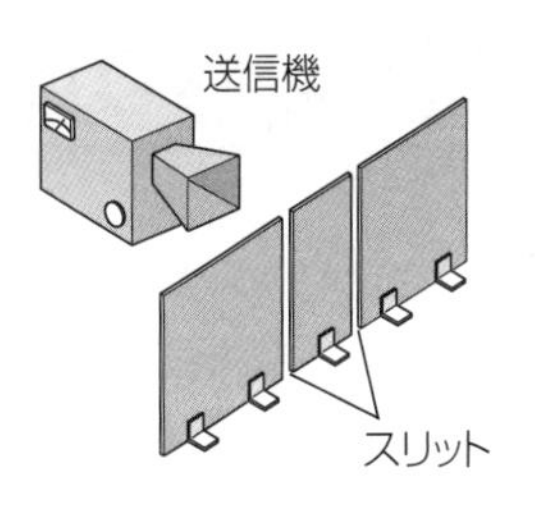

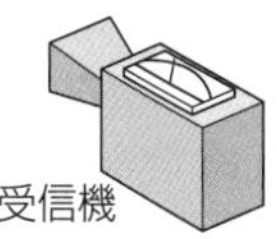

●反射と屈折　電磁波は，金属板にあたって反射する。このとき，入射角と反射角は等しく，(ス　　　　　)の法則を満たしている。また，電磁波は，パラフィンなどの誘電体に入射するとき，屈折する。これは，電磁波の速さが誘電体の中で遅くなるためである。

●回折と干渉　金属板で二重のスリットをつくり，送信機から電磁波を送る。受信機を横に移動させると，電磁波の強い部分と弱い部分が交互に現れる。これは，スリットで回折した電磁波が(セ　　　　　)するためであり，光に関するヤングの実験と同様の現象である。

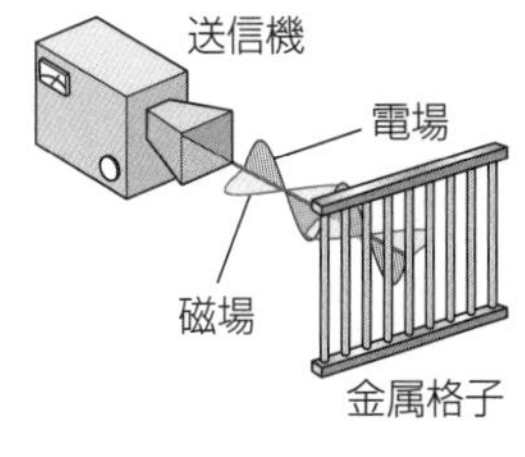

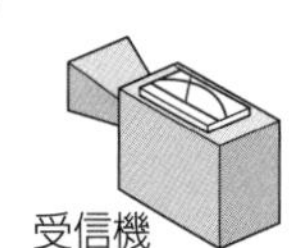

●偏り　電磁波の送信機と受信機を向かいあわせて，間に金属格子を置き，送信機から電磁波を送る。このとき，金属格子が電場と(ソ　　　　　)な方向の場合，電磁波は格子を通り抜ける。しかし，金属格子が電場と(タ　　　　　)な方向の場合，電磁波は，金属格子を通り抜けることができず，反射される。これは，電磁波が横波であり，電場が進行方向と垂直に振動していることを示している。

⑤電磁波の種類

電磁波は，周波数，または(チ　　　　　)によって性質が異なり，さまざまなものに利用される。

周波数	10^{20}	10^{18}	10^{16}	10^{14}	10^{12}	10^{10}	10^{8}	10^{6}	〔Hz〕
波長	10^{-12}	10^{-10}	10^{-8}	10^{-6}	10^{-4}	10^{-2}	1	10^{2}	10^{4}〔m〕

名称	利用例
γ線	材料検査，医療
X線	X線写真，医療
紫外線	殺菌灯，化学作用
可視光線，近赤外線	光通信，光学機器
赤外線	赤外線写真
遠赤外線	乾燥・熱源
サブミリ波	
ミリ波(EHF)	レーダー
センチ波(SHF)	衛星放送，電子レンジ
極超短波(UHF)	携帯電話
超短波(VHF)	テレビ放送，FM放送
短波(HF)	短波放送
中波(MF)	船舶通信，国内ラジオ放送
長波(LF)	航行用通信，船舶・航空機

(サブミリ波〜長波：電波，サブミリ波〜センチ波付近：マイクロ波)

■ 確認問題 ■

319 電波について，次の各問に答えよ。ただし，光速を 3.0×10^{8}m/s とする。　知識

(1) 波長 100m の電波の周波数は何 Hz か。

答

(2) 周波数 12MHz の電波の波長は何 m か。

答

(3) 1.0MHz の周波数の電波を受信するのに，自己インダクタンス 0.10mH のコイルとコンデンサーを用いて共振回路をつくった。コンデンサーの電気容量は何 F にすればよいか。ただし，$\pi^2=10$ として計算せよ。

答

第Ⅲ章　章末問題

思考
320　箔検電器とコンデンサー　コンデンサーの性質を調べるため，箔検電器と，同じ大きさの円形の金属板A，Bを使って，次の①～④の操作を行った。

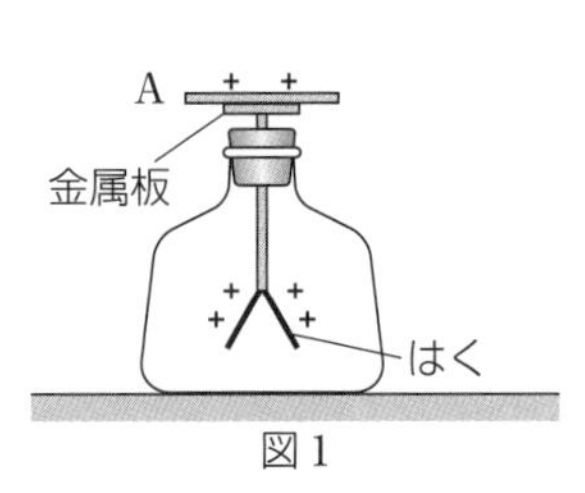

図1

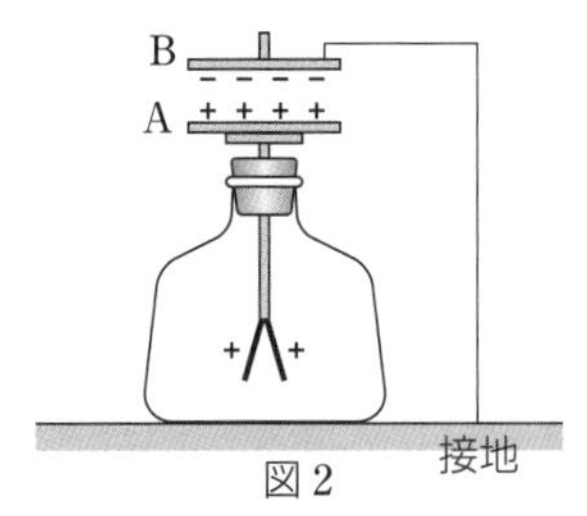

図2

①箔検電器の金属板の上に金属板Aを置き，Aと箔検電器を正に帯電させて金属箔を開かせる(図1)。
②接地された金属板BをAの上に固定し，平行板コンデンサーをつくる。
③接地したまま金属板Bを下に動かし，極板間の距離を小さくして金属箔の開きを観察する。
④接地したまま金属板Bを水平方向にずらして金属箔の開きを観察する。

②の操作では，金属箔の開きが小さくなることが観察された。これは，図2のように，金属板A，Bでできるコンデンサーに電荷がたくわえられるので，金属箔からAに正電荷が移動したためと考えられる。

(1) ③，④のそれぞれの操作で，コンデンサーの電気容量はどのようになるか。次の(ア)～(ウ)の中から選べ。
(ア) 小さくなる　(イ) 変わらない　(ウ) 大きくなる

答 ③＿＿＿＿
④＿＿＿＿

(2) ③，④のそれぞれの操作で，金属箔の開きはどのようになるか。次の(ア)～(ウ)の中から選べ。
(ア) 小さくなる　(イ) 変わらない　(ウ) 大きくなる

答 ③＿＿＿＿
④＿＿＿＿

思考
321　豆電球の抵抗測定　メートルブリッジとよばれる図の回路で，豆電球の抵抗の測定を試みた。ABは長さが1.00mで太さが一様な抵抗線，R_Sは可変抵抗の抵抗値，Rは標準抵抗の抵抗値，Gは検流計である。$R=24\,\Omega$とし，豆電球は温度が上がると抵抗値が大きくなるとして，次の各問に答えよ。

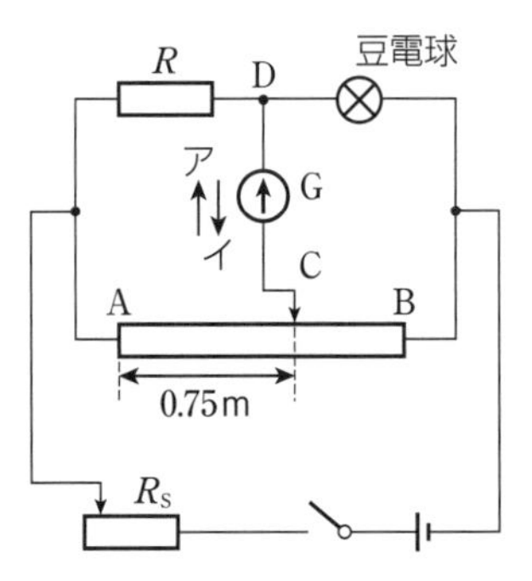

(1) 可変抵抗の抵抗値R_Sを大きくして測定を行った。抵抗線ABとの接点Cの位置が端Aから0.75mであったとき，検流計の目盛りが0となった。このときの豆電球の抵抗値は何Ωか。

答＿＿＿＿

可変抵抗の抵抗値R_Sを小さくし，流れる電流を大きくして，抵抗線ABとの接点Cの位置を端Aから0.75mとしたとき，検流計の針が振れた。

(2) 検流計には，図のア，イのどちら向きに電流が流れたか。

答＿＿＿＿

(3) 再び検流計の目盛りを0にするためには，接点CをA，Bのどちら側に近づければよいか。

答＿＿＿＿

思考

322 ローレンツ力と質量分析器

以下は質量分析器の原理を説明する文である。文中の(　　)に適する式，または語句を答えよ。

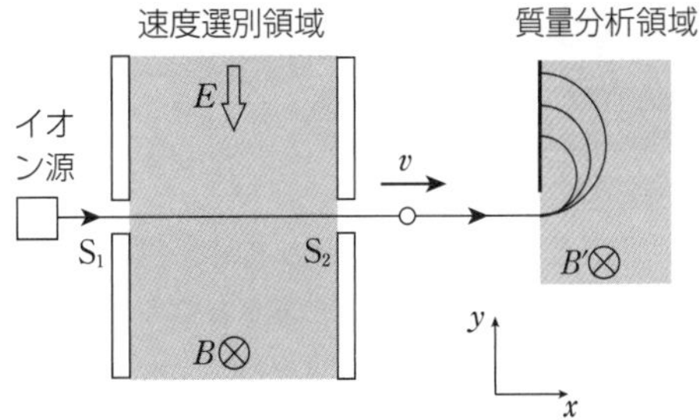

質量分析器は，イオン源から出る粒子を質量ごとに分離する装置で，速度選別領域と質量分析領域からなる。

図のように，イオン源から飛び出したイオンは，スリット S_1 を通って速度選別領域に入る。速度選別領域では，紙面に垂直に表から裏の向きに磁束密度 B の一様な磁場が，y 軸の負の向きに強さ E の一様な電場がかけられている。イオンは，磁場と電場から力を受けて運動する。イオンの電荷を q $(q>0)$，速さを v，質量を m とすると，y 方向の運動方程式は，$ma=$(　ア　)となる。これから，速さ $v=$(　イ　)であるイオンのみが，加速度 $a=0$ となり，x 軸の正の向きに直進し，スリット S_2 を通る。

質量分析領域には，紙面に垂直に表から裏の向きに磁束密度 B' の一様な磁場がかけられており，入射したイオンは，磁場からローレンツ力を受けて等速円運動をする。円の半径を r とすると，イオンの半径方向の運動方程式は，m(　ウ　)$=$(　エ　)となり，r は，m，v，q，B' を用いて，$r=$(　オ　)と表される。r は質量に(　カ　)するので，質量の異なるイオンを分離することができる。

答 (ア)

(イ)　　(ウ)

(エ)

(オ)

(カ)

323 RL 直列回路

Aさんが，図のように，抵抗とコイルを直列につなぎ，実効値 30V の交流電源に接続し，各素子の両端の電圧を交流電圧計で測定している。以下のAさんと先生との会話について，次の各問に答えよ。

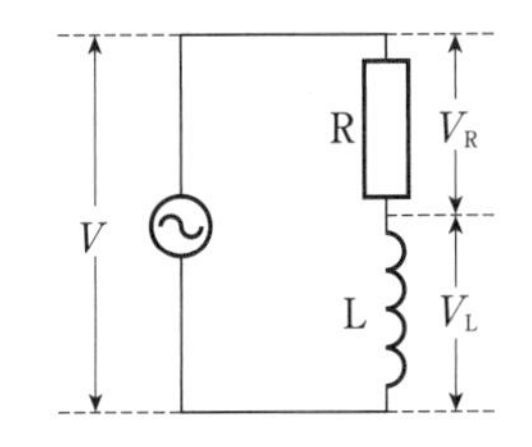

Aさん：交流電圧計で各素子の両端の電圧を測定したのですが，直列回路であるにもかかわらず，電圧の和が 30V になりません。

先生　：それは，各素子の両端の電圧の位相が異なるからです。電圧の時間変化の式をつくって考えてみましょう。

直列回路なので，各素子に流れる電流は等しくなりますね。その電流を $I=I_0\sin\omega t$ とすると，抵抗の両端の電圧 V_R はどう表されますか。

Aさん：抵抗では，電圧の位相が(　　ⓐ　　)ので，電圧の最大値を V_{R0} とすると，$V_R=V_{R0}$(　①　)です。

先生　：では，コイルの両端の電圧 V_L はどうなりますか。

Aさん：コイルでは，電圧の位相が(　　ⓑ　　)ので，電圧の最大値を V_{L0} とすると，sin を用いて，$V_L=V_{L0}$(　②　)です。

先生　：直列回路の両端の電圧 V は，V_R と V_L の和です。三角関数の公式

$$\sin\left(\theta+\frac{\pi}{2}\right)=\cos\theta,\ A\sin\theta+B\cos\theta=\sqrt{A^2+B^2}\,\sin(\theta+\alpha)$$

を用いると，V はどうなるでしょうか。

Aさん：$V=$(　③　)$\sin(\omega t+\alpha)$です。V の最大値は，V_{R0} と V_{L0} の単純な和にならないのですね。

先生　：交流電圧計での測定値は実効値であり，最大値を $\sqrt{2}$ で割った値ですが，やはり単純な和にはなりません。

(1) ⓐ，ⓑの空欄には，次の(ア)～(ウ)のどれがあてはまるか。

(ア) 電流の位相より $\pi/2$ 進む　　(イ) 電流の位相と変わらない

(ウ) 電流の位相より $\pi/2$ 遅れる

(2) ①～③の空欄に入る式を答えよ。

答 (1)ⓐ

ⓑ

(2)①

②

③

◆学習日　　月　　日 ◆学習時間　　　分

電子

➡解答編 p.55

学習のまとめ

①陰極線

ガラス管の両端に高電圧を加え，管内の圧力を下げると，10^3 Pa 程度で内部の気体に特有な色を発する放電がおこる。さらに圧力を下げると気体に特有の色は消え，陽極付近のガラス壁が蛍光を発する。このとき，陰極から放射されているものは(ア　　　　)とよばれ，次のような性質がある。

①直進性をもつ。　②電場や(イ　　　　)によって曲げられる。

現在，陰極線は(ウ　　　　)の流れであることがわかっている。

◀気体中でおこる放電を真空放電という。

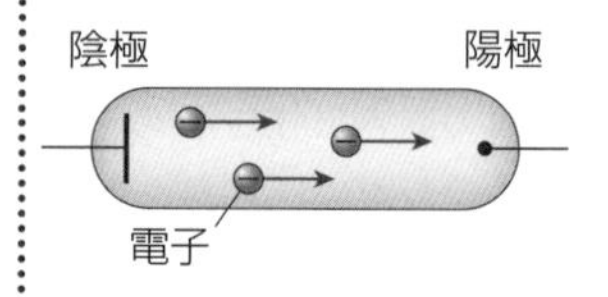

②電子の比電荷

J.J. トムソンは，1897 年，(エ　　　　)によって，陰極線を曲げることに成功し，磁場を用いた実験を併用して，陰極線の粒子の電気量の大きさ e と質量 m との比 $\frac{e}{m}$ を測定した。このような，荷電粒子の電気量の大きさと質量の比を(オ　　　　)という。現在，電子の比電荷は，次の値であることが知られている。

$$\frac{e}{m}=1.7588\times10^{11}\fallingdotseq1.76\times10^{11}\,\mathrm{C/kg}$$

◀ J.J. トムソンの実験結果から，陰極線の粒子は，すべての原子に共通に含まれていると考えられ，電子と名づけられた。

③電子の電荷と質量

19 世紀後半，電気量の最小単位である(カ　　　　)の存在が明らかになってきた。(キ　　　　)は，1909 年から 1916 年にかけて，油滴を用いた方法で実験を行い，電気素量を求めることに成功した。電気素量は，1 個の(ク　　　　)の電気量の大きさに等しく，現在，次の値であることが知られている。

$$e=1.6022\times10^{-19}\fallingdotseq1.60\times10^{-19}\,\mathrm{C}$$

電気素量 e と電子の比電荷 $\frac{e}{m}$ から，電子の質量 m は次のような計算で求められる。　$m=\frac{e}{(ケ\qquad)}$

この計算値は，次のようになる。　$m=9.11\times10^{-31}\,\mathrm{kg}$

◀ミリカンは，帯電させた油滴の電気量を求める実験を行った。

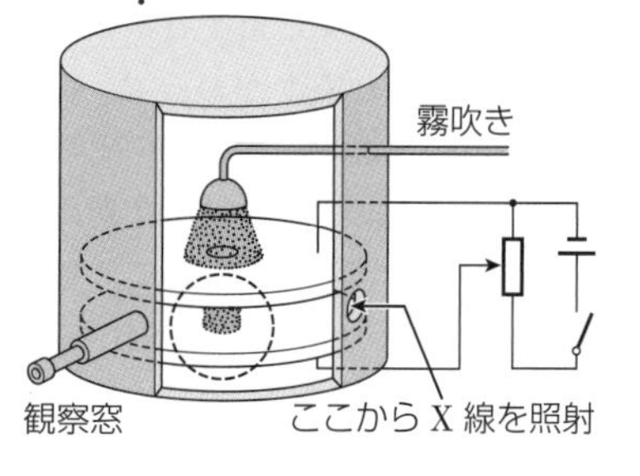

■ 確認問題 ■

324 次の操作を行うと，陰極線にどのような変化が生じるか。(ア)～(ウ)の中から適切なものを選び，記号で答えよ。　思考

(1) 電場を加える。　(2) 磁場を加える。

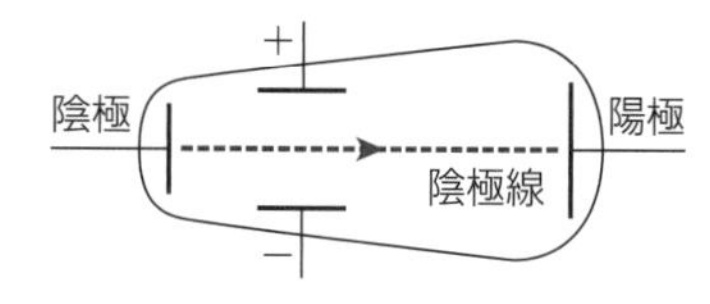

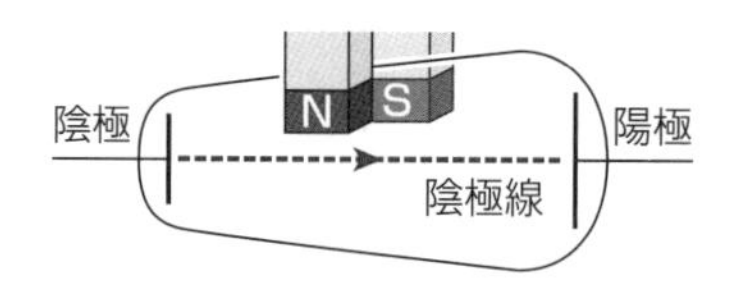

(ア) 変化しない　(イ) 上向きに曲がる　(ウ) 下向きに曲がる

答 (1)

(2)

325 電子の比電荷を 1.76×10^{11} C/kg，電気素量を 1.60×10^{-19} C とすると，電子の質量は何 kg か。　知識

答

■ 練習問題 ■

知識

326 J.J. トムソンの実験 次の文の(　　)に入る適切な語句，式を答えよ。

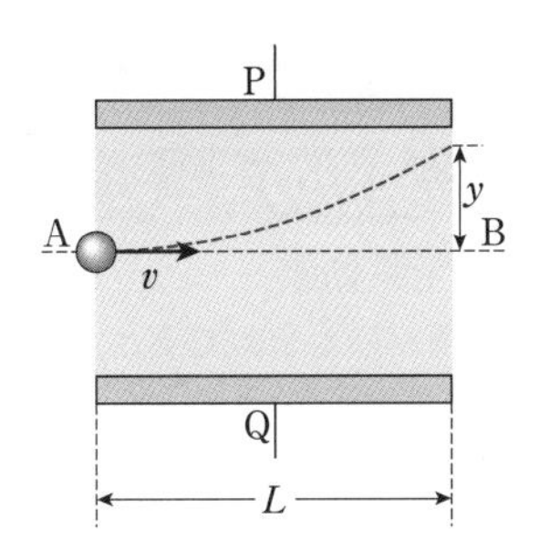

真空中で2つの極板P，Qを電源につなぎ，極板間に強さEの一様な電場が下向きにかかるようにする。図のように，速さv，質量m，電気量$-e$の電子が，電場と垂直に，AからBの向きに極板間に入射したとする。このとき，電子は電場から大きさ(　ア　)の力を上向きに受け，電子は上向きに大きさ(　イ　)の加速度をもつ。電子が長さLの極板間を通過する時間は(　ウ　)なので，電子が極板の右端まできたとき，直線ABからのずれyは(　エ　)である。

次に，PQ間に磁束密度Bの一様な磁場を紙面に垂直に(　オ　)の向きにかけると，電子は直線AB上を直進した。このときの力のつりあいの式から，電子の速さは$v=$(　カ　)と表される。(エ)，(カ)の2つの式から，電子の比電荷$\frac{e}{m}$が求められる。

答 (ア)　　　　(イ)　　　　(ウ)

(エ)　　　　(オ)　　　　(カ)

知識

327 ミリカンの実験 ミリカンの実験の原理について，次の文の(　　)に入る適切な式を答えよ。ただし，重力加速度の大きさをgとする。

P
m
q
Q

図の極板P，Qの間には，鉛直方向に一様な電場をかけることができる。この極板間に，質量m，電荷$q(>0)$の油滴がただよっているとし，油滴が大きさvの速度で運動するとき，油滴には，速度と逆向きに大きさkvの空気抵抗がはたらくとする。極板間の電場を0にしたとき，油滴はやがて一定の速さv_0で落下した。このとき，油滴にはたらく力は，重力，空気抵抗の2力で，力のつりあいの式は，$mg=$(　ア　)と表される。また，極板間に，鉛直上向きに強さEの電場をかけたとき，油滴はやがて一定の速さvで上昇した。このとき，油滴にはたらく力は，重力，空気抵抗，静電気力であり，力のつりあいの式は，$qE=$(　イ　)と表される。これら2式から，油滴の電荷qを，k，E，v_0，vを用いて表すと，(　ウ　)となる。

答 (ア)　　　　(イ)　　　　(ウ)

知識

328 ミリカンの実験 ミリカンの実験において，イオンの付着によって変化する1つの油滴の電気量を観測し，次の5つの測定値が得られた。

①8.05　②9.60　③11.22　④14.39　⑤16.01　　($\times10^{-19}$C)

(1) 互いに隣りあう測定値の差をとり，電気素量eの値を有効数字2桁で推定せよ。

答

(2) 各測定値を電気素量eの整数倍であると考え，eの値を有効数字3桁で求めよ。

答

第Ⅳ章 原子

◆学習日　　月　　日 ◆学習時間　　　　分

55 光の粒子性

➡解答編 p.55〜56

学習のまとめ

①光電効果

物質に光をあてると，物質中から電子が飛び出す現象を(ア　　　　　　　)といい，飛び出す電子を(イ　　　　　)という。

●特徴　①光の振動数がある値 ν_0 よりも小さければ，光電子は飛び出さない。この ν_0 を物質の(ウ　　　　　　)という。②光電子の運動エネルギーの最大値は，光の強さに関係なく，光の(エ　　　　　)で決まる。③ ν_0 よりも大きい一定の振動数の光をあてると，飛び出す光電子の数は，光の(オ　　　　　)に比例して増えるが，光電子の運動エネルギーの(カ　　　　　　)は変わらない。

◀振動数が ν_0 よりも大きい光をあてると，光の強さに関係なく，光電子はすぐに飛び出す。

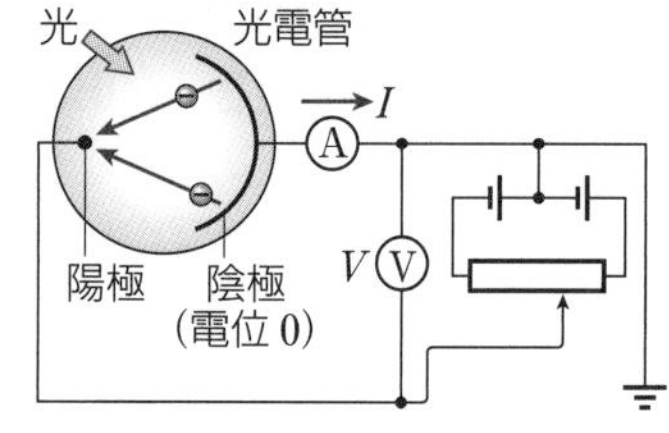

●実験　図の回路で，光の振動数を一定にして実験をすると，グラフのような結果が得られた。光の強さを 2 倍にすると，飛び出す光電子の数が(キ　　　)倍になることがわかる。また，光の振動数と光電子の運動エネルギーの関係を調べる。陽極の電位を $-V_M$ よりも低くすると，(ク　　　)極を飛び出した光電子が(ケ　　　)極にたどりつけず，光電流が 0 となる。V_M を(コ　　　　)電圧という。陰極を飛び出した直後の光電子の運動エネルギーの最大値 K_M は，電気素量を e として，　$K_M=$(サ　　　　　)

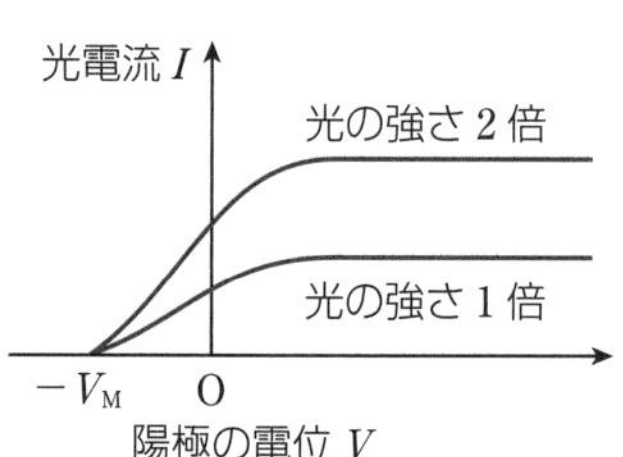

②光量子仮説

アインシュタインは，1905 年，光はエネルギーをもつ粒子の流れであるとして，光電効果の説明に成功した(光量子仮説)。この粒子を(シ　　　　　)という。振動数 ν (波長 λ) の光の光子 1 個がもつエネルギー E は，光速を c として，

$$E=h\nu=(\text{ス}\qquad\qquad)\qquad h=6.63\times10^{-34}\,\mathrm{J\cdot s}$$

この h を(セ　　　　　　　)定数という。金属内部の電子を飛び出させるのに必要な仕事の最小値を(ソ　　　　　　　)という。

③光電効果と仕事関数

光電子の運動エネルギーの最大値 K_M は，照射する光の振動数を ν，陰極に用いられる金属の仕事関数を W とすると，プランク定数 h を用いて，

$$K_M=(\text{タ}\qquad\qquad)$$

●電子ボルト　エネルギーには電子ボルト(記号 eV)の単位もある。1eV は 1V の電位差で加速された(チ　　　　　)が得る運動エネルギーである。電気素量を 1.60×10^{-19} C として，$1\,\mathrm{eV}=1.60\times10^{-19}$ J

◀光電効果は，1 個の光子が金属内部の 1 個の電子にエネルギーを与え，外部へ飛び出させる現象である。光子 1 個のエネルギー $h\nu$ のうち，一部が電子を飛び出させる仕事に使われ，残りが電子の運動エネルギーになる。

◀限界振動数 ν_0 は，$K_M=0$ のときの振動数であり，$\nu_0=W/h$ と表される。

■ 確認問題 ■

プランク定数を 6.6×10^{-34} J·s，電気素量を 1.6×10^{-19} C とする。

329 振動数 6.0×10^{14} Hz の光子 1 個のもつエネルギーは何 J か。知識

答

330 2.4×10^{-19} J を電子ボルトに換算すると，何 eV か。知識

答

■ 練習問題 ■

知識

331 光子のエネルギー 波長 4.4×10^{-7} m の光子 1 個のエネルギーは何 J か。ただし，プランク定数を 6.6×10^{-34} J·s，光速を 3.0×10^{8} m/s とする。

答

思考

332 光電子の運動エネルギー 陰極にセシウムを用いた光電管で，光電効果の実験を行った。陰極にあてる光の振動数 ν を変えて，飛び出す光電子の運動エネルギーの最大値 K_M を測定すると，図のようなグラフが得られた。グラフに関して，次の各問に答えよ。

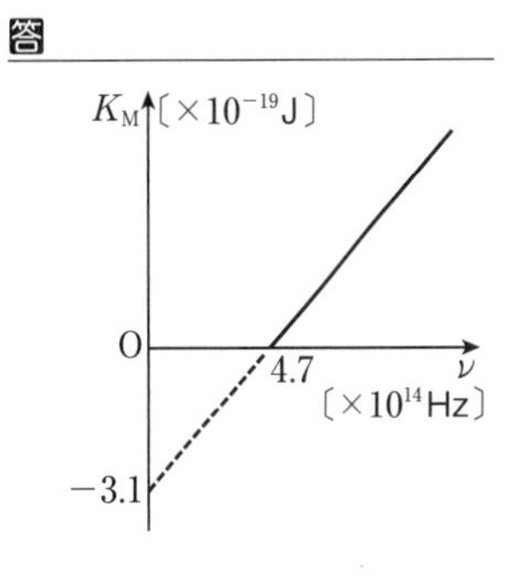

(1) セシウムの限界振動数は何 Hz か。

答

(2) セシウムの仕事関数は何 J か。

答

(3) プランク定数は何 J·s か。

答

知識

333 光電効果の実験 光電管を用いて，光電効果の実験を行う。光電管 P の陰極に波長 5.5×10^{-7} m の単色光をあて，陰極に対する陽極の電位が -0.80 V のときに，電流計の目盛りが 0 になった。電気素量を 1.6×10^{-19} C，プランク定数を 6.6×10^{-34} J·s，真空中の光速を 3.0×10^{8} m/s とする。

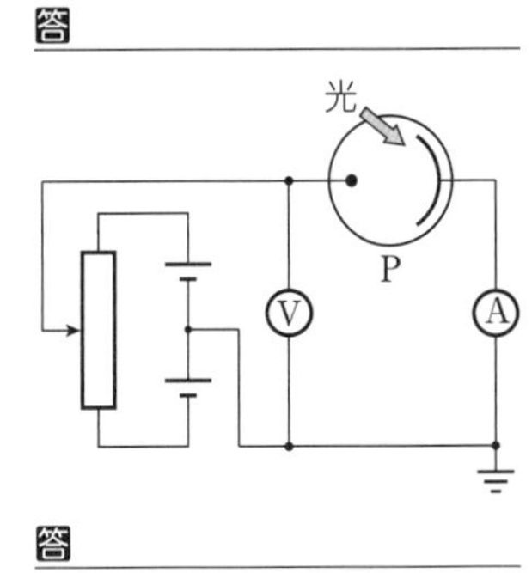

(1) 単色光の光子 1 個のエネルギーは何 J か。

答

(2) 陰極から飛び出した光電子の運動エネルギーの最大値は何 J か。

答

(3) 陰極の金属の仕事関数は何 J か。

答

知識

334 電子銃 図のように，陰極から出る熱電子を極板間で加速して，陽極の孔から飛び出させる。極板間の電圧を 1.0×10^{4} V にしたとき，電子が孔を出るときにもつ運動エネルギーは何 eV か。また，その値は何 J か。ただし，電気素量を 1.6×10^{-19} C として，陰極から出た直後の電子の速さは 0 とする。

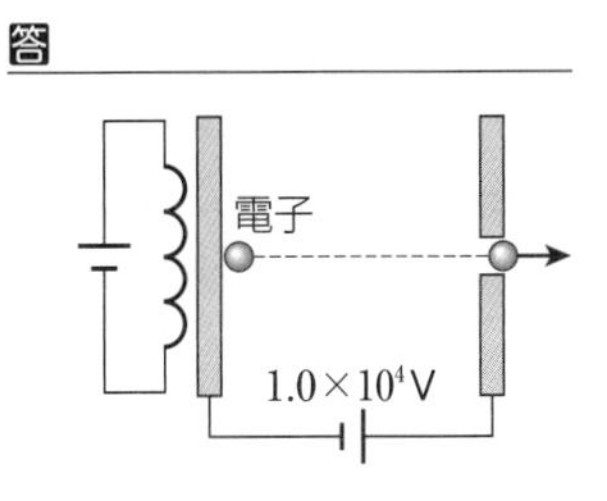

答 eV　　　　J

第Ⅳ章 原子

X 線

◆学習日　　月　　日 ◆学習時間　　　分

➡解答編 p.56～57

学習のまとめ

①X線の発生

X線は，1895年，(ア　　　　　　　　)によって発見され，その後の研究で，紫外線よりも波長の短い(イ　　　　　　)の一種であることがわかった。

◀X線は，感光作用，蛍光作用，強い透過性をもつ。

図のX線管から放射されるX線の強さと波長の関係は，グラフのようになる。特定の波長の強いX線を(ウ　　　　　)X線といい，このX線を除く，なめらかな曲線で示される部分を(エ　　　　　)X線という。

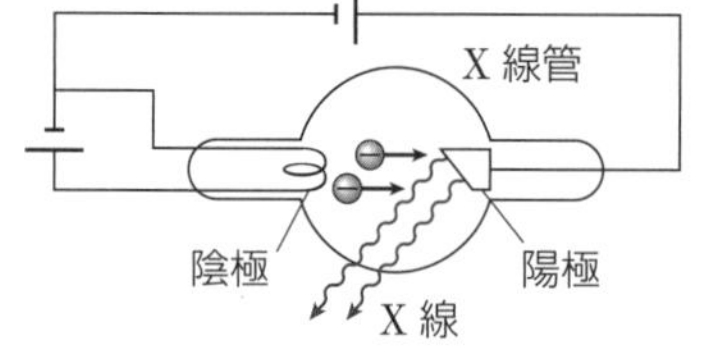

X線の強さ
O
波長 λ

X線管の陰極で発生した熱電子(電気素量 e)が，両極間の電圧 V で加速され，運動エネルギー(オ　　　　　)をもって陽極に衝突する。運動エネルギーのすべてが，1個のX線光子のエネルギーに変わるとき，最短波長のX線光子が発生する。そのX線光子のエネルギーは，最短波長 λ_0，真空中の光速 c，プランク定数 h を用いて，(カ　　　　　)となる。したがって，λ_0は，　$\lambda_0=$(キ　　　　　　　)

◀X線管で発生する特性X線の波長は，陽極の物質で決まる。
熱電子が陽極に衝突すると，運動エネルギーの一部がX線光子，残りが陽極の原子に与えられる。

②X線の波動性

●ラウエの実験　ラウエは，1912年，硫化亜鉛の結晶に連続X線をあて，(ク　　　　　　　)とよばれる回折像を得た(X線回折)。

●ブラッグの実験　ブラッグ父子は，X線回折を利用して結晶構造を調べた。結晶の格子面にX線を入射させ，反射したX線が強めあうとする。このとき，格子面と入射X線とのなす角を θ，格子面の間隔を d，X線の波長を λ とすると，次式が成り立つ。

$2d\sin\theta=$(ケ　　　　　)　　$(n=1,\ 2,\ \cdots)$

この式を(コ　　　　　　)の反射条件という。

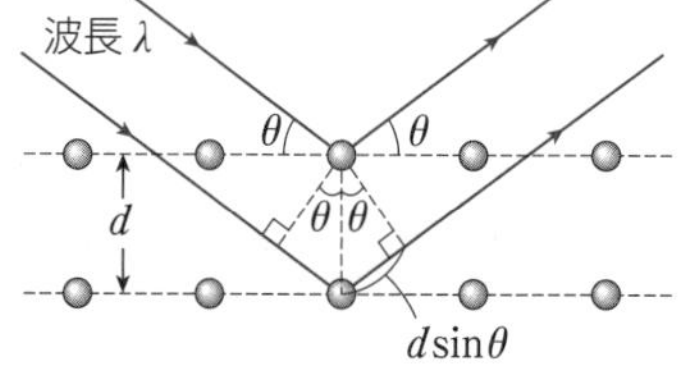

◀この反射をブラッグ反射，角 θ をブラッグ角という。

③X線の粒子性

物質にX線をあてたとき，散乱X線の中には，入射X線よりも波長の長いものが含まれる。これを(サ　　　　　　　　)効果という。コンプトンは，X線が運動量をもつ光子の流れであるとして，この現象を説明した。光子の運動量 p は，振動数を ν，波長を λ，プランク定数を h，光速を c として，

$$p=\frac{h\nu}{c}=(\text{シ}\qquad\qquad)$$

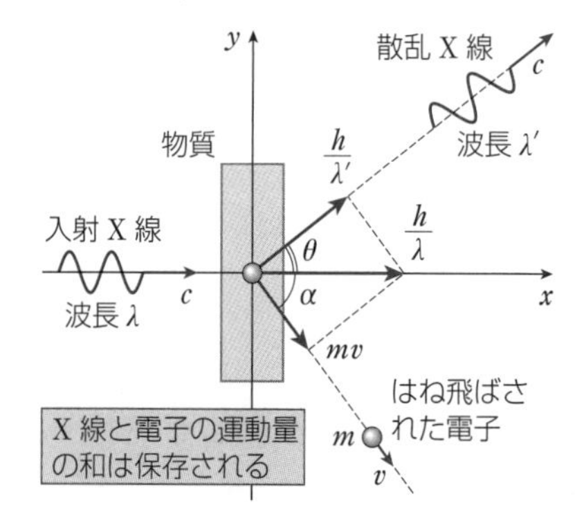

■ 確認問題 ■

プランク定数を 6.6×10^{-34} J·s，真空中の光速を 3.0×10^{8} m/s とする。

335　運動エネルギー 6.6×10^{-15} J をもつ電子が，X線管の陽極に衝突した。発生するX線の最短波長は何 m か。　知識

答

336　振動数 5.0×10^{14} Hz の光子の運動量は何 kg·m/s か。　知識

答

■ 練習問題 ■

知識

337 X線の発生 初速度0の電子を電圧10kVで加速し，X線管の陽極に衝突させた。電気素量を1.6×10^{-19}C，プランク定数を6.6×10^{-34}J·s，真空中の光速を3.0×10^{8}m/sとする。

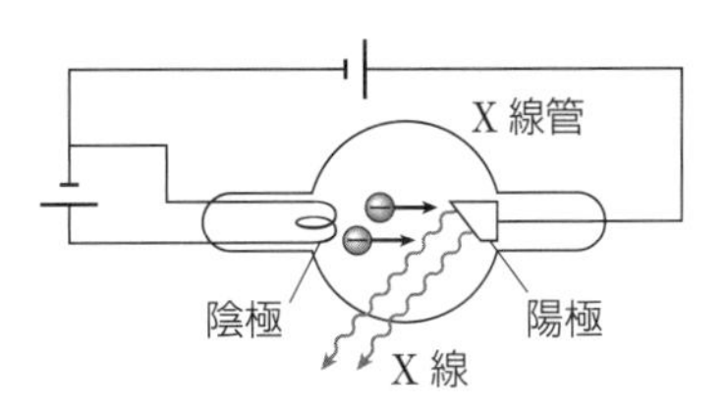

(1) 陽極に衝突する直前の電子の運動エネルギーは何Jか。

答 ＿＿＿＿＿＿＿＿

(2) 発生するX線の最短波長は何mか。

答 ＿＿＿＿＿＿＿＿

知識

338 ブラッグ反射 結晶の格子面に波長3.0×10^{-10}mのX線をあてると，入射X線の進行方向から60°の方向で反射X線が強めあった。ブラッグ角は何度か。また，ブラッグの反射条件の次数nを2とすると，格子面の間隔dは何mか。

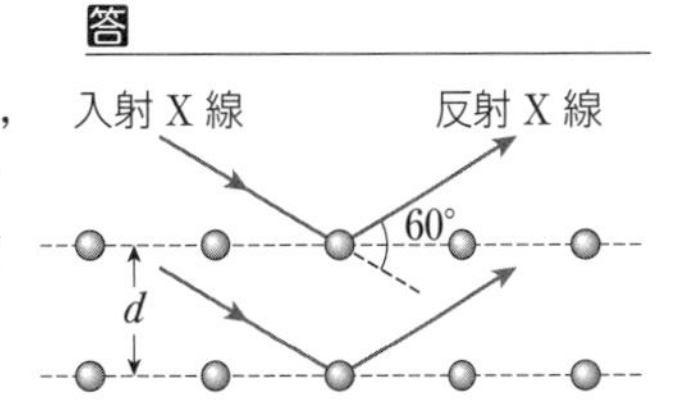

答 ブラッグ角 ＿＿＿＿ 間隔 ＿＿＿＿

知識

339 コンプトン効果 コンプトン効果について，次の文の(　　)に入る適切な式を答えよ。

図のように，波長λのX線光子がx軸上を進み，原点に静止している物質中の電子(質量m)によって散乱される。散乱後，X線光子は，x軸からθの角をなす向きに波長λ'となって進み，電子は，x軸からαの角をなす向きに速さvで進んだ。

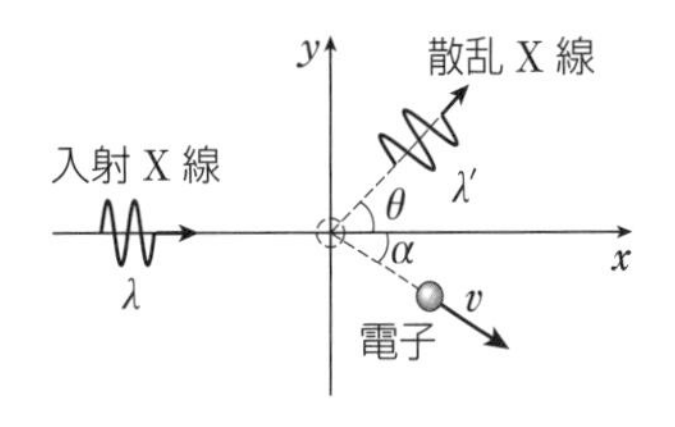

プランク定数をh，光速をcとすると，エネルギー保存の法則の式は，

$$\frac{hc}{\lambda}=(\ ア\ )\ \cdots①$$

また，x軸方向，y軸方向のそれぞれについて，運動量保存の法則の式は，

x軸：$\frac{h}{\lambda}=(\ イ\ )\ \cdots②$　　y軸：$0=(\ ウ\ )\ \cdots③$

式②，③から，$\sin^2\alpha+\cos^2\alpha=1$の関係を用いて$\alpha$を消去すると，
$m^2v^2=(\ エ\ )$の関係式が得られる。これと式①からvを消去すると，

$$\left(\frac{h}{\lambda}\right)^2+\left(\frac{h}{\lambda'}\right)^2-\frac{2h^2}{\lambda\lambda'}\cos\theta=2mhc\left(\frac{1}{\lambda}-\frac{1}{\lambda'}\right)$$

ここで，$\frac{\lambda'}{\lambda}+\frac{\lambda}{\lambda'}\fallingdotseq2$の近似式を用い，$\Delta\lambda=\lambda'-\lambda$とすると，$\Delta\lambda=(\ オ\ )$と表される。

答 (ア)　　(イ)　　(ウ)

(エ)　　(オ)

第Ⅳ章 原子

57 粒子の波動性

➡解答編 p.57〜58

学習のまとめ

①粒子の波動性

ド・ブロイは，1924 年，光や X 線のような電磁波が粒子性を示すならば，逆に，電子のような粒子は(ア　　　　)性を示し，光子の運動量の式と同様の関係が成り立つと考えた。この波の波長 λ は，物質粒子の運動量を p，質量を m，速さを v として，次式で表される。

$$\lambda=\frac{h}{p}=\left(^{イ}\qquad\qquad\right)$$

この波を(ウ　　　　　)といい，電子の場合の波を(エ　　　　　)という。粒子の波動性は，陽子，中性子などにもみられる。

◀デビッソン，ガーマー，菊池正士らは，1927 年，結晶に電子線をあてたときに生じる回折のようすを調べ，ド・ブロイの考えが正しいことを確かめた。

②粒子と波動の二重性

ヤングの実験において，光子が 1 個ずつ飛び出すほどの弱い光源を用いた場合，図のような干渉縞が観察される。

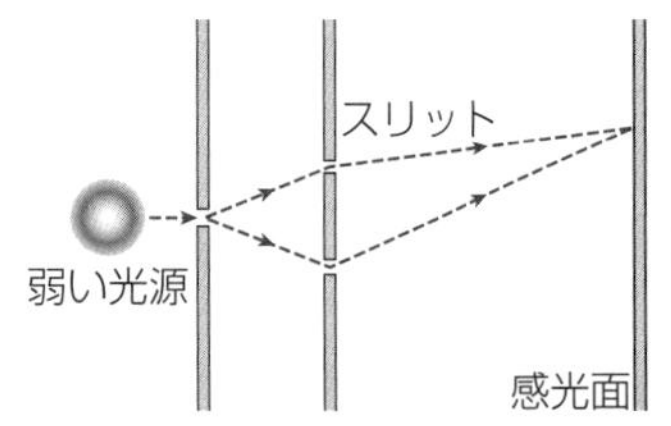

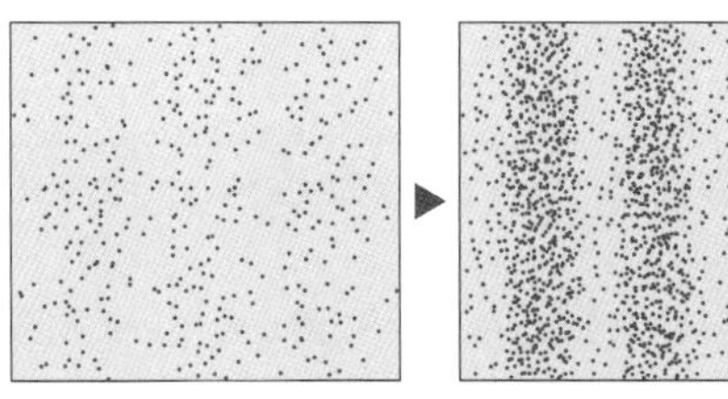

◀電子を用いて同様の実験を行っても，同じような干渉模様が得られる。

はじめは乱雑な点のように見えるが，十分な時間が経過すると，多数の(オ　　　　)が感光面に達し，光の波長に応じた干渉縞が観測される。これは，分割できないはずの 1 個の(カ　　　　)が，波動として，2 つのスリットを同時に通って干渉したことを示している。このように，ミクロの世界では，波動と粒子を明確に区別することができない。これまで，光は波動として，電子は粒子として考えていたが，それぞれには粒子と波動の両方の性質が備わっている。これを(キ　　　　　　　)の二重性という。

◀ミクロの世界では，位置と運動量の両方を，同時に正確に決めることはできない。これをハイゼンベルクの不確定性原理という。この原理は，粒子と波動の二重性を反映している。

●電子顕微鏡　光学顕微鏡で観察することができる最小の物体の大きさは，光の(ク　　　　)の現象のため，光の波長と同じ 10^{-7}m 程度までである。一方，光よりも波長の短い(ケ　　　　)波を用いて，より微小なものを観察できるようにしたものが，電子顕微鏡である。電子顕微鏡では，電子を高電圧で加速し，電子波の波長を 10^{-12}m 程度まで短くすることによって，原子の姿までも，観察できるようになっている。

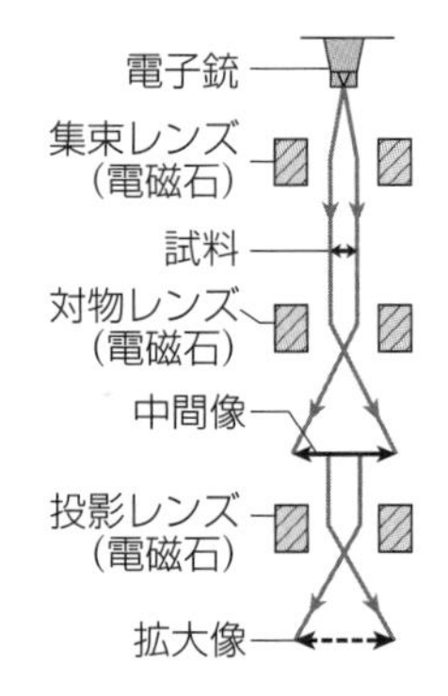

■ 確認問題 ■

340 質量 9.1×10^{-31}kg の電子が，速さ 1.1×10^{6}m/s で運動している。プランク定数を 6.6×10^{-34}J·s とすると，電子波の波長は何 m か。　知識

答

■ 練習問題 ■

知識

341 物質波　質量 3.3×10^{-27} kg の粒子が，ある速さで運動している。この粒子の物質波の波長が 1.0×10^{-10} m であるとき，粒子の速さは何 m/s か。プランク定数を 6.6×10^{-34} J·s とする。

答

思考

342 電子波　図のように，極板 AB 間に電圧 V をかけると，電子が極板Aから初速度 0 で加速し，極板Bに到達した。次の各問に答えよ。ただし，電子の質量を m，電気素量を e，プランク定数を h とする。

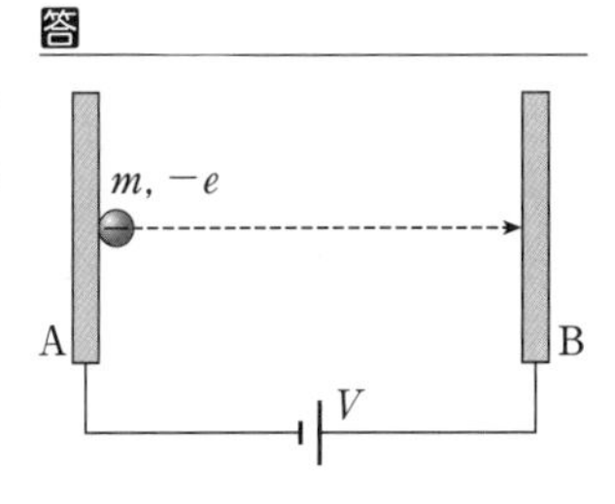

(1) Bに到達する直前の電子の運動エネルギーはいくらか。

答

(2) Bに到達する直前の電子の速さはいくらか。

答

(3) Bに到達する直前の電子波の波長はいくらか。

答

(4) AB 間に加える電圧を 2 倍にしたとき，電子がBに到達する直前の電子波の波長は何倍になるか。

答

知識

343 ハイゼンベルクの不確定性原理　次の文の(　　)には,「長い」,「短い」のいずれかの語句が入る。適切なものを答えよ。

飛んでいるボールの運動のようすは，ボールにあたった光の反射光を観察することによって正確にわかる。ミクロの世界では，電子のような粒子の位置を精度よく測定するためには，波長の(　ア　)光をあてなくてはならない。しかし，波長の(　イ　)光の運動量は大きく，電子の運動量を変化させてしまう。一方，電子の運動量を精度よく測定するためには，運動量の小さい光，すなわち，波長の(　ウ　)光をあてなくてはならない。しかし，光の波長が(　エ　)ほど，回折のため，電子の位置の測定は不正確になる。

このように，ミクロの世界では，位置と運動量の両方を，同時に正確に決めることはできない。これをハイゼンベルクの不確定性原理という。

答　(ア)　　　(イ)　　　(ウ)　　　(エ)

原子の構造① ―ラザフォードの原子模型―

➡解答編 p.58

学習のまとめ

①原子模型

ラザフォードらは，(ア　　　　)の構造を調べるため，1911 年，高速の α 線を金箔にあてる実験を行った。その結果，α 線の大部分は金箔を素通りして直進するが，ごく一部は進行方向が大きく曲げられた。このことから，ラザフォードは，金原子の中に，(イ　　　)電荷が集中したきわめて小さい部分が存在し，電荷どうしの間にはたらく力によって，α 線が曲げられたと考えた。また，その部分は，原子の(ウ　　　　)の大半を占めていると考え，実験結果を説明した。この部分は(エ　　　　)と名づけられ，ラザフォードによって，次のような原子模型が提唱された。

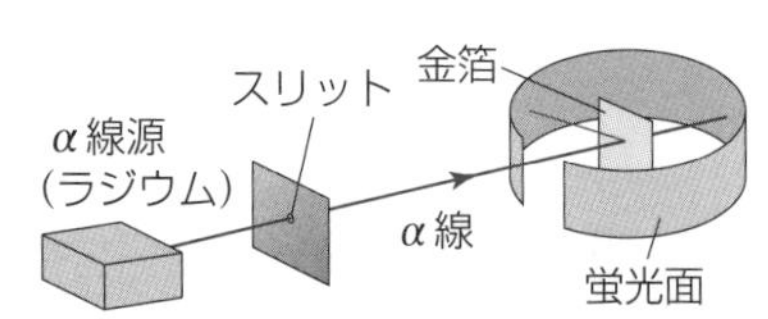

①原子の中心には，体積が非常に小さく質量の大きい原子核がある。原子番号 Z の原子は，電気素量 e の(オ　　　　)倍の正電荷をもつ原子核と，それをとりまく(カ　　　　)個の電子からなる。
②電子は，(キ　　　　)との間にはたらく静電気力によって，原子核のまわりをまわっている。
これを(ク　　　　)の原子模型という。

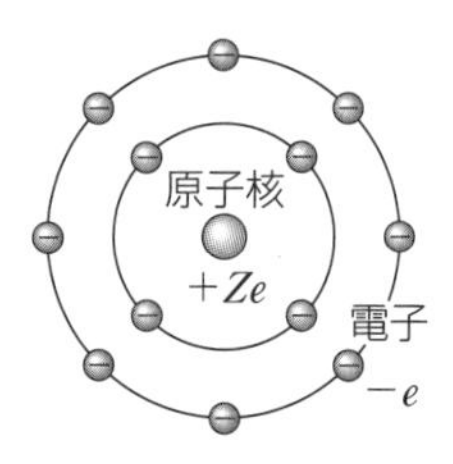

◀原子の構造については，20 世紀初頭にさまざまな模型が考案されている。

◀ α 線は，ヘリウム ^4_2He の原子核であり，電子の 2 倍の大きさの正電荷，電子の約 7300 倍の質量をもつ。

②水素原子のスペクトル

バルマーは，水素の可視光線の領域における線スペクトルを調べ，1885 年，波長 λ〔m〕に次のような規則性があることを見出した。

$$\lambda = 3.65\times10^{-7}\,\mathrm{m}\times\frac{n^2}{n^2-2^2}\qquad (n=3,\ 4,\ 5,\ \cdots)$$

このスペクトルは(ケ　　　　)系列とよばれる。その後，ライマンとパッシェンによって，紫外線と赤外線の領域においても，水素原子のスペクトルが発見された。これらのスペクトルを含めて，一般に，水素原子のスペクトルは，次式で示される。

$$\frac{1}{\lambda} = R\left(^{コ}\qquad\qquad\right)\qquad \left(\begin{array}{l} n'=1,\ 2,\ 3,\ \cdots \\ n=n'+1,\ n'+2,\ n'+3,\ \cdots \end{array}\right)$$

R は(サ　　　　)定数という。

$$R = 1.097\times10^{7}/\mathrm{m}$$

◀高温の気体から出る線スペクトルは，気体の原子から発せられた光によるもので，その波長は，原子の種類(元素)によって決まり，原子の内部構造を知るための重要な手がかりとなる。

◀ $n'=1$：ライマン系列
$n'=2$：バルマー系列
$n'=3$：パッシェン系列

■ 確認問題 ■

344 ラザフォードの原子模型によると，原子番号 10 の原子は何個の電子をもつか。また，電気素量を e とすると，原子核の電気量はいくらか。　知識

答　電子

電気量

■ 練習問題 ■

知識

345 α線の実験 α線が金の原子核に向かって進んでいる。はじめ，α線は金の原子核から十分遠方にあり，その運動エネルギーは 3.2×10^{-14} J であった。α線の電気量を 3.2×10^{-19} C，金の原子核の電気量を 1.3×10^{-17} C，クーロンの法則の比例定数を 9.0×10^{9} N·m²/C² とする。

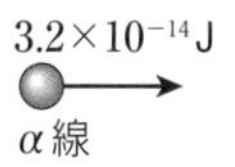

(1) 原子核に最も近づいたときのα線と原子核との間の距離を r〔m〕とする。無限遠を基準として，このときの静電気力による位置エネルギーを表す式を，r を用いて答えよ。数値計算はしなくてよい。

答 ＿＿＿＿＿＿＿＿

(2) r〔m〕はいくらか。

答 ＿＿＿＿＿＿＿＿

知識

346 バルマー系列 次の文の（　　）に入る適切な語句，式を答えよ。
高温の固体や液体から出る光には，一般に，さまざまな波長の光が含まれており，（　ア　）スペクトルが観察される。一方，高温の気体から出る光のスペクトルは，輝いた線がとびとびに現れる（　イ　）スペクトルとなる。これは気体の（　ウ　）から発せられた光によるもので，その波長は，原子の種類(元素)によって決まる。バルマーは，（　エ　）の原子において，波長が（　オ　）の領域にある線スペクトルを調べ，そこに規則性を見出した。

答 (ア)＿＿＿＿ (イ)＿＿＿＿ (ウ)＿＿＿＿

(エ)＿＿＿＿ (オ)＿＿＿＿

知識

347 水素原子のスペクトル 水素原子のスペクトルは，波長を λ〔m〕，リュードベリ定数を R〔1/m〕として，次式で表される。

$$\frac{1}{\lambda}=R\left(\frac{1}{n'^2}-\frac{1}{n^2}\right)\qquad\left(\begin{array}{l}n'=1,\ 2,\ 3,\ \cdots\\ n=n'+1,\ n'+2,\ n'+3,\ \cdots\end{array}\right)$$

(1) 与えられた式を λ について整理せよ（$\lambda=\cdots$の形で表せ）。

答 ＿＿＿＿＿＿＿＿

(2) バルマー系列（$n'=2$）のうち，最も長い波長は何 m か。ただし，リュードベリ定数を $R=1.1\times10^{7}$/m とする。

答 ＿＿＿＿＿＿＿＿

(3) バルマー系列（$n'=2$）のうち，最も短い波長は何 m か。R は(2)と同じ値とする。

答 ＿＿＿＿＿＿＿＿

原子の構造② —ボーアの原子模型—

➡解答編 p.58〜59

学習のまとめ

①ボーアの原子模型

ボーアは，1913 年，次の仮説にもとづいた原子模型を提唱した。

●ボーアの量子条件　電子は，原子核を中心とする等速円運動をしており，電子の質量を m，速さを v，軌道半径を r，プランク定数を h として，n を正の整数とするとき，

$mvr=$（ア　　　　）　（量子数：$n=1,\ 2,\ 3,\ \cdots$）　…(A)

この式を満たす電子の状態を（イ　　　　）といい，この状態における電子のエネルギーを（ウ　　　　）という。

◀電子の軌道の円周の長さ $2\pi r$ が，電子波の波長 λ の整数倍に等しければ定常波を生じる。

$$2\pi r=n\lambda=n\frac{h}{mv}$$

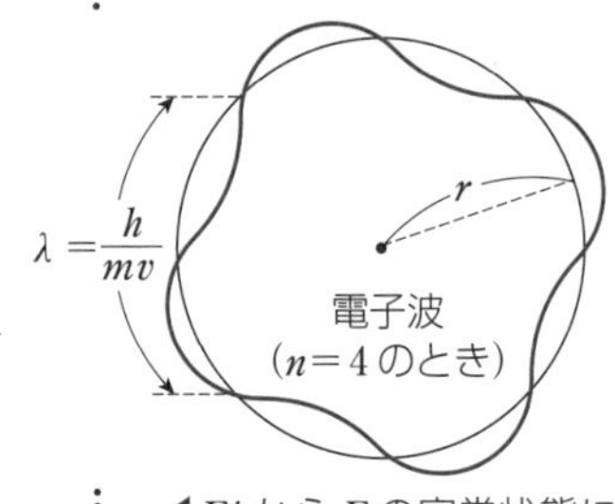

●ボーアの振動数条件　原子内の電子は，エネルギー E の定常状態から，それよりも低いエネルギー E' の定常状態に移るとき，エネルギー準位の差に等しいエネルギー $h\nu$ の光子を放出する。

$h\nu=$（エ　　　　）　…(B)

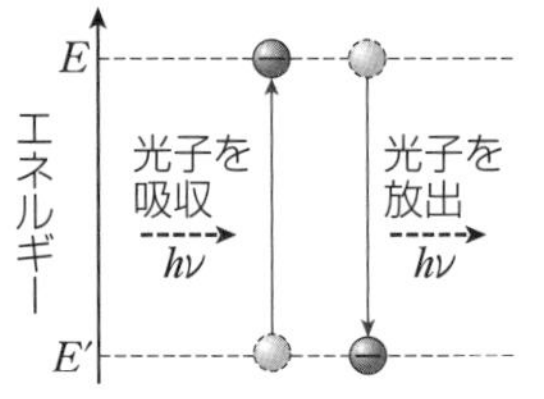

◀E' から E の定常状態に移るときは，エネルギー $h\nu$ の光子を吸収する。

②水素原子のエネルギー準位とスペクトル

●電子軌道　質量 m，電気量 $-e$ の電子が，電気量 e の原子核のまわりで，速さ v，半径 r の等速円運動をしているとする。真空中におけるクーロンの法則の比例定数を k_0 として，円運動の運動方程式は，$m\frac{v^2}{r}=$（オ　　　　）となり，

◀ボーアが提唱した原子模型にもとづいて考える。

式(A)から，　$r=\frac{h^2}{4\pi^2k_0me^2}n^2$　（$n=1,\ 2,\ 3,\ \cdots$）

特に，$n=1$ のときの半径を（カ　　　　）といい，その大きさは約 5.3×10^{-11}m である。

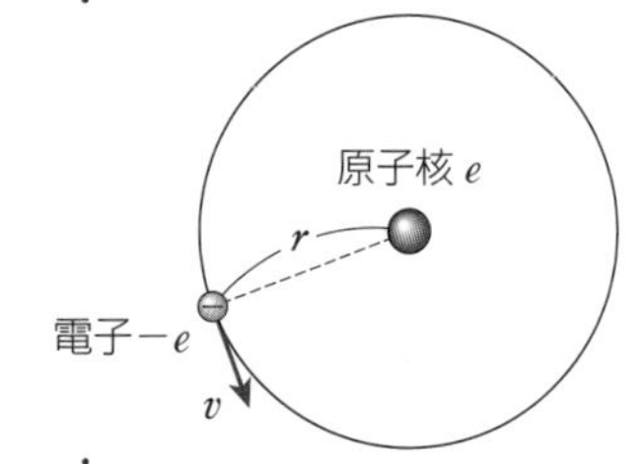

●エネルギー準位　電子のエネルギー E は，静電気力による位置エネルギーの基準を無限遠とし，$E=\frac{1}{2}mv^2-$（キ　　　　）となる。これから，量子数 n に対するエネルギー準位 E を E_n で表すと，

$$E_n=-\frac{2\pi^2k_0{}^2me^4}{h^2}\cdot\frac{1}{n^2}\quad\cdots(C)\quad\left(E_n=-\frac{13.6}{n^2}\text{〔eV〕}\right)$$

◀E は，運動エネルギーと静電気力による位置エネルギーの和に等しい。

◀基底状態：$n=1$
励起状態：$n=2,\ 3,\ \cdots$

●スペクトル　量子数 n，n' のエネルギー準位を E_n，$E_{n'}$，光子の波長を λ，光速を c とすると，式(B)，(C)から，次式が成り立つ。

$$\frac{1}{\lambda}=\frac{E_n-E_{n'}}{hc}=\frac{2\pi^2k_0{}^2me^4}{h^3c}\left(\frac{1}{n'^2}-\frac{1}{n^2}\right)$$

これから，リュードベリ定数 R は，　$R=$（ク　　　　）

◀電子がエネルギーの低い状態へ移るときに光子が放出され，それがスペクトルとなる。

◀$R=1.097\times10^7$/m

■ 確認問題 ■

348　エネルギー準位 -3.4eV の軌道にある電子が，-13.6eV の軌道に移るとき，放出される光子のエネルギーは何 eV か。　知識

答

■ 練習問題 ■

知識

349 ボーアの量子条件　質量 m の電子が，水素原子の原子核のまわりで，速さ v，半径 r の等速円運動をしているとする。プランク定数を h とする。

(1) 電子波の波長 λ を，m，v，h を用いて表せ。

答

(2) 電子の軌道の円周の長さが電子波の波長 λ の整数倍のとき，電子は定常状態にある。その条件式を m，v，r，h および $n=1$，2，3，…を用いて示せ。

答

知識

350 ボーアの振動数条件　水素原子内の電子が -0.85 eV のエネルギー準位から -3.40 eV のエネルギー準位に移動し，光子が放出される。電気素量を 1.6×10^{-19} C，プランク定数を 6.6×10^{-34} J·s，光速を 3.0×10^{8} m/s とする。

(1) 放出された光子のエネルギーは何 J か。

答

(2) 放出された光子の振動数は何 Hz か。また，波長は何 m か。

答　振動数　　　　波長

知識

351 イオン化エネルギー　水素原子のエネルギー準位 E_n は，$E_n=-\dfrac{13.6}{n^2}$〔eV〕と表される（$n=1$，2，…）。電子が基底状態にあるとき，原子をイオン化するのに必要なエネルギーは何 eV か。

答

知識

352 水素原子のエネルギー準位　質量 m，電気量 $-e$ の電子が，電気量 e の水素原子核のまわりを，静電気力を受けて速さ v，半径 r の等速円運動をしている。真空中のクーロンの法則の比例定数を k_0，プランク定数を h とする。

(1) 電子の半径方向の運動方程式を立てよ。

答

(2) $n=1$，2，3，…とすると，ボーアの量子条件は，$mvr=\dfrac{nh}{2\pi}$ と表される。これと(1)の結果から，電子の軌道の半径 r を，m，e，k_0，h，n を用いて表せ。

答

(3) 電子のエネルギー E は，運動エネルギーと静電気力による位置エネルギーの和に等しい。無限遠を基準とし，(1)の式を利用して，E を e，r，k_0 を用いて表せ。

答

(4) (2)，(3)の結果を利用して，E を m，e，k_0，h，n を用いて表せ。

答

◆学習日　　月　　日 ◆学習時間　　　　分

原子核と放射線

➡解答編 p.59〜60

学習のまとめ

①原子と原子核

原子核を構成する陽子と中性子は(ア　　　　)と総称され，それらを結びつける力を(イ　　　　)という。また，原子の種類(元素)は陽子の数で決まり，その数を(ウ　　　　)といい，陽子と中性子の数の和を質量数という。原子や原子核を原子番号と質量数で分類したものを(エ　　　　)という。

質量数 4 原子番号 2 He 元素記号

◀原子番号が同じで質量数の異なる原子核をもつ原子を，互いに同位体(アイソトープ)であるといい，相互の化学的な性質はほぼ等しい。

②原子の質量

原子などの質量を表す単位に，(オ　　　　)単位(記号 u)がある。1 u は，質量数 12 の炭素原子($^{12}_{6}C$) 1 個の質量の(カ　　　　)と定められている。

$1\,u = 1.66054\times10^{-27}\,kg$

それぞれの元素について，各同位体の質量をこの単位で表し，各同位体の存在比に応じて平均した数値を(キ　　　　)という。

◀統一原子質量単位の記号には，Da(ダルトンまたはドルトン)も用いられる。

③放射線の種類と性質

不安定な状態の原子核は，放射線を放出して安定な状態の原子核へと変化する。この変化を(ク　　　　)という。

放射線	実　体	電離作用	透過力
α線	$^{4}_{2}He$ の原子核	大	小
β線	(コ　　　　)	中	中
γ線・X線	電磁波	(サ　　　　)	(シ　　　　)
(ケ　　　　)	中性子	小	大

◀放射能…物質が自然に放射線を放出する性質。
放射性同位体…放射能をもつ同位体。
放射性核種…放射能をもつ核種。
電離作用…物質を構成する原子から電子をはじき出してイオンをつくる作用。

④原子核の放射性崩壊

α崩壊では，α線が放出され，原子番号が(ス　　　　)，質量数が(セ　　　　)減少した原子核に変化する。β崩壊では，β線が放出され，原子番号が(ソ　　　　)増加し，質量数が同じ原子核に変化する。γ崩壊では，γ線が放射され，原子核が安定な状態になる。このとき，原子番号と質量数は変化しない。

不安定な原子核が，放射性崩壊を繰り返して，安定な原子核になるまでの放射性核種の系列を(タ　　　　)という。

◀放射能・放射線の単位
ベクレル(記号 Bq) …放射性物質が放射線を出す強さ(放射能の強さ)を表す。
グレイ(記号 Gy) …放射線が物質を通過するとき，物質 1kg あたりに吸収される放射線のエネルギー(吸収線量)を表す。
シーベルト(記号 Sv) …放射線の人体に対する影響を考慮して吸収線量を補正した量を表す。

⑤半減期

原子核の数がもとの半分になるまでの時間 T を(チ　　　　)という。最初の原子核の数を N_0，時間 t が経過したときに崩壊せずに残る原子核の数を N とすると，$N=$(ツ　　　　)

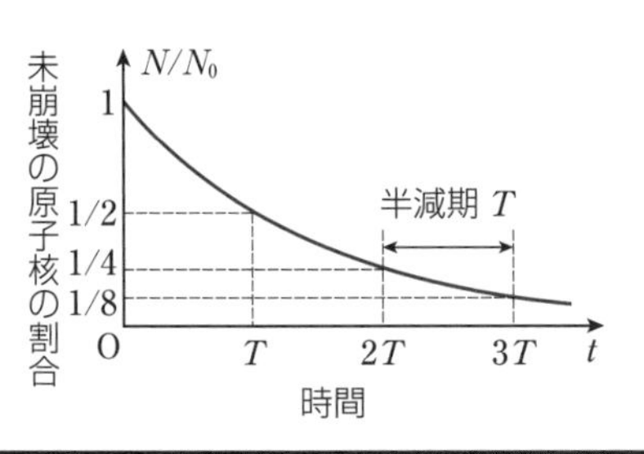

■ 確認問題 ■

353 ウラン $^{235}_{92}U$ がもつ核子の数はいくらか。知識

答

354 ウラン $^{238}_{92}U$ が 1 回の崩壊をして，トリウム $^{234}_{90}Th$ に変化した。α崩壊，β崩壊，γ崩壊のいずれか。知識

答

355 半減期の 2 倍の時間が経過した。原子核の数は最初の何倍か。知識

答

■ 練習問題 ■

知識

356 同位体と存在比　塩素 Cl の同位体には，質量 35u の $^{35}_{17}$Cl，質量 37u の $^{37}_{17}$Cl があり，存在比をそれぞれ 75%，25% とする。次の各問に答えよ。

(1) $^{35}_{17}$Cl，$^{37}_{17}$Cl の原子核は，それぞれ何個の陽子と何個の中性子で構成されているか。

答　$^{35}_{17}$Cl：陽子　　中性子　　$^{37}_{17}$Cl：陽子　　中性子

(2) 塩素 Cl の原子量はいくらか。有効数字を 3 桁として求めよ。

答

知識

357 放射線　図のように，真空中に放射線源と磁石を配置し，α 線，β 線，γ 線が，放射線源から鉛直上向きに飛び出したとする。このとき，次の文の(　　)に入る適切な語句，記号を答えよ。

各放射線の実体は，α 線がヘリウム $^{4}_{2}$He の原子核，β 線が(　ア　)，γ 線が(　イ　)である。これらのうち，電荷をもつ放射線が磁場から力を受ける。したがって，経路(a)～(c)のうち，α 線の経路は(　ウ　)，β 線の経路は(　エ　)，γ 線の経路は(　オ　)となる。

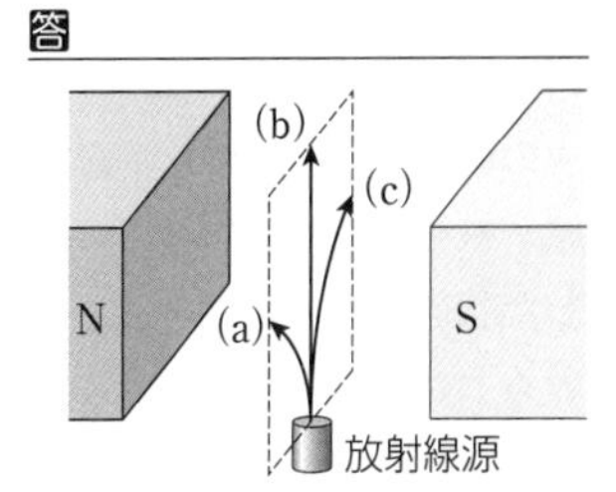

答　(ア)　　(イ)

(ウ)　　(エ)　　(オ)

知識

358 原子核の放射性崩壊　ウラン $^{238}_{92}$U が，α 崩壊と β 崩壊を繰り返し，鉛 $^{206}_{82}$Pb に変化した。

(1) α 崩壊は何回おこったか。

答

(2) β 崩壊は何回おこったか。

答

知識

359 崩壊系列　図は，ウラン $^{238}_{92}$U から始まる崩壊系列の一部を示している。①，②，③のそれぞれの元素記号に，質量数と原子番号を添えた表し方で示せ。

$$^{238}_{92}\mathrm{U} \xrightarrow{\alpha} \overset{①}{\mathrm{Th}} \xrightarrow{\beta} \overset{②}{\mathrm{Pa}} \xrightarrow{\beta} \overset{③}{\mathrm{U}}$$

(α は α 崩壊，β は β 崩壊を表す)

答　①　　②　　③

知識

360 半減期　ナトリウム $^{24}_{11}$Na は β 線を放出して崩壊し，その半減期は 15 時間である。

(1) 45 時間経過したとき，未崩壊のナトリウム $^{24}_{11}$Na の原子核の数は，はじめの何分の 1 になるか。

答

(2) 未崩壊のナトリウム $^{24}_{11}$Na の原子核の数が，はじめの 1/64 になるのは何時間後か。

答

核反応とエネルギー

➡解答編 p.61

学習のまとめ

①質量欠損と結合エネルギー

陽子　中性子　ヘリウム原子核

●質量欠損　原子核の質量は，一般に，それを構成する核子の質量の合計よりも(ア　　　　)なる。陽子と中性子の質量をそれぞれ m_p，m_n とし，原子番号 Z，質量数 A の原子核の質量を M としたとき，質量の差 ΔM は，

$\Delta M=$(イ　　　　　　　　　　　　)$-M$

この ΔM を(ウ　　　　　　　)という。

●結合エネルギー　エネルギーを E，質量を m，真空中の光速を c とすると，次の関係が成り立つ。　$E=$(エ　　　　　)

原子核を構成するすべての核子をばらばらに引きはなした状態のエネルギーは，それらが原子核をつくっているときのエネルギーよりも(オ　　　　　)。その差 ΔE は，(カ　　　　　)エネルギーとよばれ，質量欠損 ΔM，光速 c を用いて，

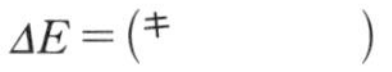

$\Delta E=$(キ　　　　　)

核子1個あたりの ΔE が(ク　　　　　)ほど，核子どうしが強く結びついており，原子核は安定な状態にある。

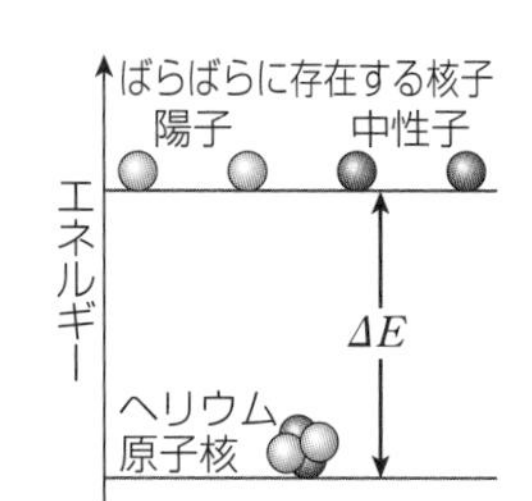

◀1905年，アインシュタインは，相対性理論を提唱し，質量とエネルギーは同等であることを示した。

◀結合エネルギーの単位には，MeV($=10^6$eV)がよく用いられる。

②核反応

原子核に別の原子核や中性子などが衝突すると，核子の組み換えがおこり，核種が変化することがある。これを(ケ　　　　　)といい，次の核反応式で示される。

【例】$^{14}_{7}\mathrm{N}+^{4}_{2}\mathrm{He}\longrightarrow ^{17}_{8}\mathrm{O}+^{1}_{1}\mathrm{H}$

核反応の前後において，(コ　　　　　　)(核子の数)の総和と原子番号(電気量)の総和は，それぞれ一定に保たれる。なお，核反応などで原子核に出入りするエネルギーを(サ　　　　　　　)という。

●核分裂　1つの原子核が，複数の原子核に分裂する反応を(シ　　　　　　)という。原子力発電では，この反応で生じるエネルギーを利用している。

【例】$^{235}_{92}\mathrm{U}+^{1}_{0}\mathrm{n}\longrightarrow ^{92}_{36}\mathrm{Kr}+^{141}_{56}\mathrm{Ba}+3^{1}_{0}\mathrm{n}$

●核融合　質量数の小さな原子核どうしが結合すると，全体の質量が減少し，エネルギーが放出される。この反応を(ス　　　　　　)という。太陽などの恒星の内部では，水素の原子核などの核融合が持続的におこっている。

【例】$^{2}_{1}\mathrm{H}+^{2}_{1}\mathrm{H}\longrightarrow ^{3}_{2}\mathrm{He}+^{1}_{0}\mathrm{n}$

◀核反応式では，中性子は $^{1}_{0}\mathrm{n}$，陽子は $^{1}_{1}\mathrm{p}$(または $^{1}_{1}\mathrm{H}$)と表される。

◀原子核1個あたりの核反応によるエネルギーは数MeVであり，原子1個あたりの化学反応の約百万倍もの大きさとなる。

◀核分裂で放出された中性子で核分裂が次々におこるとき，これを核分裂の連鎖反応といい，それが一定の割合で継続する状態を臨界という。

■ 確認問題 ■

361　水素 $^{3}_{1}\mathrm{H}$ の質量欠損は何uか。各質量は陽子が1.0073u，中性子が1.0087u，$^{3}_{1}\mathrm{H}$ の原子核が3.0155uとする。　知識

答

362　質量2.0kgは，何Jのエネルギーに相当するか。真空中の光速を 3.0×10^8m/sとする。　知識

答

363　核反応式，$^{2}_{1}\mathrm{H}+^{3}_{1}\mathrm{H}\longrightarrow ^{(A)}_{(B)}\mathrm{He}+^{1}_{0}\mathrm{n}$ の(A)，(B)に入る数を答えよ。　知識

答 (A)　　　(B)

■ 練習問題 ■

知識

364 質量欠損と結合エネルギー　ヘリウム $^{4}_{2}\mathrm{He}$ の原子核，陽子 $^{1}_{1}\mathrm{H}$，中性子 $^{1}_{0}\mathrm{n}$ の質量は，それぞれ 4.0015u，1.0073u，1.0087u である。真空中の光速を 3.00×10^{8}m/s，電気素量を 1.60×10^{-19}C，1u＝1.66×10^{-27}kg として，次の各問に答えよ。

(1) ヘリウム $^{4}_{2}\mathrm{He}$ の原子核の質量欠損は何 u か。また，それは何 kg か。

答 u　　kg

(2) ヘリウム $^{4}_{2}\mathrm{He}$ の原子核の結合エネルギーは何 J か。

答

(3) (2)の値を電子ボルトに換算すると，何 MeV になるか。

答

知識

365 核反応式　次の核反応式の(　　)に入る適切な記号を示せ。ただし，(4)の e^{+} は正の電気素量をもつ陽電子，ν_{e} は電荷をもたない電子ニュートリノという粒子を表す。

(1) $^{14}_{7}\mathrm{N}$＋(　ア　)⟶ $^{17}_{8}\mathrm{O}$＋$^{1}_{1}\mathrm{H}$　　(2) $^{9}_{4}\mathrm{Be}$＋$^{4}_{2}\mathrm{He}$ ⟶(　イ　)＋$^{1}_{0}\mathrm{n}$

(3) (　ウ　)＋$^{1}_{1}\mathrm{H}$ ⟶ $2^{4}_{2}\mathrm{He}$　　(4) $4^{1}_{1}\mathrm{H}$ ⟶(　エ　)＋$2\mathrm{e}^{+}$＋$2\nu_{\mathrm{e}}$

答 (ア)　　(イ)　　(ウ)　　(エ)

知識

366 核分裂　ウラン $^{235}_{92}\mathrm{U}$ の原子核が中性子 $^{1}_{0}\mathrm{n}$ を吸収し，次のような核分裂がおこった。　$^{235}_{92}\mathrm{U}+^{1}_{0}\mathrm{n}\longrightarrow^{140}_{54}\mathrm{Xe}+^{94}_{38}\mathrm{Sr}+2^{1}_{0}\mathrm{n}$

それぞれの質量は，$^{235}_{92}\mathrm{U}$ が 235.04u，$^{140}_{54}\mathrm{Xe}$ が 139.92u，$^{94}_{38}\mathrm{Sr}$ が 93.92u，$^{1}_{0}\mathrm{n}$ が 1.01u であり，真空中の光速を 3.0×10^{8}m/s，電気素量を 1.6×10^{-19}C，1u＝1.66×10^{-27}kg とする。

(1) 核分裂によって減少した質量は何 u か。また，それは何 kg か。

答 u　　kg

(2) 核分裂で放出されるエネルギーは何 J か。また，それは何 MeV か。

答 J　　MeV

知識

367 核融合　次のような核融合がおこったとする。　$^{1}_{1}\mathrm{H}+^{3}_{1}\mathrm{H}\longrightarrow^{4}_{2}\mathrm{He}$

各原子核の質量は，$^{1}_{1}\mathrm{H}$ が 1.0073u，$^{3}_{1}\mathrm{H}$ が 3.0155u，$^{4}_{2}\mathrm{He}$ が 4.0015u であり，真空中の光速を 3.00×10^{8}m/s，電気素量を 1.60×10^{-19}C，1u＝1.66×10^{-27}kg とする。

(1) 核融合で減少した質量は何 u か。また，それは何 kg か。

答 u　　kg

(2) 核融合で放出されるエネルギーは何 J か。また，それは何 MeV か。

答 J　　MeV

第Ⅳ章　原子

62 素粒子と宇宙

◆学習日　　月　　日 ◆学習時間　　　分

➡解答編 p.62

学習のまとめ

①素粒子

電子，陽子，中性子などの粒子は，1930年代から，物質を構成する最小単位として，(ア　　　　　)とよばれるようになった。その後，素粒子は数多く見出され，陽子や中性子などは，(イ　　　　　)とよばれる，より基本的な粒子から構成されることがわかっている。素粒子のそれぞれには，質量が等しく，電荷の符号が反対の粒子が存在する。これを(ウ　　　　　)という。

●さまざまな素粒子　電子の反粒子を(エ　　　　　)といい，湯川秀樹が予測した核力を媒介する素粒子を(オ　　　　　)という。また，パウリが β 崩壊の際のエネルギー保存から新たな素粒子の必要性を示し，これは(カ　　　　　　　)とよばれる。

◀陽子や中性子はクォークからなるが，素粒子とよばれることが多い。

◀宇宙空間には放射線や粒子が存在し，絶えず地球に降り注いでいる。これらを宇宙線という。

◀光子の反粒子は，光子自身である。

②素粒子の分類

素粒子は，電荷や質量のほかにいくつかの性質をもっており，複数のグループに分類される。

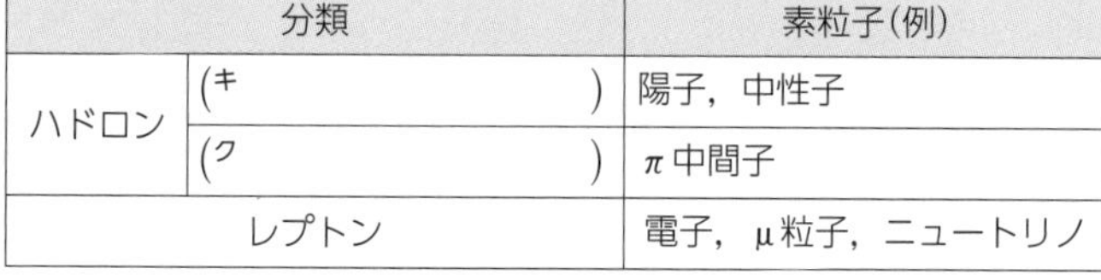

分類		素粒子(例)
ハドロン	(キ　　　　　)	陽子，中性子
	(ク　　　　　)	π 中間子
レプトン		電子，μ 粒子，ニュートリノ

③クォークとレプトン

クォークは，今日では，(ケ　　　)種類あることが確かめられている。クォークと同様に，レプトンも(コ　　　)種類あり，内部に構造をもたない基本的な粒子と考えられている。

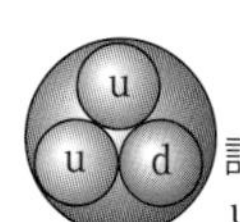

バリオン
(例：陽子)

u　$\bar{d}$　記号 $u\bar{d}$

メソン
(例：π^+ 中間子)

◀バリオンは3個のクォーク，メソンは1個のクォークと1個の反クォークからなる。ハドロンの電荷は電気素量の整数倍となる。

	クォーク		レプトン	
電　荷	$2e/3$	$-e/3$	$-e$	0
第1世代	アップ u	(サ　　　　　) d	電子 e^-	電子ニュートリノ ν_e
第2世代	チャーム c	ストレンジ s	ミュー粒子 μ^-	ミューニュートリノ ν_μ
第3世代	トップ t	ボトム b	(シ　　　　　) τ^-	タウニュートリノ ν_τ

④自然界の基本的な力

粒子の間にはたらく基本的な力は，重力，電磁気力，弱い力，強い力の4種類とされている。力を媒介する粒子は(ス　　　　　　)と総称される。

力の種類	ゲージ粒子	特徴
重力	グラビトン	質量をもつ粒子の間にはたらく力。
電磁気力	(セ　　　　　)	電場や磁場を介し，電荷をもつ粒子の間にはたらく力。
弱い力	ウィークボソン	クォークやレプトンの間にはたらき，β 崩壊などをおこす原因となる力。
強い力	グルーオン	核力のもととなり，クォークの間にはたらく力。

⑤素粒子と宇宙

宇宙が高温・高密度の火の玉のような状態から始まったとする理論を(ソ　　　　　　　)という。現在，宇宙は無から誕生し，その直後の急激な膨張を経て今日に至ったと考えられている。

◆学習日　　月　　日　◆学習時間　　　分

思考

368 光電効果　光電管内の陰極と陽極に同じ金属を用いて，図1のような光電効果の実験をする。陽極の電位 V〔V〕を変えて光電流 I〔A〕を測定すると，図2の実線のグラフが得られ，$V=-V_M$ で光電流が0になった。

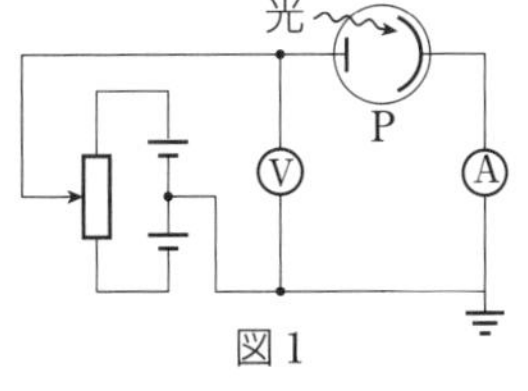

図1

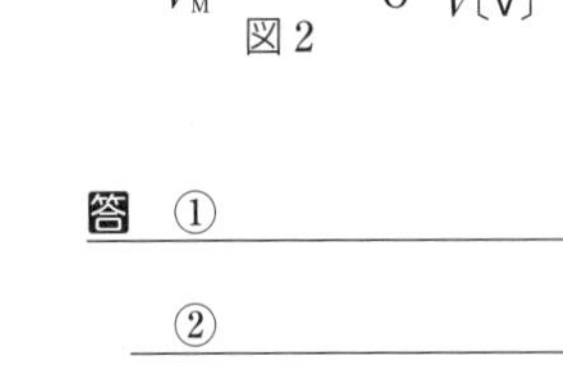

図2

(1) 実験の条件を①～③のように変えると，それぞれどのようなグラフになると予想されるか。図2のア～ウの破線から選べ。

①陰極に照射する光を振動数の大きいものに変える。

②陰極に照射する光の強さを弱める。

③電極に用いる金属を仕事関数の大きいものに変える。

答 ①

②

③

図1の実験を，照射する光の振動数や電極に用いる金属の種類を変えて行った。図3は，縦軸に光電子の運動エネルギーの最大値 K_M，横軸に照射する光の振動数 ν をとったグラフであり，測定値(黒丸)は2本の直線a，b上にそれぞれある。

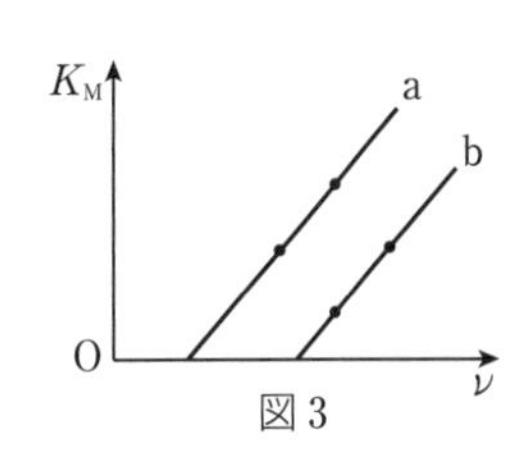

図3

(2) 直線a上の測定値と直線b上の測定値とでは，次の(ア)～(ウ)のどの条件が異なっているか。

(ア) 陰極に照射する光の振動数　　(イ) 陰極に照射する光の強さ

(ウ) 電極に用いる金属の種類

答

(3) 直線a，bの傾きは等しい。この傾きは何という物理定数に相当するか。

答

思考

369 $^{60}_{27}$Co の放射性崩壊　医療などで使われるガンマ線源として，放射性同位体の $^{60}_{27}$Co が用いられる。①$^{60}_{27}$Co は β 線(e^-)を放出し，さらに γ 線を放射して安定なニッケル(Ni)の同位体になる。$^{60}_{27}$Co の半減期は5.3年である。製造されたばかりの $^{60}_{27}$Co の放射線源は，②放射性崩壊によってその数が少なくなり，年々弱くなっていく。

(1) 下線部①について，以下の核反応式の空欄にあてはまる記号を答えよ。

$$^{60}_{27}\mathrm{Co} \rightarrow (\qquad\qquad) + e^-$$

答

(2) 下線部②について，以下の問に答えよ。

(a) 最初の $^{60}_{27}$Co の原子の数を N_0 とする。5.3年後，10.6年後，15.9年後の $^{60}_{27}$Co 原子の数はそれぞれいくらか。右のグラフに●(黒丸)を書き入れ，それらを通る曲線を描け。

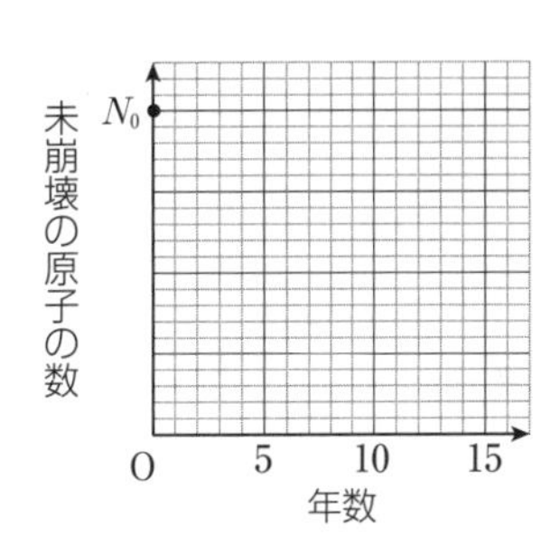

(b) 最初の時点から9年経過したとき，$^{60}_{27}$Co 原子の数ははじめの何%になるか。(a)で描いたグラフをもとにしておよその値を答えよ。

答

第Ⅳ章　原子

略　解

1 移動距離：20m,
変位：北東向きに14m
2 12m/s
3 西向きに30km/h
4 (1) 東向きに24m
(2) 東向きに6.0m/s
5 (1) 速さ：5.6m/s, 時間：15s
(2) 速さ：3.0m/s, 時間：20s
6 東：26m/s, 北：15m/s
7 (1) 南向きに10m/s
(2) 南東向きに14m/s
(3) 西向きに17m/s
8 北東向きに28m/s
9 6.0m
10 (1) 0.20s (2) 20cm
11 (1) 3.0s (2) 29m/s (3) 12m
12 (1) 水平：8.5m/s,
鉛直：4.9m/s
(2) 0.50s (3) 8.5m
13 (1) 5.0s (2) 1.7×10^2m
14 (1) 8.0N·m (2) 80N·m
15 2.0N·m
16 (1) 17N·m (2) 10N·m
17 (1) 3.0kg (2) 49N
18 (1) 7.5N (2) 7.1N
19 (1) 大きさ：4.0N,
位置：右向きに0.50m
(2) 大きさ：2.0N,
位置：左向きに0.60m
20 1.5N·m
21 0.70m
22 (1) 負 (2) ウ
23 0.50m
24 $\frac{11}{3}r$
25 重心：1.5m,
重さ：4.5×10^2N
26 2.8N
27 (1) $\frac{3b}{4a}W$
(2) 摩擦力：$\frac{3b}{4a}W$,
垂直抗力：W
28 (1) 東向きに8.0kg·m/s
(2) 北向きに6.0kg·m/s
29 10N·s
30 (1) 6.0kg·m/s (2) 9.0m/s
31 (1) 50kg·m/s (2) 25N
32 (1) 7.5N·s (2) 1.5×10^2N
33 (1) 略 (2) 3.8N·s
34 右向きに20kg·m/s
35 右向きに1.5m/s
36 (1) 28kg·m/s (2) 3.0m/s
37 A：1.5m/s, B：2.0m/s
38 (1) 1.4m/s (2) 45°
39 左向きに1.0m/s
40 0.50m/s
41 0.60
42 0.50
43 (1) 前：5.6m/s, 後：2.8m/s
(2) 0.40m
44 (1) A：右向きに4.0m/s,
B：右向きに4.0m/s
(2) A：右向きに7.0m/s,
B：右向きに3.0m/s
45 (1) $\frac{v}{\sqrt{2}}$ (2) $\frac{1}{\sqrt{3}}$
46 (1) 右向きに2.0m/s
(2) 0.50 (3) 4.0J
47 2.5rad
48 加速度：12m/s^2, 向心力：24N
49 (1) 0.50Hz (2) 3.1rad/s
(3) 3.1m/s
50 (1) 32m/s^2 (2) 64N
51 (1) 6.0N
(2) 速さ：1.0m/s,
周期：3.1s
52 (1) 略
(2) 角速度：$\sqrt{\frac{g}{L\cos\theta}}$,
周期：$2\pi\sqrt{\frac{L\cos\theta}{g}}$
53 鉛直下向き
54 左向きに25N
55 2.0N
56 (1) 左向きに3.0m/s^2
(2) 右向きに2.1×10^2N
57 (1) 5.7N (2) 5.7m/s^2
58 (1) 4.9N (2) 0.50
59 (1) $\sqrt{v^2-4gr}$
(2) 遠心力：$\frac{m}{r}(v^2-4gr)$,
垂直抗力：$\frac{m}{r}(v^2-5gr)$
60 A：0.2m, T：2s
61 0m
62 略
63 (1) $x=0.20\sin\frac{\pi}{2}t$
(2) 0.25Hz
64 (1) 0.94m/s
(2) 加速度：5.9m/s^2,
復元力：3.0N
65 (1) 角振動数：10rad/s,
周期：0.63s
(2) 速度：1.0m/s,
加速度：10m/s^2
66 0.45s
67 0.90s
68 (1) 振幅：0.10m,
周期：0.90s
(2) 0.22s後
69 (1) 2.5N (2) 0.90s
(3) 0.45s後
70 (1) 1.8s (2) 3.2m
71 (1) 1.6J (2) 4倍
72 6.7×10^{-9}N
73 $\frac{GM}{R^2}$
74 (1) 地球：$\frac{T^2}{a^3}=k$,
木星：$\frac{T'^2}{(5a)^3}=k$
(2) 11年
75 (1) $G\frac{Mm}{r^2}$ (2) $\sqrt{\frac{GM}{r}}$
76 (1) $\frac{R^2}{(R+h)^2}mg$
(2) $\frac{R^2}{(R+h)^2}g$ (3) $\frac{1}{4}$倍
77 (1) $\sqrt{\frac{GM}{2R}}$ (2) $\sqrt{2}$倍
78 2倍
79 2倍
80 3.0×10^{-2}m^3
81 3.0×10^2K
82 (1) 6.0m^3 (2) 3.0m^3
83 (1) 5.0×10^{-2}m^3
(2) 6.0×10^2K
84 (1) A：$4.0\times10^2=300n_AR$,
B：$2.0\times10^2=350n_BR$

(2) $p \times (4.0 \times 10^{-3}) = (n_A + n_B) R \times 315$

(3) 1.5×10^5 Pa

85 6.3×10^{-21} J

86 (1) 左向きに $2mv$

(2) 右向きに $2mv$

(3) $2Ntmv$ (4) $2Nmv$

(5) $\dfrac{2Nmv}{L^2}$

87 (1) 4.0×10^2 K (2) 2.0×10^2 K

88 (1) 8.8×10^2 ℃

(2) 1.8×10^3 m/s

(3) 4.6×10^2 m/s

89 2.5×10^3 J

90 20 J

91 2.0×10^2 J

92 (1) 7.5×10^3 J (2) 1.0×10^3 J

93 (1) -1.0×10^2 J

(2) 1.5×10^2 J

94 (1) 200 K：1.7×10^{-3} m^3,

400 K：3.3×10^{-3} m^3

(2) 1.7×10^2 J

95 (1) A：7.5×10^3 J,

B：1.0×10^4 J

(2) $74.7T$〔J〕 (3) 2.3×10^2 K

96 2.0×10^2 J

97 (1) 1.2×10^2 J

(2) 8.0×10^{-4} m^3

98 (1) 15 J (2) 12 K

99 ΔT：正, ΔU：正, W：0,

Q：正

100 (1) 8.3 J (2) 13 J (3) 10 K

101 ΔT：負, ΔU：負, W'：負,

Q：負

102 100 J

103 (1) 20 J (2) −20 J

104 (1) 5.0×10^4 Pa

(2) 1.6×10^2 J

105 ΔU：0, W：正, Q：負

106 (1) $1.0 \times 10^4 = 300nR$

(2) 3.0×10^3 J

(3) 3.0×10^3 J

107 W：負, ΔU：負, ΔT：負

108 C_V：12 J/(mol·K),

C_p：21 J/(mol·K)

109 0.40

110 (1) 0.25 mol (2) 62 J

111 8.3×10^2 J

112 (1) 1.5 mol

(2) 38 J/(mol·K)

113 (1) B：$2T_1$, C：$4T_1$,

D：$2T_1$

(2) A→B：$\dfrac{3}{2}RT_1$,

B→C：$5RT_1$,

C→D：$-3RT_1$,

D→A：$-\dfrac{5}{2}RT_1$

(3) 0.15

114 (1) ア：$2mv'$, イ：$-2v'$,

ウ：$\dfrac{v}{2}$, エ：1

(2) A：$-v$, B：0

115 ア：遠心力,

イ：$Mr\omega^2 - Mg - N$,

ウ：$\sqrt{\dfrac{g}{r}}$, エ：$2\pi\sqrt{\dfrac{r}{g}}$,

オ：2.0

116 (1) ①イ ②ウ ③ア

(2) (a) $G\dfrac{Mm}{r^2}$ (b) $mr\omega^2$

(c) $\dfrac{GM}{\omega^2}$ (d) $\sqrt[3]{\dfrac{GM}{\omega^2}} - R$

117 (1) 反比例の関係(pV＝一定)

(2) ア

118 振幅：0.50 m,

角振動数：2π rad/s

119 強めあう

120 (1) 周期：2.0 s,

波長：4.0 m,

速さ：2.0 m/s

(2) 1.5π rad

(3) $y = 0.60\sin 2\pi\left(\dfrac{t}{2.0} + \dfrac{x}{4.0}\right)$

121 (1) P：0.60 cm, Q：0 cm

(2) 4 本

122 (1) 0.80 cm (2) 0 cm

(3) −0.80 cm

123 60°

124 2 倍

125 略

126 (1) 30° (2) 略

127 (1) 1.7 (2) 0.58 倍

(3) 0.17 m/s

128 略

129 344 m/s

130 (1) 屈折 (2) 反射

(3) 回折

131 3.4×10^2 m

132 2.9×10^2 m

133 (1) 0.23 (2) 0.75 m

134 (1) 2.0 m (2) 1.7×10^2 Hz

135 (1) 0.20 m

(2) 波長：0.20 m,

振動数：1.7×10^3 Hz

136 6.8×10^2 Hz

137 6.4×10^2 Hz

138 (1) 7.7×10^2 Hz

(2) 6.8×10^2 Hz

139 (1) 0.80 m (2) 9.4 秒間

140 (1) 0.50 m (2) 7.2×10^2 Hz

141 (1) 594 Hz (2) 生じない

142 ウ

143 風上：3.3×10^2 m/s,

風下：3.5×10^2 m/s

144 (1) 7.2×10^2 Hz

(2) 7.7×10^2 Hz

145 (1) 7.4×10^2 Hz

(2) 7.0×10^2 Hz

146 (1) 3.4×10^2 Hz

(2) 3.3×10^2 Hz

(3) 3.2×10^2 Hz

147 1.3 s

148 $\dfrac{1}{2}$

149 (ア) $\dfrac{1}{2n}$ (イ) $\dfrac{1}{2nf}$

(ウ) $\dfrac{2L}{c}$ (エ) $4nfL$

150 (1) 30°

(2) 波長：3.5×10^{-7} m,

振動数：5.0×10^{14} Hz

151 (1) $\dfrac{3}{4}$ (2) $\dfrac{R}{\sqrt{R^2 + 1.0^2}}$

(3) 1.1 m

152 (1) 散乱 (2) 分散

(3) 偏光

153 (1) 紫色

(2) (ア) 赤色 (イ) 紫色

154 (1) イ (2) A (3) b

155 (1) 同じ (2) 赤色

(3) 紫色 (4) 紫色

(5) 赤色 (6) 紫色

156 (ア) 90° (イ) 横 (ウ) z

157 虚像

158 略

159 (1) 実像

(2) 位置：レンズの後方
1.2×10^2cm,
大きさ：30cm

160 (1) 虚像
(2) 位置：レンズの前方
60cm，大きさ：30cm

161 位置：レンズの前方 12cm,
大きさ：6.0cm

162 (1) 位置：レンズ A の後方
6.0cm，大きさ：2.5cm
(2) 位置：レンズ B の前方
8.0cm，大きさ：5.0cm

163 略

164 (1) 略 (2) 80cm

165 略

166 (1) 実像 (2) 30cm

167 (1) 虚像 (2) 18cm

168 (1) 虚像 (2) 7.5cm

169 大きくなる

170 1.0×10^{-5}m

171 (1) L_1：$\sqrt{L^2+\left(x+\frac{d}{2}\right)^2}$,
L_2：$\sqrt{L^2+\left(x-\frac{d}{2}\right)^2}$
(2) $d\frac{x}{L}$

172 (1) 6.0×10^{-7}m (2) $\frac{1}{a}$倍

173 (1) $d\sin\theta=m\lambda$
(2) 6.3×10^{-7}m

174 ずれる

175 (1) $2d=(2m+1)\frac{\lambda}{2n}$
(2) 1.1×10^{-7}m

176 (1) $\frac{xD}{L}$
(2) $2x\frac{D}{L}=(2m+1)\frac{\lambda}{2}$

177 (1) $2d=(2m+1)\frac{\lambda}{2}$ (2) $\frac{r^2}{2R}$
(3) $\sqrt{\left(m+\frac{1}{2}\right)\lambda R}$

178 ①逆 ②π ③0 ④逆
⑤同 ⑥d ⑦f

179 (1) $2L_B-\frac{1}{2}\lambda$
(2) 8.5×10^2Hz

180 略

181 (1) $(2m+1)\frac{\lambda_0}{4n'}$
($m=0$, 1, 2, …)
(2) 強めあって見える

182 毛皮から塩化ビニル管へ
2.0×10^{12}個

183 (1) 正 (2) 正

184 (1) 正 (2) 0 (3) 0
(4) 負

185 (1) 5.4×10^{-3}N (2) 0.20m

186 (1) $\frac{mg}{\sqrt{3}}$ (2) $r\sqrt{\frac{mg}{\sqrt{3}k}}$

187 3.2×10^{-16}N

188 A：正電荷，B：負電荷

189 (1) 3.0×10^4N/C
(2) 0.90m

190 略

191 イ

192 (1) $4\pi kQ$本 (2) $k\frac{Q}{r^2}$〔N/C〕

193 30J

194 負

195 (1) 2.0×10^2V
(2) 4.0×10^2V/m

196 (1) 6.0×10^2V
(2) $x=0.90$, -0.30m

197 (1) A→B：30J,
B→C：0J,
C→A：−30J
(2) 0J

198 略

199 1.5×10^{-5}C

200 35μF

201 (ア) $-Q$ (イ) Q
(ウ) 6.0×10^{-5}

202 (1) 2倍 (2) 2倍
(3) 4倍

203 (1) 1.0×10^{-4}C
(2) 2.0×10^2V

204 2.7×10^{-7}F

205 (1) 9.9×10^{-5}C (2) 33V

206 並列：6.0μF，直列：1.5μF

207 2.0×10^{-4}J

208 (1) 2.2μF (2) 50V

209 (1) 2：5 (2) 5：2

210 (1) 1.5×10^2pF
(2) 1.5×10^{-8}C

211 (1) 40C (2) 16C (3) 48J

212 1.2V

213 1.7×10^{-8}Ω・m

214 3.0×10^2J

215 (ア) eE (イ) $\frac{V}{L}$ (ウ) $\frac{eV}{kL}$
(エ) $\frac{e^2nS}{kL}$ (オ) $\frac{kL}{e^2nS}$

216 (1) A：1.2×10^2Ω,
B：1.4×10^2Ω
(2) B

217 0.18Ω

218 (ア) $\frac{V}{L}$ (イ) vt (ウ) $\frac{eVvt}{L}$
(エ) nSL (オ) $eVvtnS$
(カ) VIt

219 1.4V

220 0.20A

221 $E_1+E_2=R_1I+R_2I$

222 (1) 0.45V (2) 50A

223 (1) 9.4×10^2Ω
(2) 8.0×10^{-2}A

224 起電力：1.6V,
内部抵抗：0.50Ω

225 (1) 第1法則：$I_1+I_2=0.50$,
第2法則：
$9.0=20I_1+10\times0.50$
(2) 20Ω：下向きに 0.20A,
30Ω：左向きに 0.30A

226 (1) 8.0A
(2) A：11V，B：2.0V,
C：−22V

227 40Ω

228 (1) (ア) I_1 (イ) I_2
(ウ) AB (エ) BC
(2) $\frac{R_1R_3}{R_2}$ (3) 140Ω

229 (1) 23Ω
(2) XからYの向き

230 (1) I (2) $\frac{L}{L_0}$ (3) 1.40V

231 0.60A

232 0A

233 (1) $V+100I=60$
(2) V：20V，I：0.40A

234 (1) $V=50-50I$
(2) V：25V，I：0.50A

235 (ア) 1.2×10^{-6} (イ) 下
(ウ) 7.5×10^{12}

236 (1) 3.0A (2) 1.0A

237 n型半導体

238 (b)

239 (ア) 大き　(イ) 小さ
(ウ) キャリア　(エ) 真性
(オ) 不純物　(カ) n　(キ) p

240 (ア) 整流　(イ) pn　(ウ) a
(エ) ホール　(オ) 電子
(カ) 結合　(キ) b
(ク) 空乏層

241 (1) 略
(2) I：1.0×10^{-2}A，V：3.0V

242 $\frac{1}{4}$倍

243 ア：N極，イ：S極

244 0.13N

245 (1) 7.0×10^{-3}N　(2) 略

246 (1) 右向きに20N/Wb
(2) 左向きに6.0×10^{-3}N

247 略

248 (1) イ　(2) ア　(3) ア

249 (1) 紙面に垂直に表から裏の向き
(2) 0.50A/m

250 0.16A

251 (1) 2.5×10^{3}回　(2) 50A/m

252 (1) 12.5A/m
(2) 反時計まわりに2.50A

253 1.0×10^{-2}A

254 (1) イ　(2) 0.20N

255 0.30Wb

256 (1) 紙面に垂直に裏から表の向きに2.6×10^{-7}N
(2) 紙面に垂直に裏から表の向きに1.3×10^{-7}N

257 (1) B→A　(2) 4.9×10^{-2}A

258 (1) 9.8×10^{-3}N　(2) 0.20A

259 (1) 4.0×10^{-6}T
(2) 左向きに 8.0×10^{-6}N

260 z軸の正の向き

261 (1) 左向きにevB〔N〕
(2) 右向きにevB〔N〕

262 (1) $m\frac{v^2}{r}=qvB$　(2) πr〔m〕
(3) $\frac{\pi m}{qB}$〔s〕

263 (1) $\frac{qvB}{2}$
(2) 半径：$\frac{mv}{2qB}$，周期：$\frac{2\pi m}{qB}$

264 (ア) 負　(イ) 正
(ウ) x軸の正　(エ) B
(オ) A

265 (1) イ　(2) ア　(3) イ

266 2.0V

267 (1) 反時計まわり
(2) 流れない

268 (1) 0.12Wb　(2) 4.0×10^{-2}V

269 (1) B→A
(2) 起電力：10V，
電流：0.20A
(3) −10V

270 ① 起電力：vBL〔V〕，
電流：(イ)
② 起電力：0V，電流：(ウ)
③ 起電力：vBL〔V〕，
電流：(ア)

271 (1) イ　(2) 80J

272 (1) vBL　(2) a
(3) $\frac{vB^2L^2}{R}$

273 (ア) evB　(イ) Q
(ウ) PからQ　(エ) vB
(オ) vBL

274 (1) $vBL\cos\theta$　(2) P

275 (ア) 上　(イ) 上
(ウ) 時計まわり
(エ) 反時計まわり

276 3.0V

277 4.0J

278 (1) 5.0H　(2) 2.0×10^{-3}J

279 (1) −4.0V　(2) 2.0A/s

280 (1) 8.0V　(2) A

281 (1) -2.0×10^{2}V　(2) 0V
(3) 1.0×10^{2}V

282 イ

283 角周波数：3.1×10^{2}rad/s，
周期：2.0×10^{-2}s

284 (1) $BS\cos\omega t$　(2) $\frac{\pi}{\omega}$

285 (1) 3.8×10^{2}rad/s
(2) 0.18V

286 (ア) ab　(イ) dc　(ウ) bc
(エ) ad　(オ) $r\omega$
(カ) $BrL\omega\sin\omega t$
(キ) $2BrL\omega\sin\omega t$
((ア)と(イ)，(ウ)と(エ)は順不同)

287 (1) 20V　(2) 25Hz

288 141V

289 2.8A

290 $0.141\sin120\pi t$〔A〕

291 (1) 50Hz　(2) 100V
(3) 2.5×10^{-3}s

292 (1) 71V　(2) 50Hz

293 (1) $2\sqrt{2}\sin100\pi t$〔A〕
(2) $400\sin^2 100\pi t$〔W〕(または$200(1-\cos200\pi t)$〔W〕)

294 (1) 5.0A
(2) 5.0×10^{2}W

295 $\frac{\pi}{2}$

296 $6.3\times10^{3}\Omega$

297 0.50A

298 (1) $6.3\times10^{2}\Omega$
(2) $0.22\sin\left(100\pi t-\frac{\pi}{2}\right)$〔A〕
(または$-0.22\cos100\pi t$〔A〕)

299 (1) $3.1\times10^{3}\Omega$
(2) 3.2×10^{-2}A

300 (1) 63Ω　(2) 100V
(3) 1.6A

301 (1) $-10\sin100\pi t$〔W〕
(2) 0W

302 $\frac{\pi}{2}$

303 $1.6\times10^{2}\Omega$

304 0.40A

305 (1) $3.2\times10^{2}\Omega$
(2) $0.44\sin\left(100\pi t+\frac{\pi}{2}\right)$〔A〕
(または$0.44\cos100\pi t$〔A〕)

306 (1) $6.4\times10^{2}\Omega$　(2) 0.16A

307 (1) 80Ω　(2) 100V
(3) 1.3A

308 (1) $30\sin100\pi t$〔W〕　(2) 0W

309 コンデンサー

310 (1) 2.0A　(2) 14Ω

311 (1) 0A　(2) 22Ω

312 (1) 5.0×10^{-3}A　(2) 17V
(3) 11H

313 (1) 周波数：1.0×10^{3}Hz，
電流：0.25A
(2) R：10V，L：5.0V，
C：5.0V

314 2.0J

315 1.5×10^{2}V

316 (1) 13Hz　(2) 2.0×10^{-2}J
(3) 6.7×10^{-2}A

317 (1) 25Hz　(2) 4.0H

(3) 0.16 A

318 (1) 20 V
(2) 二次：0.80 A,
一次：0.16 A

319 (1) 3.0×10^{6} Hz (2) 25 m
(3) 2.5×10^{-10} F

320 (1) ③ウ ④ア
(2) ③ア ④ウ

321 (1) 8.0 Ω (2) イ (3) A

322 (ア) $qvB-qE$ (イ) $\dfrac{E}{B}$
(ウ) $\dfrac{v^2}{r}$ (エ) qvB'
(オ) $\dfrac{mv}{qB'}$ (カ) 比例

323 (1) ⓐイ ⓑア
(2) ①$\sin\omega t$ ②$\sin\left(\omega t+\dfrac{\pi}{2}\right)$
③$\sqrt{{V_{R0}}^2+{V_{L0}}^2}$

324 (1) (イ) (2) (ウ)

325 9.09×10^{-31} kg

326 (ア) eE (イ) $\dfrac{eE}{m}$ (ウ) $\dfrac{L}{v}$
(エ) $\dfrac{eEL^2}{2mv^2}$ (オ) 表から裏
(カ) $\dfrac{E}{B}$

327 (ア) kv_0 (イ) $mg+kv$
(ウ) $\dfrac{k}{E}(v_0+v)$

328 (1) 1.6×10^{-19} C
(2) 1.60×10^{-19} C

329 4.0×10^{-19} J

330 1.5 eV

331 4.5×10^{-19} J

332 (1) 4.7×10^{14} Hz
(2) 3.1×10^{-19} J
(3) 6.6×10^{-34} J·s

333 (1) 3.6×10^{-19} J
(2) 1.3×10^{-19} J
(3) 2.3×10^{-19} J

334 1.0×10^{4} eV, 1.6×10^{-15} J

335 3.0×10^{-11} m

336 1.1×10^{-27} kg·m/s

337 (1) 1.6×10^{-15} J
(2) 1.2×10^{-10} m

338 ブラッグ角：30°,
間隔：6.0×10^{-10} m

339 (ア) $\dfrac{hc}{\lambda'}+\dfrac{1}{2}mv^2$
(イ) $\dfrac{h}{\lambda'}\cos\theta+mv\cos\alpha$
(ウ) $\dfrac{h}{\lambda'}\sin\theta-mv\sin\alpha$
(エ) $\left(\dfrac{h}{\lambda}\right)^2+\left(\dfrac{h}{\lambda'}\right)^2-\dfrac{2h^2\cos\theta}{\lambda\lambda'}$
(オ) $\dfrac{h}{mc}(1-\cos\theta)$

340 6.6×10^{-10} m

341 2.0×10^{3} m/s

342 (1) eV (2) $\sqrt{\dfrac{2eV}{m}}$
(3) $\dfrac{h}{\sqrt{2meV}}$ (4) $\dfrac{1}{\sqrt{2}}$ 倍

343 (ア) 短い (イ) 短い
(ウ) 長い (エ) 長い

344 電子：10 個, 電気量：$10e$

345 (1) $9.0\times10^{9}\times\dfrac{(1.3\times10^{-17})\times(3.2\times10^{-19})}{r}$
(2) 1.2×10^{-12} m

346 (ア) 連続 (イ) 線
(ウ) 原子 (エ) 水素
(オ) 可視光線

347 (1) $\dfrac{1}{R}\times\dfrac{n'^2n^2}{n^2-n'^2}$
(2) 6.5×10^{-7} m
(3) 3.6×10^{-7} m

348 10.2 eV

349 (1) $\dfrac{h}{mv}$ (2) $2\pi r=n\dfrac{h}{mv}$

350 (1) 4.1×10^{-19} J
(2) 振動数：6.2×10^{14} Hz,
波長：4.9×10^{-7} m

351 13.6 eV

352 (1) $m\dfrac{v^2}{r}=k_0\dfrac{e^2}{r^2}$
(2) $\dfrac{h^2}{4\pi^2k_0me^2}n^2$
(3) $-k_0\dfrac{e^2}{2r}$
(4) $-\dfrac{2\pi^2{k_0}^2me^4}{h^2}\cdot\dfrac{1}{n^2}$

353 235 個

354 α 崩壊

355 $\dfrac{1}{4}$ 倍

356 (1) $^{35}_{17}\mathrm{Cl}$：陽子 17 個,
中性子 18 個
$^{37}_{17}\mathrm{Cl}$：陽子 17 個,
中性子 20 個
(2) 35.5

357 (ア) 電子 (イ) 電磁波
(ウ) (c) (エ) (a)
(オ) (b)

358 (1) 8 回 (2) 6 回

359 ① $^{234}_{90}\mathrm{Th}$ ② $^{234}_{91}\mathrm{Pa}$ ③ $^{234}_{92}\mathrm{U}$

360 (1) $\dfrac{1}{8}$ (2) 90 時間後

361 9.2×10^{-3} u

362 1.8×10^{17} J

363 (A)：4 (B)：2

364 (1) u：3.05×10^{-2} u,
kg：5.06×10^{-29} kg
(2) 4.56×10^{-12} J
(3) 28.5 MeV

365 (ア) $^{4}_{2}\mathrm{He}$ (イ) $^{12}_{6}\mathrm{C}$ (ウ) $^{7}_{3}\mathrm{Li}$
(エ) $^{4}_{2}\mathrm{He}$

366 (1) u：0.19 u,
kg：3.2×10^{-28} kg
(2) J：2.8×10^{-11} J,
MeV：1.8×10^{2} MeV

367 (1) u：2.13×10^{-2} u,
kg：3.54×10^{-29} kg
(2) J：3.18×10^{-12} J,
MeV：19.9 MeV

368 (1) ①ア ②ウ ③イ
(2) ウ (3) プランク定数

369 (1) $^{60}_{28}\mathrm{Ni}$
(2) (a) 略 (b) 30 %

新課程版 スタディノート物理

2023年１月10日　初版　第１刷発行
2024年１月10日　初版　第２刷発行

編　者　第一学習社編集部
発行者　松本 洋介
発行所　株式会社 第一学習社

広島：広島市西区横川新町７番14号　〒733-8521　☎ 082-234-6800
東京：東京都文京区本駒込５丁目16番７号　〒113-0021　☎ 03-5834-2530
大阪：吹田市広芝町８番24号　〒564-0052　☎ 06-6380-1391

札　幌 ☎ 011-811-1848　仙　台 ☎ 022-271-5313　新　潟 ☎ 025-290-6077
つくば ☎ 029-853-1080　横　浜 ☎ 045-953-6191　名古屋 ☎ 052-769-1339
神　戸 ☎ 078-937-0255　広　島 ☎ 082-222-8565　福　岡 ☎ 092-771-1651

訂正情報配信サイト 47468-02
利用に際しては，一般に，通信料が発生します。

https://dg-w.jp/f/27cb2

47468-02

■落丁，乱丁本はおとりかえいたします。

ISBN978-4-8040-4746-1

ホームページ
https://www.daiichi-g.co.jp/

重要事項のまとめ

第Ⅰ章 運動とエネルギー

物体の運動

●**速度の合成**(➡ p.2)
$\vec{v}=\vec{v_1}+\vec{v_2}$

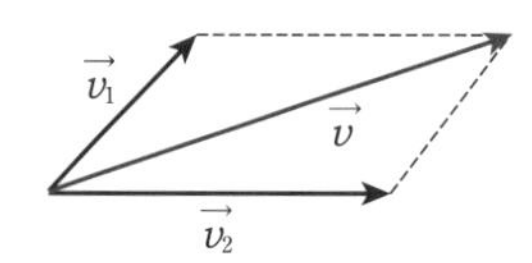

●**平面運動の相対速度**(➡ p.2) $\vec{v_{AB}}=\vec{v_B}-\vec{v_A}$

●**放物運動**(➡ p.4)

水平方向…等速直線運動

鉛直方向…加速度 g の等加速度直線運動

剛体のつりあい

●**力のモーメント**(➡ p.6) $M=FL$

●**剛体のつりあいの条件**(➡ p.6)

力のつりあい $\vec{F_1}+\vec{F_2}+\cdots+\vec{F_n}=\vec{0}$

力のモーメントのつりあい $M_1+M_2+\cdots+M_n=0$

運動量の保存

●**運動量の変化と力積**(➡ p.10) $m\vec{v'}-m\vec{v}=\vec{F}\Delta t$

●**運動量保存の法則**(➡ p.12)

物体系が内力をおよぼしあうだけで，外力を受けなければ，物体系の運動量の総和は変化しない。

●**反発係数**(➡ p.14) $e=-\dfrac{v_1'-v_2'}{v_1-v_2}$

円運動と単振動

●**等速円運動**(➡ p.16) 速さ $v=r\omega$

周期 $T=\dfrac{2\pi r}{v}=\dfrac{2\pi}{\omega}$ 加速度 $a=r\omega^2=\dfrac{v^2}{r}$

運動方程式 $mr\omega^2=F$, $m\dfrac{v^2}{r}=F$

●**慣性力**(➡ p.18) $\vec{F'}=-m\vec{a}$

●**単振動**(➡ p.20)

変位 $x=A\sin\omega t$ 速度 $v=A\omega\cos\omega t$

加速度 $a=-A\omega^2\sin\omega t=-\omega^2 x$

復元力 $F=-Kx$ $(K=m\omega^2)$

周期 $T=2\pi\sqrt{\dfrac{m}{K}}$

●**万有引力**(➡ p.24) 万有引力の法則 $F=G\dfrac{m_1m_2}{r^2}$

万有引力による位置エネルギー $U=-G\dfrac{Mm}{r}$

気体の性質と分子の運動

●**ボイル・シャルルの法則**(➡ p.26) $\dfrac{pV}{T}=$一定

●**理想気体の状態方程式**(➡ p.26) $pV=nRT$

●**単原子分子の内部エネルギー**(➡ p.30)

$U=\dfrac{3}{2}nRT$

●**熱力学の第１法則**(➡ p.30) $\Delta U=Q+W$

第Ⅱ章 波動

波の性質

●**正弦波の式**(➡ p.40) $y=A\sin 2\pi\left(\dfrac{t}{T}-\dfrac{x}{\lambda}\right)$

●**波の干渉**(➡ p.40)

強めあう条件 $|L_1-L_2|=m\lambda=2m\cdot\dfrac{\lambda}{2}$

弱めあう条件 $|L_1-L_2|=\left(m+\dfrac{1}{2}\right)\lambda$

$=(2m+1)\cdot\dfrac{\lambda}{2}$

●**反射の法則**(➡ p.42) $\theta=\theta'$ (入射角＝反射角)

●**屈折の法則**(➡ p.42) $\dfrac{\sin\theta_1}{\sin\theta_2}=\dfrac{v_1}{v_2}=\dfrac{\lambda_1}{\lambda_2}=n_{12}$

音波

●**ドップラー効果**(➡ p.46) $f'=\dfrac{V-v_O}{V-v_S}f$

光波

●**レンズ・球面鏡の式**(➡ p.54，56)

$\dfrac{1}{a}+\dfrac{1}{b}=\dfrac{1}{f}$ 倍率 $m=\left|\dfrac{b}{a}\right|$

●**光の回折と干渉**(➡ p.58)

明線 $|L_1-L_2|=m\lambda=2m\cdot\dfrac{\lambda}{2}$

暗線 $|L_1-L_2|=\left(m+\dfrac{1}{2}\right)\lambda=(2m+1)\cdot\dfrac{\lambda}{2}$